21世纪能源与动力系列教材

工程流体力学

（第3版）

主　编　赵孝保

副主编　周　欣

参　编　张　奕　余业珍　武彬彬
　　　　解晴键

东南大学出版社

·南京·

内 容 提 要

　　工程流体力学是力学的基本原理在液体和气体中实际应用的一门科学。本书融合了国内外最新教材的特点,侧重于基础性和工程应用性。主要介绍了流体静力学中流体静止或相对静止时流体内压力分布、压力测量、作用在平面和曲面上的静压力;流体运动学中流场、流线、速度分布、有旋与无旋流动、流函数、势函数和流网;流体动力学中不可压缩流体与可压缩流体的质量、能量和动量守恒定律,以及这些定律在管道内部和物体外部流动中的实际应用。

　　本书可以作为能源动力工程、建筑环境与设备工程、环境工程、机械工程、石油和化学工程、航空航天工程以及生物工程等专业的学生学习的教材,还可以作为从事与流体流动相关的研究和应用的工程技术人员的参考资料。

图书在版编目(CIP)数据

工程流体力学/赵孝保主编. —3 版. —南京:
东南大学出版社,2012.6(2023.7 重印)
(21 世纪能源与动力系列教材)
ISBN　978 - 7 - 5641 - 3617 - 8

Ⅰ.①工…　Ⅱ.①赵…　Ⅲ.①工程力学-流体力学-
高等学校-教材　Ⅳ.①TB126

中国版本图书馆 CIP 数据核字(2012)第 140482 号

工程流体力学(第 3 版)

出版发行	东南大学出版社
社　　址	南京市四牌楼 2 号
邮　　编	210096

经　　销	江苏省新华书店
印　　刷	广东虎彩云印刷有限公司
开　　本	787 mm×1092 mm　1/16
印　　张	17.5
字　　数	448 千字
版　　次	2004 年 1 月第 1 版　2012 年 6 月第 3 版
印　　次	2023 年 7 月第 6 次印刷
书　　号	ISBN　978-7-5641-3617-8
定　　价	45.00 元

21世纪能源与动力系列教材编委会

序

热现象是自然界中最普遍的物理现象。工程热力学、传热学是以热现象为研究对象的学科,主要研究热能与机械能或其他形式能量之间的转换与传递规律,研究热能的合理、有效利用技术及方法。热能的转换、传输、控制、优化与利用的各环节都离不开对流体流动规律的认识与利用,离不开燃烧理论与技术的研究与运用。因此,工程流体力学、工程热力学、传热学、燃烧理论与技术等几门课程成为能源与动力类专业的主要技术基础课。

古人云:巧心、劳力、成器物者曰工。作为工程技术学科的教材,要体现探求规律,认识规律,运用规律,物化成果的要求。针对应用型工程技术专业的实际需要,南京师范大学等院校开展了对能源与动力学科系列课程的建设与改革,在此基础上组织编写了工程流体力学、工程热力学、传热学、燃烧理论与技术等课程教材,作为能源动力类系列教材推出。几本教材既相互联系,又各具特色。随着教育、教学改革的深入,将陆续出版能源动力类系列教材。

工程专业是关于科学知识的开发应用和关于技术的开发应用的,在物质、经济、人力、政治、法律和文化限制内满足社会需要的,一种有创造力的专业。因此,对于工程应用专业人才,需要他们具备宽广的专业面、全面的工程素质。上述几本教材,还可以作为大多数工程技术专业的公共技术基础课程用,在培养全面发展的工程技术人才方面发挥作用。

侯小刚

2003 年 10 月于南京师范大学

第 3 版 前 言

工程流体力学研究流体在静止和运动时的力学规律及流体与固体壁面间的相互作用力。因为包括空气和水在内的流体广泛存在和应用于生产和生活的各个方面，及流体力学与基础力学的紧密联系，所以工程流体力学不仅是热能与动力工程、建筑环境与设备工程和环境工程等专业的必修的专业基础课程，也是机械工程、冶金工程、石油与化学工程、航空航天工程以及生物工程等诸多领域的基础知识之一。工程流体力学已经成为工科院校大多数工科专业的一门基础课程。

教材第 1 版融合了国内外教材的长处和特点，突出了基础性和应用性，每章后小结汇集了本章重点内容，教材得到了广泛欢迎。教材第 2 版对全书内容作了细致完善，增加了典型例题和习题答案。教材第 3 版再次增加了典型例题，以便强化基础知识的综合应用和考研复习，第 3 版还列出了各章中重要的专业名词及其对照英文，以便双语教学，同时各章中专业名词也是本章需要重点掌握的基本概念和知识点。

教材第 1 版由赵孝保博士任主编，周欣老师任副主编，顾伯勤教授任主审。教材第 2 版和第 3 版由张奕博士、余业珍博士、武彬彬老师、解晓键博士等增补了典型例题、习题答案及名词英文,全书内容由赵孝保教授审核定稿。

教材编写得到了东南大学出版社朱珉老师的热情支持和帮助,得到了南京师范大学"工程流体力学"精品课程建设项目的资助。由于编者水平所限,书中存在的错误在所难免,敬请读者赐教和指正。

(本教材配有课件,订教材的学校请联系:zhao@njnu.edu.cn)

编者

2012 年 5 月

目　录

主 要 符 号 表

A	面积(m^2)
a	加速度(m/s^2);湍流系数(/)
B	宽度(m)
C	流量系数(/)
C_c	收缩系数
c_p	压差阻力系数(/);比定压热容[$J/(kg \cdot K)$]
c_V	比定容热容[$J/(kg \cdot K)$]
C_f	摩擦阻力系数(/)
C_D	绕流阻力系数(/)
C_L	浮力系数(/)
c	音速(m/s);压力波传播速度(m/s)
D	直径(m)
d_e	当量直径(m)
E_v	液体弹性模量(N/m^2)
E_s	壁面弹性模量(N/m^2)
e	当量粗糙高度(m)
F	力(N)
F_D	绕流阻力(N)
F_f	摩擦阻力(N)
F_L	浮力(N)
f	单位质量力(N/kg);旋涡脱离频率(1/s)
G	重量(N)
g	重力加速度($= 9.81m/s^2$)
H,h	高度(m)
h	比焓
h_f	沿程摩擦阻力损失(m)
h_j	局部阻力损失(m)
h_l	阻力损失(m)
h_p	水泵扬程(m)
K	微压计系数(/);流动系数(/)
k	比例系数(/);绝热指数(/)
L,l	管长(m)
L_e	入口段长度(m);当量管长(m)
M	分子量;力矩($N \cdot m$)
n	转速(r/min)
P	做功量(W)
p	压力(单位面积上的压力)(N/m^2)

p_a　　大气压力(N/m^2)

p_f　　压力损失(N/m^2)

p_g　　表压力(N/m^2)

p_p　　风机压头(N/m^2)

p_v　　饱和蒸汽压(N/m^2);真空压力(N/m^2)

p_0　　驻点处压力(N/m^2)

Q　　发热量(J)

q_V　　体积流量(m^3/s)

q_m　　质量流量(kg/s)

q　　源流强度

R　　气体常数[$J/(kg \cdot K)$];射流断面半径(m)

R_h　　水力半径(m)

r　　半径(m)

s　　射流长度(m);比熵

T　　绝对温度(K);力矩($N \cdot m$)

T_r　　传播时间(s)

t　　时间(s)

U,u　　流速(m/s);圆周速度(m/s)

u　　内能

V　　体积(m^3)

V_p　　压力体(m^3)

v　　比体积;平均速度(m/s)

w　　相对速度(m/s)

x　　坐标轴(m)

Y　　膨胀系数(/)

y　　坐标轴(m)

z　　坐标轴(m);位置高度(m)

α ['ælfə]　　热胀系数(1/K);夹角(°);与速度分布有关的系数(/)

β ['beitə]　　液体压缩率(m^2/N);与速度分布有关的系数(/)

χ [kai]　　湿周(m)

Γ ['gæmə]　　环流量(速度环量)

γ ['gæmə]　　重度(N/m^3)

δ [deltə]　　平板间距(m);壁面厚度(m);边界层厚度(m)

δ_v　　粘性底层厚度(m)

ε [epsilən]　　运动旋涡粘度(m^2/s)

η ['i:tə]　　旋涡粘度($N \cdot s/m^2$);无量纲坐标(= y/δ)

θ ['θi:tə]　　角度(°)

λ ['læmdə]　　沿程阻力系数(/)

μ [mju:]　　绝对粘度($N \cdot s/m^2$)

ν [nju:]　　运动粘度(m^2/s)

ζ [zi:tə]　　局部阻力系数(/)

ρ [rou]　　密度(kg/m^3)

σ [sigmə]　　表面张力(N/m)

τ [tau]　　　　应力（N/m²）

τ_0　　　　　　壁面切应力（N/m²）

φ [fai]　　　　势函数

ψ [psiː]　　　　流函数

Ω ['oumigə]　旋涡量

π [pai]　　　　势函数，无量纲组合参数

ω ['oumigə]　旋转角速度（1/s）；旋转速率

Eu　　欧拉数 $\left(=\dfrac{p}{\rho v^2}\right)$

Fr　　弗汝德数 $\left(=\dfrac{v^2}{gl}\right)$

Re　　雷诺数 $\left(=\dfrac{vl}{\nu}\right)$

Ma　　马赫数 $\left(=\dfrac{v}{c}\right)$

We　　韦伯数 $\left(=\dfrac{dv^2}{\sigma}\right)$

0 引言

流体包括气体和液体,其中空气和水是最典型而广泛存在的流体。流体力学是研究流体平衡和运动规律以及流体与固体壁面间作用力的一门科学。本书除了特殊情况,一般不严格区分液体和气体,统称为流体,因为它们具有相同的行为和现象。

0.1 流体力学的应用

流体及流体力学现象充斥在我们生活的各个方面,如云彩的漂浮、鸟的飞翔、水的流动、波浪的上下起伏、天气变化、风速变化、呼吸空气、说话和声音等普遍存在于我们日常生活中;管道内液体流动、风道内气体的流动、空气阻力和升力、建筑物上风力的作用、土壤内水分的运动、石油通过地质结构的运动、射流、润滑、燃烧、灌溉、冶炼、海洋等都是存在于生活及生产各个方面;血液和氧气在人体内的流动,如心脏泵送血液将氧气和营养提供给细胞,将废物带出并保持身体内的均匀温度,肺吸入氧气并排出二氧化碳等使流体力学与生物工程和生命科学相联系;水从地下、湖泊或河流中用泵输送到每家每户的供水系统和废水的排放系统,液体和气体燃料送到炉膛内燃烧产生热水或蒸汽用于供热的供热系统或产生动力的动力系统,通过流体携带将热量从低温送到高温空气中的制冷系统,在炎热的夏季将室内热量送到室外的制冷与空调系统,废液和废气的处理与排放系统等等使流体力学现象与日常生活密切相关;个人计算机冷却系统、水库和导管、城市水处理厂、垃圾焚烧炉和发电厂以及家用电器等等都表明了流体力学及现象无处不在;飞机和船舶的设计不仅要求它们能够在流体中保持住,即使在恶劣的天气下也不会损坏,而且还要求消耗最小的能量以获得最快的速度,汽车设计也是如此;电是我们生活中的不可缺少的能量,绝大多数电能是利用流体机械将燃料的化学能、蓄水的重力能,甚至风的动能转换得到的,所有这些设计和应用都说明流体力学在工程技术及高技术领域的突出应用。

总之,了解和掌握流体力学知识可以更好地理解和设计,如发电厂系统、化工系统及设备、水供给及处理系统与设备、供热与空调系统、废液和废气处理系统与设备、汽轮机、水泵及风机等流体机械设备、水坝溢水结构、阀门、流量计、水力波的吸收和制止、汽车、飞机、船舶、潜艇、火箭、轴承、人工器官、甚至体育中的高尔夫球和赛车等等。流体力学是动力工程、城市建筑工程、环境工程、机械工程、石油和化学工程、航空航天工程以及生物工程等诸多领域研究和应用的最基础的知识之一。因此,在以上领域从事与流体流动相关的研究和工程应用的技术人员都应该或必须了解流体力学的基本原理及应用。

0.2　流体力学的内容及发展

　　流体力学是力学的基本原理在液体和气体中应用的一门科学,工程流体力学是流体力学的基本原理在工程中的实际应用。力学原理包括质量守恒、能量守恒和牛顿运动定律,在研究可压缩流体时,还应用热力学定律。流体力学可以分为:(1)研究流体处于平衡状态时的压力分布和对固体壁面作用的流体静力学;(2)研究不考虑流体受力和能量损失时的流体运动速度和流线的流体运动学;(3)研究流体运动过程中产生和施加在流体上的力和流体运动速度与加速度之间关系的流体动力学。

　　流体静力学介绍流体静止或相对静止时流体内压力分布、压力测量、作用在平面和曲面上的静压力;流体运动学介绍流场、流线、速度分布、有旋与无旋流动、流函数、势函数和流网等等;流体动力学介绍不可压缩流体和可压缩流体的质量、能量和动量守恒定律,以及这些定律在流体在管道内部和物体外部流动中的实际应用。

　　最早的流体力学又称为水力学,主要研究没有摩擦的理想流体的运动,且局限于数学分析,局限在水及其应用领域。随着航空、化学工程、石油工业的发展,流体力学的应用得到了扩大和发展,导致了经典的分析理想流体运动的水力学与实际流体(包括液体和气体)研究相结合,产生了流体力学。现代流体力学是水动力学的基本原理与实验数据的结合。实验数据可以用来验证理论或为数学分析提供基础数据。因此,现代流体力学可以用来解决具有工程意义的流体流动问题。

　　流体力学的研究和其他自然科学研究一样,是随着生产的发展需要而发展起来的。我们通常可以了解到关于流体的一些古代文明,如古老的灌溉系统和航运的历史。早在我国的春秋战国和秦朝时代,修建了都江堰、郑国渠和灵渠,对水流的运动规律已积累了一些初步的认识。古罗马在公元前4世纪就建造了浴池,有的到现在还可以使用。古希腊很早就进行了流体测量,最著名的是公元前3世纪阿基米德发现了浮力原理。罗那多·达·芬西(1452－1519年)进行了波和射流、旋涡和流线以及飞行等实验、观察和推测,奠定了对流动理解的基础。伊萨克·牛顿(1642－1727年)通过计算运动定律、粘性定律,充实了积分定律,为流体力学理论的大发展铺平了道路。利用牛顿运动定律,在18世纪,许多数学家解决了大量的无摩擦(零粘性)的流动问题。但是,绝大部分流动受到了粘性作用的影响,因此,17世纪和18世纪的工程师们发现无粘性流动的解是不适用的,并且通过实验发展了经验公式从而建立了水力学理论。19世纪末,无量纲参数的重要性和它们与湍流之间的关系从而诞生了量纲分析的方法。1904年路德唯希·普朗特发表了一篇关键性文章,提出了低粘性流体的流场可以分为两个区域,即粘性起主要作用的边界层和边界层之外的近似为无粘性作用的外部区域。这个理论解释了许多以前令人困惑的问题,并使得以后的研究者分析了许多更为复杂的流动。但是,至今对湍流问题还没有一个完整的理论,因此,现代流体力学仍然是实验结果和理论分析的结合。

　　随着生产和技术的发展以及在不同行业和场合下的应用,现代流体力学产生了许多新的分支,如非牛顿流体力学、生物流体力学、化学工程流体力学、稀薄气体力学、磁流体力学和物理－化学流体力学等等。随着计算机的发展,计算流体力学也已经成为流体力学研究和应用中一个最活跃的新的分支。尽管如此,应用最广泛的仍然是工程流体力学。

0.3　工程流体力学的学习

流体力学包括很多内容,在分析和讨论时必须对内容作一定限定,如流体静力学讨论流体静止或相对静止时的力学规律;理想流体忽略了粘性作用;而粘性流动远比非粘性流动复杂,粘性影响大,粘性流动对装置和系统中效率损失的影响非常重要;可压缩流动中将出现许多奇怪的非正常现象等等。所以学习流体力学首先要注意这些限定,而分清研究对象和适用条件也是非常重要的。

学习流体力学还需要注意力学原理的应用,把握质量守恒、能量守恒(热力学第一定律)、动量守恒(牛顿第二定律)和热力学第二定律在流体中应用的形式。流体力学中许多理论和概念是建立在这些基本原理和定律以及实验观察之上的。

学习工程流体力学还要注意从简单的典型的事例逐步发展到更为普通的方程和更复杂的问题,从最初的了解和有兴趣发展到用流体力学知识进行工程分析和计算。人们每天观察到的液体和气体流动是非常复杂和多变的,通过学习流体力学就可以知道在一个给定条件下将会发生什么并且知道为什么会发生。

学习流体流动的基本原理同时还需要注意学习和掌握解决工程实际问题的方法。虽然流体力学是数学和物理知识的发展,但是不掌握流体力学原理和应用就不能够充分地计算水在管道内的流动这样的问题。深刻地理解流体力学原理和掌握这些原理的应用方法就能够解决工程实际中遇到的各种流动问题。将流体力学理论应用到工程实际中是工程流体力学学习的最基本的目的之一。

工程流体力学是理论、经验和实验的结合,从事实际应用的工程技术人员,在工程系统的设计和应用中,必须了解使用流体的特性,做到理论和经验数据的统一,并且对两者都能够应用自如。流体力学只能在最简单的流体动力学条件下进行精确的数学求解,但是这个解可能不是唯一的,可能与实际情况不对应,所以需要同时用理论和实验来阐述,还要通过一定的实验观察和适当的公式化与应用,这是工程技术人员解决实际问题的途径。

总之,工程流体力学是理论与应用的结合,学习工程流体力学最主要的是掌握流体流动的基本原理和基本原理在工程实际中的应用。

1　流体性质

流体的宏观性质取决于其分子结构,有些性质对流体受力和流体运动有着非常显著的影响,所以学习流体力学及工程应用时必须首先了解流体的性质。本章介绍与流体运动密切相关的主要的流体性质。

1.1　流体的定义

从物理学的观点来看,流体与其他物体一样,都是由分子组成,分子间存在一定的间隙,而且每个分子都作不规则的热运动,相互碰撞,产生动量交换和能量交换,所以从微观的角度来看,流体是不连续的。但是,流体力学研究宏观的非单个分子的流体质点或微团的运动。流体质点是一定体积内一定数量分子的集合,密度、压力和粘度等流体性质是许多分子的平均作用。因为流动尺度比分子平均自由程大得多,所以流体流动可以看做是连续的,流体一般也认为是连续介质。连续介质是一种力学模型,它不仅符合物质运动本身的规律,更是为了适应工程实际问题的需要。

流体包括液体和气体。流体与固体不同,固体分子通常比较紧密,分子间吸引力很大而使其保持形状。而流体分子间吸引力小,分子间粘附力小,不能够将流体的不同部分保持住,因此流体没有一定的形状。流体在非常微小的切向力作用下将流动并且只要切向力存在流动必将持续,流动性是流体的最基本特征。

流体中气体分子间距比液体大,气体容易压缩,当外部压力去除时,气体将不断膨胀。因此,气体只有在完全封闭时才能保持平衡。液体相比较而言是不可压缩的,如果去除所有的压力,除了其自身具有的蒸汽压力外,分子间粘附力使其保持在一起,因此,液体不是无限膨胀的。液体有自由表面,即只有其蒸汽压力的表面。

蒸汽是一种气体,其压力和温度接近于液相的压力和温度。水蒸气看作为蒸汽,是因为其状态通常接近于水的状态。气体可以定义为高度过热的蒸汽,即它的状态远离了液相状态。因此,空气通常认为是气体,因为其状态通常远离了液态空气的状态。

气体和蒸汽的容积显著地受到了压力或温度或压力与温度同时变化的影响,因此,在处理气体和蒸汽时,通常必须考虑容积和温度的变化。若气体和蒸汽的温度和相发生显著变化时,其性质和流动规律在很大程度上还取决于热现象。因此,流体力学与热力学及传热学是相互交叉的。

1.2　密度与可压缩性

密度 ρ 是单位容积内流体的质量,单位是 kg/m^3。表征流体在空间某点质量的密集程

度。流体中围绕某点的体积 δV，其中流体的质量是 δm，则

$$\rho = \lim_{\delta V \to 0} \frac{\delta m}{\delta V}$$

若对于均质流体，即空间上质量分布均匀的流体，则

$$\rho = \frac{m}{V}$$

密度对流体流动的影响主要体现在单位体积流体的惯性力和加速度的大小。低密度流体，如气体，惯性力小，达到相同加速度时需要的力小，因此，物体在空气中的运动比在液体（如水）中运动要容易，同样提升相同体积的空气比水要容易得多。

比体积 v 是密度的倒数，表示单位质量的流体所占的体积，$v = \dfrac{1}{\rho}$，单位是 m^3/kg，通常应用在气体中。

液体密度是温度和压力的函数。恒定压力下，温度升高，液体密度下降。恒定温度下，压力增加，液体密度上升。气体也具有相同的特征，但是气体的密度变化更显著。表1.1和表1.2给出了水和空气的密度和其他物性参数随温度的变化。

表 1.1　水的物理性质

温度 T （℃）	密度 ρ （kg/m³）	绝对粘度 μ $(\times 10^{-3}(N \cdot s)/m^2)$	运动粘度 ν $(\times 10^{-6}\ m^2/s)$	表面张力 σ （N/m）	饱和蒸汽压 p_v （kN/m²）（绝对）	液体弹性模量 E_v $(\times 10^6\ kN/m^2)$
0	999.8	1.781	1.785	0.075 6	0.611	2.02
5	1 000.0	1.518	1.519	0.074 9	0.872	2.06
10	999.7	1.307	1.306	0.074 2	1.230	2.10
15	999.1	1.139	1.139	0.073 5	1.710	2.14
20	998.2	1.002	1.003	0.072 8	2.34	2.18
25	997.0	0.890	0.893	0.072 0	3.17	2.22
30	995.7	0.798	0.800	0.071 2	4.24	2.25
40	992.2	0.653	0.658	0.069 6	7.38	2.28
50	988.0	0.547	0.553	0.067 9	12.33	2.29
60	983.2	0.466	0.474	0.066 2	19.92	2.28
70	977.8	0.404	0.413	0.064 4	31.16	2.25
80	971.8	0.354	0.364	0.062 6	47.34	2.20
90	965.3	0.315	0.326	0.060 8	70.10	2.14
100	958.4	0.282	0.294	0.058 9	101.33	2.07

表 1.2　标准大气压力下空气的物理性质

温度 T （℃）	密度 ρ （kg/m³）	绝对粘度 μ $(\times 10^{-6}(N \cdot s)/m^2)$	运动粘度 ν $(\times 10^{-6}\ m^2/s)$	温度 T （℃）	密度 ρ （kg/m³）	绝对粘度 μ $(\times 10^{-6}(N \cdot s)/m^2)$	运动粘度 ν $(\times 10^{-6}\ m^2/s)$
−40	1.515	14.9	9.8	40	1.128	19.0	16.8
−20	1.395	16.1	11.5	60	1.060	20.0	18.7
0	1.293	17.1	13.2	80	1.000	20.9	20.9
10	1.248	17.6	14.1	100	0.946	21.8	23.1
20	1.205	18.1	15.0	200	0.747	25.8	34.5
30	1.165	18.6	16.0	300	0.616	29.3	47.5

液体密度变化可以表示为:

$$\mathrm{d}\rho = \left(\frac{\partial \rho}{\partial p}\right)_T \mathrm{d}p + \left(\frac{\partial \rho}{\partial T}\right)_p \mathrm{d}T \tag{1.1}$$

或

$$\frac{\mathrm{d}\rho}{\rho} = \left(\frac{\partial \ln\rho}{\partial p}\right)_T \mathrm{d}p + \left(\frac{\partial \ln\rho}{\partial T}\right)_p \mathrm{d}T \tag{1.2}$$

不可压意味着压力变化不会引起密度的变化,即$(\partial\rho/\partial p)_T = 0$,在等温流动中也就意味着密度是恒定的,$\mathrm{d}\rho = 0$。流体通常可以处理成密度随压力变化的可压缩流体和不随压力变化密度恒定的不可压缩流体。虽然没有绝对的不可压缩流体,但是当密度随压力变化很小,密度变化可以忽略不计时,流体可以处理成不可压缩流体。在通常的条件下,液体以及低速运动的气体的压缩性对其运动和平衡问题并无太大的影响,忽略其可压缩性,而直接用不可压缩流体理论分析,所得的结果与实际情况往往非常接近。实践证明,不可压缩流体模型的建立,有很大的理论和实用价值。一般来说,液体的压缩性较小,可视为不可压缩。但是当声波即压力波在液体内传递时,液体是可压缩的,如水锤现象则需要考虑液体的压缩性。当压力变化很小,或压力变化与其绝对压力相比很小时,气体也可以处理成不可压缩流体。如空气在通风管道内流动时,压力变化很小,密度变化也微不足道,这种场合下空气可以处理成不可压缩流体。但是,当气体或蒸汽以很高的速度在长管道内流动时,压力降可能非常大,此时,不能忽略压力降引起的密度变化。如飞机在以低于 100 m/s 的速度飞行时,我们可以认为空气密度是恒定的。但是当物体以接近于 1 200 km/h(与温度有关) 的速度在空气中运动时,物体附近的空气压力和密度与远处的空气压力和密度则有所不同,这种情况下空气应处理成可压缩流体。

液体的压缩性 β 可以定义为压力变化引起的密度变化率,单位为 m²/N,表达式为:

$$\beta = \left(\frac{\partial\rho/\rho}{\partial p}\right)_T = \left(\frac{\partial \ln\rho}{\partial p}\right)_T = \left(-\frac{\partial v/v}{\partial p}\right)_T = \left(-\frac{\partial \ln v}{\partial p}\right)_T \tag{1.3}$$

β 与液体的体积弹性模量 E_v 成反比,有:

$$E_v = \frac{1}{\beta} = \left(\frac{\partial p}{\partial \ln\rho}\right)_T = \left(-\frac{\partial p}{\partial \ln v}\right)_T \tag{1.4}$$

弹性模量 E_v 与压力 p 具有相同的单位。E_v 的物理意义是,当温度不变时,每产生一个单位体积相对变化率所需要的压强变化量。E_v 值越大,表示流体越不容易压缩。工程中,一般给出了大气压力下的弹性模量。弹性模量是流体物性参数,液体体积弹性模量一般是压力和温度的函数。表 1.1 给出了水的部分弹性模量。在任一温度下,弹性模量随压力增加而持续增加,但是在任一压力下,弹性模量在 50 ℃ 时具有最大值,即水在 50 ℃ 时压缩性最小。注意,表 1.1 中压力指绝对压力,因为大气压是变化的。绝对压力是指作用在流体上的实际压力,是相对于零的压力。海平面处标准大气压约为 101.3 kN/m²(绝对压力)。表 1.1 说明水的体积弹性模量随压力变化不大,在恒定温度液体质量不变的情况下,可以近似得到压力变化与比容的关系:

$$\frac{\Delta v}{v} \approx -\frac{\Delta p}{E_v} \quad \text{或者} \quad \frac{v_2 - v_1}{v_1} \approx -\frac{p_2 - p_1}{E_v} \tag{1.5}$$

式中,E_v 是压力变化范围内的液体弹性模量的平均值,下标 1 和 2 分别指开始和终了的状态。如果水具有的弹性模量为 $2.1\times10^6\,\mathrm{kN/m^2}$ 时,当压力增加 100 个大气压($10\,130\mathrm{kN/m^2}$)

时,压缩的量为原来容积的 1/210,或者 0.47%,因此,通常认为水是不可压缩的流体,这种假设是合理的。

液体密度随温度的变化可以用热胀系数 α 表示,单位为 1/K,表达式为:

$$\alpha = \left(-\frac{\partial \rho / \partial T}{\rho}\right)_p = \left(-\frac{\partial \ln \rho}{\partial T}\right)_p = \left(\frac{\partial \ln v}{\partial T}\right)_p \tag{1.6}$$

水的密度在 4 ℃ 时具有最大值,高于 4 ℃ 后,水的密度随温度升高而下降。液体热胀性非常小,表 1.1 中,温度升高 1 ℃ 时,水的密度降低仅为万分之几。因此,一般工程中也不考虑液体的热胀性。但是在热水采暖工程中,当温度变化较大时,应注意设置膨胀水箱。

【例 1.1】　如图所示的液压缸,缸径 $d = 15 \times 10^{-2}$ m,长度 $l = 45 \times 10^{-2}$ m,缸中之油被完全封闭在内。试求:

(1) 当油温由 -20 ℃ 上升到 20 ℃ 时,油液体积的相对增量(设油的热胀系数 $\alpha = 6.5 \times 10^{-4}$ 1/K)。

(2) 当油缸为绝对刚体时,求此缸内的压力变化(设油的压缩系数 $\beta = 5 \times 10^{-10}$ m²/N)。

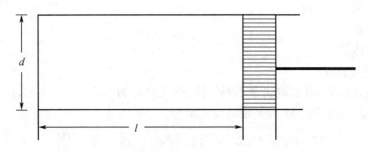

图 1.1　例 1.1 图

解　(1) 油原来的体积为:

$$V = \frac{\pi}{4} d^2 l = \frac{\pi}{4} \times 0.15^2 \times 0.45 = 7.952 \times 10^{-3} \text{ m}^3$$

温度由 -20 ℃ 上升到 20 ℃,$\Delta t = 20 - (-20) = 40$ ℃

油的体积增量:

$$\Delta V = \alpha V \Delta T = 6.5 \times 10^{-4} \times 7.952 \times 10^{-3} \times 40 = 2.067 \times 10^{-4} \text{ m}^3$$

油体积的相对增量:

$$\frac{\Delta V}{V} \times 100\% = 2.6\%$$

(2) 油的体积增大 ΔV 后,若视液压缸为绝对刚体,油在缸内必然被压缩了($\Delta V' = -\Delta V$),因而引起了压力的增量。

$$\Delta p = \frac{-\Delta V'}{V} \frac{1}{\beta} = \frac{2.067 \times 10^{-4}}{7.952 \times 10^{-3} \times 5 \times 10^{-10}} = 5.2 \times 10^7 \text{ N/m}^2$$

【例 1.2】　海水因温室气体的影响温度会上升,如果海水平均深度 h 为 3 800 m,平均热胀系数为 1.6×10^{-4} K⁻¹,计算海水温度升高 1 ℃ 时,海平面上升的高度。

解　设海水平均面积为 A,海水上升高度为 Δh,由式(1.6) 知,

$$\frac{\Delta V}{V} = \alpha \Delta T, \quad \frac{A \Delta h}{Ah} = \alpha \Delta T$$

即

$$\Delta h = \alpha h \Delta T = 1.6 \times 10^{-4} \times 3\,800 \times 1 = 0.608 \text{ m}$$

所以,海水温度升高 1 ℃ 时,海平面将上升 0.608 m。

1.3　理想气体及状态方程

与液体不同,气体密度变化大,且随温度和压力显著变化。气体的各种物理性质是相互关联的,而且不同气体具有不同的性质。当许多实际气体远离其液相状态时,这些气体可以近似地看成理想气体。理想气体通常具有恒定比热并服从理想气体定律或状态方程:

$$pV = mRT \tag{1.7a}$$

或写成:

$$\frac{p}{\rho} = pv = RT \tag{1.7b}$$

式中:p——绝对压力;

　　　ρ——密度;

　　　v——比体积;

　　　T——绝对温度;

　　　R——气体常数,其值取决于不同气体,空气的 R 为 287 (N·m)/(kg·K)。

气体常数 R 与分子量 M 的关系可以表示为:

$$M_1R_1 = M_2R_2 = 常数 = R_0 \quad 或 \quad R = \frac{R_0}{M} \tag{1.8}$$

式中,R_0 为通用气体常数,$R_0 = 8\,312$ (N·m)/(kmol·K)。因此,可以得到任意一种气体的气体常数。

当多种气体组成混合物时,如空气和烟气,可以应用道尔顿(Dalton)分压定律,各气体组分都适用于方程(1.7),有:

$$\rho_i = \frac{p_i}{R_iT} \tag{1.9}$$

即气体混合物的总压等于各组分分压之和,

$$p = \sum_i p_i \tag{1.10}$$

气体混合物的密度可按各组分气体所占体积百分数 α_i 计算:

$$\rho = \sum_i \rho_i\alpha_i \tag{1.11}$$

理想气体从一个状态到另一个状态的过程方程为:

$$pv^n = p_1v_1^n = 常数 \quad 或 \quad \frac{p}{p_1} = \left(\frac{\rho}{\rho_1}\right)^n = 常数 \tag{1.12}$$

当状态变化过程是等温过程时,$n = 1$。当状态变化过程没有与外界的热量交换时称为绝热过程,没有摩擦的绝热过程或可逆的绝热过程又称为等熵过程,等熵过程 $n = k$。k 是比定压热容与比定容热容之比,$k = c_p/c_v$,称为绝热指数,空气和双原子气体 $k = 1.4$,理想气体有 $c_p - c_v = R$。对于有摩擦的膨胀过程,$n < k$;而有摩擦的压缩过程,$n > k$。

可逆是指系统与环境都能够精确地返回到原来的状态,比熵 s 反映了不可逆性,表示在一

个自然流动过程中不能转变为有用功的能量的参数。比焓 h 是气体能量参数的组合,表示为:

$$h = u + \frac{p}{\rho} \tag{1.13}$$

u 表示分子运动动能和分子间力作用的内能。对于理想气体,比焓可以表示为:

$$h = u + RT \tag{1.14}$$

理想气体的内能和焓只是温度的函数。

当压力增加同时温度降低时,气体将成为蒸汽。当气体远离气相而接近液相时,物性关系式变得更为复杂,物性参数只能从蒸汽表或图线中得到。本书中,将气体看成理想气体,并注意理想气体与理想流体的差别。

【例1.3】 计算在温度为 25 ℃ 和压力为 600 kN/m²(绝对压力)时氯气的密度和比体积。氯气的分子量为 71。

解 氯气气体常数 $R = \dfrac{R_0}{M} = \dfrac{8\ 312}{71} = 117.1\ (\text{N} \cdot \text{m})/(\text{kg} \cdot \text{K})$

氯气密度 $\rho = \dfrac{p}{RT} = \dfrac{600\ 000}{117.1 \times (273 + 25)} = 17.20\ \text{kg/m}^3$

比体积 $v = \dfrac{1}{\rho} = \dfrac{1}{17.20} = 0.058\ 1\ \text{m}^3/\text{kg}$

【例1.4】 在 50 ℃ 的温度和 $2.76 \times 10^5\ \text{N/m}^2$ 的绝对压力下,汽缸内有 0.35 m³ 的空气($k = 1.4$),把这些空气压缩到 0.071 m³。

(1)假定压缩时一直处于等温,新体积下的空气压力是多少?

(2)假定压缩过程为等熵过程,最终的压力是多少?

解 (1)等温过程 $n = 1$,即 $p_1 V_1 = p_2 V_2$

$$2.76 \times 10^5 \times 0.35 = p_2 \times 0.071$$
$$p_2 = 13.6 \times 10^5\ \text{N/m}^2$$

(2)等熵过程 $n = k = 1.4$,即 $p_1 V_1^{1.4} = p_2 V_2^{1.4}$

$$2.76 \times 10^5 \times 0.35^{1.4} = p_2 \times 0.071^{1.4}$$
$$p_2 = 25.8 \times 10^5\ \text{N/m}^2$$

1.4 粘性

理想流体通常定义为没有摩擦的流体,也称为无粘性流体,它是流体力学中一个重要的假设模型。理想流体内部,即使流体处于运动时,任意一个界面处的力总是与界面垂直,这些力称为压力,即理想流体中只有压力。虽然实际工程中理想流体并不存在,但是这种理论模型却有重大的理论和实用价值。因为有些问题(如流体流动在远离固体表面时)粘性并不起重大作用,忽略粘性可以容易地分析其力学关系,且由此所得到的结果也与实际出入不大。因此当粘性不起作用或不起主要作用时,可以提出理想流体的假设,从而使问题简化,得出流体运动的一些基本规律。

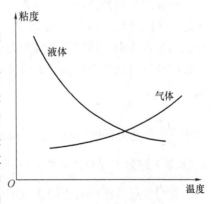

图1.2 粘度随温度变化趋势

　　而实际流体中,无论是液体还是气体,当流体相对于物体运动时,总会产生切向力或剪切力,因为切向力或剪切力总是与质点的运动方向相反,从而产生了摩擦阻力。这种产生在流体内部的摩擦力的性质称为流体粘性,是流体物性之一。

　　流体粘性反映了流体反抗切向变形或角变形的能力。例如,感觉很粘的机油就具有很高的粘性和切向阻力,而汽油的粘性则较低。流动中的流体由于分子间粘附和分子间动量交换而产生摩擦力。流体粘性与温度有关,图1.2反映了一般流体的粘性取决于温度。当温度升高时,所有液体的粘性是下降的,而所有气体的粘性是上升的。这是因为液体内粘附力起主要作用并随温度升高而减小。气体内不同速度流层间的动量交换起主要作用,因此,一个快速运动的气体分子进入慢速运动的流层时使慢速流体质点速度加快,而慢速运动分子进入快速运动流层时,使快速运动流层速度减慢。这种分子间的动量交换产生了切向力或在相邻流层间产生了摩擦力。温度越高,分子活动越快,所以气体粘性是随着温度升高而增加的。

　　下面我们来分析在相互平行且间隙 δ 很小的两平板之间充满的流体。如图1.3所示,平板间距离为 δ,中间充满了流体。下平板静止,上平板在力 F 的作用下以速度 u 作平行移动,平板面积为 A。在平板壁面上,流体质点因粘性作用而粘附在壁面上,壁面处流体质点相对于壁面的速度为0,称为粘性流体的不滑移边界条件。因此,上平板处流体质点速度为 u,下平板处流体质点速度为0,两平板间流体质点速度的变化称为速度分布。如果平板间距离不是很大,速度不

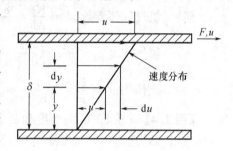

图1.3　平板间速度分布

是很高,而且没有流体流入和流出,则平板间的速度分布是线性的。

　　对于大多数流体,实验结果表明:平板拉力 F 与平板面积 A,平板平移速度 u 成正比,与平板间距离 δ 成反比,即

$$F \propto \frac{Au}{\delta}$$

引入比例系数 μ,可以得到任意两个薄平板间的切向应力 τ:

$$\tau = \frac{F}{A} = \mu \frac{u}{\delta}$$

　　研究两相邻的流层运动可知:运动较快的流层带动较慢的流层,而运动慢的流层又阻滞运动较快的流层,不同速度的流层之间互相牵滞,产生了层与层之间的摩擦力,这就是流体在流动过程中由于粘性而产生的内摩擦力。由进一步的实验得知,上述平板实验的结果,可以推广到具有任意速度分布的流体流动中去,即

$$\tau = \mu \frac{\mathrm{d}u}{\mathrm{d}y} \tag{1.15}$$

式中,$\frac{\mathrm{d}u}{\mathrm{d}y}$ 为速度梯度,表示与液体流动垂直方向的单位长度上的速度变化。

式(1.15)称为牛顿粘性方程,或牛顿粘性内摩擦定律。

　　我们发现当流体处于静止或流体质点间没有相对运动时,$\frac{\mathrm{d}u}{\mathrm{d}y} = 0$,则由式(1.15)可得 $\tau = 0$,$F = 0$。这说明在静止的液体中不存在内摩擦力。

由式(1.15)可以得到比例系数 μ：

$$\mu = \frac{\tau}{\mathrm{d}u/\mathrm{d}y} \tag{1.16}$$

式中，μ 称为流体粘性系数，一般又称为绝对粘度，或动力粘度，或简单地称为流体的粘度，其单位为$(\mathrm{N}\cdot\mathrm{s})/\mathrm{m}^2$ 或 $\mathrm{Pa}\cdot\mathrm{s}$。

我们把符合牛顿内摩擦定律的流体称为牛顿流体。一般为一些气体和分子结构简单的流体，如空气、水及油液等均属于牛顿流体。凡是不符合牛顿内摩擦定律的流体称为非牛顿流体，像血液、高分子溶液等是非牛顿流体。图 1.4 给出了不同流体及固体的切应力与粘度随速度梯度（角变形速率）的变化曲线。没有粘性的理想流体与横坐标重合，弹性固体与纵坐标重合，而其他流体的切应力与角变形速率成正比。牛顿流体粘度不随变形速率变化，切应力随变形速率线性变化。一般非牛顿流体又可分为：理想塑性流体、假塑性流体、结构性流体和膨胀性流体等。理想塑性流体一般为浓缩的泥浆和悬浮物，如泥浆、油漆、涂料、泡沫、乳状液、蛋黄酱、番茄酱、血液等，只有在应力超过了屈服应力 τ_0 之后，才可能流动，且粘度随变形速率增加而减小，在应力小于屈服应力时，呈现为固体。假塑性流体，如胶体、粘土、牛奶、血液、液态水泥等，其粘度随变形速率增加而减小。结构性流体一般为聚合性流体，如絮凝悬浮物、胶体、泡沫、凝胶体等，在非常低和非常高的变形速率下，呈现为牛顿流体，在中等变形速率下，呈现为假塑性流体。膨胀性流体，如糖水浓缩液、用水搅拌得到的面粉悬浮物等，其粘度随变形速率增加而增加。非牛顿流体主要应用于石油、化工、医药、食品和生物工程中，随着这些行业的发展，非牛顿流体力学已成为一个非常活跃的分支。一般工程中的所有的分子间相互作用小的气体和液体都是牛顿流体。

牛顿流体中切应力与速度梯度成正比（或粘度恒定），不取决于速度场。牛顿流体的绝对粘度通常随着温度变化，而不随压力变化。绝对粘度与温度的关系可以表示为：

$$\mu = \mu_{20}\exp\left(\frac{\mathrm{d}(\ln\mu)}{\mathrm{d}T} \times \left[T(\mathrm{K}) - 20(\mathrm{K})\right]\right) \tag{1.17}$$

工程问题中还经常用到绝对粘度除以密度的情况，将绝对粘度与密度之比称为运动粘度，其单位是 m^2/s，因为该参数中没有涉及力，其量纲为长度和时间，所以称为运动粘度。

$$\nu = \frac{\mu}{\rho} \tag{1.18}$$

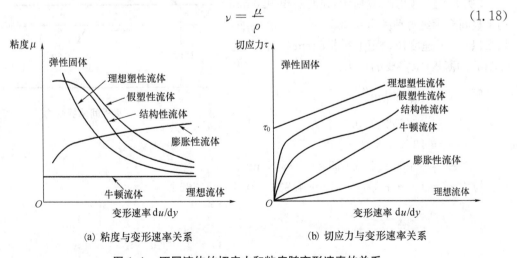

(a) 粘度与变形速率关系   (b) 切应力与变形速率关系

图 1.4   不同流体的切应力和粘度随变形速率的关系

实际使用中两个粘度的差别主要表现在:工程中遇到的大多数流体的绝对粘度与压力变化无关,只是在极高的压力下,其值略高一些。但是,气体的运动粘度随压力显著变化,因为其密度随压力变化。因此,如果要确定非标准状态下的运动粘度,可以先查得与压力无关的绝对粘度,再通过计算得到运动粘度。气体的密度可以由状态方程得到。工程中常用流体的物性参数列于表1.3。

表 1.3　标准大气压下 20 ℃ 时流体物性参数

流体种类	密度 ρ (kg/m^3)	绝对粘度 μ $((N \cdot s)/m^2)$	运动粘度 ν (m^2/s)	$d(\ln\mu)/dT$ (K^{-1})
液体				
水	998.2	1.00×10^{-3}	1.00×10^{-6}	-2.84×10^{-2}
正辛烷	702	5.42×10^{-4}	7.72×10^{-7}	-1.26×10^{-2}
乙醇	789	1.20×10^{-3}	1.52×10^{-6}	-1.95×10^{-2}
甲醇	792	5.84×10^{-4}	7.37×10^{-7}	-1.57×10^{-2}
苯	879	6.52×10^{-4}	7.42×10^{-7}	-1.57×10^{-2}
乙烯基己二醇	1 110	1.99×10^{-2}	1.79×10^{-5}	-6.03×10^{-2}
丙三醇	1 260	1.49	1.18×10^{-3}	-9.23×10^{-2}
水银	13 550	1.55×10^{-3}	1.14×10^{-7}	-3.71×10^{-3}
理想气体				
空气	1.204	1.82×10^{-5}	1.51×10^{-5}	2.56×10^{-3}
氢气	0.083 82	8.83×10^{-6}	1.05×10^{-4}	3.95×10^{-3}
氦气	0.166 4	1.95×10^{-5}	1.17×10^{-4}	2.15×10^{-3}
水蒸气	0.749 8	9.57×10^{-6}	1.28×10^{-5}	3.67×10^{-3}
一氧化碳	1.165	1.76×10^{-5}	1.51×10^{-5}	2.62×10^{-3}
氮气	1.165	1.76×10^{-5}	1.51×10^{-5}	2.50×10^{-3}
氧气	1.330	2.03×10^{-5}	1.53×10^{-5}	2.56×10^{-3}
氩气	1.660	2.25×10^{-5}	1.36×10^{-5}	2.68×10^{-3}
二氧化碳	1.830	1.47×10^{-5}	8.03×10^{-6}	3.07×10^{-3}

【例 1.5】　如图 1.5 所示,在两块相距20 mm 的平板间充满绝对粘度为 $0.065\,(N \cdot s)/m^2$ 的油,如果以1 m/s 速度拉动距上平板5 mm 处,面积为 $0.5\,m^2$ 的薄板,求需要的拉力。

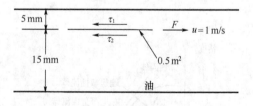

图 1.5　平板间薄板受力

解　$\tau = \mu \dfrac{du}{dy} \approx \mu \dfrac{u}{\delta}$

$\tau_1 = 0.065 \times 1/0.005$
$\quad = 13\ N/m^2$

$\tau_2 = 0.065 \times 1/0.015 \approx 4.33\ N/m^2$

拉力 $F = (\tau_1 + \tau_2)A = (13 + 4.33) \times 0.5 = 8.665\ N$

【**例 1.6**】 某流体的动力粘度 $\mu = 5 \times 10^{-2}$ Pa·s,流体在管内的流速分布如图1.6所示,速度的表达式为 $u = 100 - c(5-y)^2$,试问切向应力 τ 的表达式。最大切向应力为多少?发生在何处?

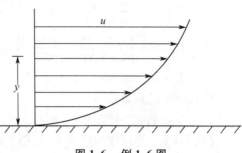

解 先由流动的边界条件 $y = 0$ 时,$u = 0$。确定速度表达式中的未知系数 c。

$$0 = 100 - c \times (5-0)^2$$
$$c = 4$$
$$u = 100 - 4 \times (5-y)^2$$

图 1.6 例 1.6 图

速度梯度:

$$\frac{\mathrm{d}u}{\mathrm{d}y} = 40 - 8y = 8 \times (5-y)$$

$$\tau = \mu \frac{\mathrm{d}u}{\mathrm{d}y}$$
$$= 5 \times 10^{-2} \times 8 \times (5-y)$$

在管壁上,即 $y = 0$ 处,出现 $\tau_{\max}$。

$$\tau_{\max} = 5 \times 10^{-2} \times 8 \times (5-0)$$
$$= 2.0 \text{ N/m}^2$$

【**例 1.7**】 如图 1.7 所示,绝对粘度为 0.2 (N·s)/m² 的油充满在缝隙厚度 $\delta = 0.2$ mm 中,求转轴的力矩和发热量。转轴旋转速度 $n = 90$ r/min,$\alpha = 45°$,$a = 45$ mm,$b = 60$ mm。

解 因为缝隙厚度很小,缝隙间速度分布可以近似为线性,所以:

$$\frac{\mathrm{d}u}{\mathrm{d}y} = \frac{u}{\delta} = \frac{2\pi nr}{\delta}$$

切应力:

$$\tau = \mu \frac{\mathrm{d}u}{\mathrm{d}y} = \frac{\mu 2\pi nr}{\delta}$$

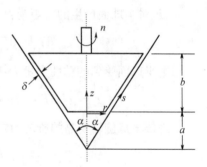

图 1.7 锥形旋塞转动

微元面积:

$$\mathrm{d}A = 2\pi r \mathrm{d}s = \frac{2\pi r \mathrm{d}z}{\cos\alpha}$$

微元面上的粘性力:

$$\mathrm{d}F = \tau \mathrm{d}A = \frac{\mu 2\pi nr}{\delta} \frac{2\pi r \mathrm{d}z}{\cos\alpha}$$

转轴力矩:

$$\mathrm{d}T = r \mathrm{d}F = \frac{4\pi^2 \mu n}{\delta \cos\alpha} r^3 \mathrm{d}z, \quad r = z\tan\alpha$$

$$\mathrm{d}T = \frac{4\pi^2 \mu n \tan^3\alpha}{\delta \cos\alpha} z^3 \mathrm{d}z$$

$$T = \frac{4\pi^2 \mu n \tan^3\alpha}{\delta\cos\alpha} \int_a^{a+b} z^3 \mathrm{d}z = \frac{4\pi^2 \mu n \tan^3\alpha}{\delta\cos\alpha} \frac{(a+b)^4 - a^4}{4}$$

$$T = \frac{4\pi^2 \times 0.2 \times (90/60)\tan^3 45°}{(0.2 \times 10^{-3})\cos 45°} \times \frac{\left[(45+60) \times 10^{-3}\right]^4 - (45 \times 10^{-3})^4}{4}$$

$$T = 2.4616 \,\mathrm{N \cdot m}$$

摩擦产生的热量:

$$Q = 2\pi n T = 2.4616 \times 2\pi \times (90/60) = 23.2 \,(\mathrm{N \cdot m})/\mathrm{s} = 23.2 \,\mathrm{J/s}$$

【例 1.8】 半球体半径为 R,它绕竖轴旋转的角速度为 ω,半球体与凹槽间隙为 δ,槽面涂有润滑油,试推证所需的旋转力矩为 $M = \frac{4}{3}\pi R^4 \dfrac{\mu\omega}{\delta}$。

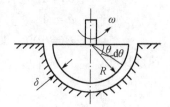

解 如图 1.8 所示,在半球表面 θ 角处取一张角为 $\mathrm{d}\theta$ 的条状微元表面,其面积 $\mathrm{d}A$ 为:

$$\mathrm{d}A = 2\pi R\cos\theta \cdot R\mathrm{d}\theta = 2\pi R^2 \cos\theta \mathrm{d}\theta$$

图 1.8　半球体旋转

该微元面积处的线速度为:

$$u = \omega r = \omega R\cos\theta$$

该微元面积受到的粘性力为:

$$\mathrm{d}F = \mu\frac{\mathrm{d}u}{\mathrm{d}r} \cdot \mathrm{d}A = \mu\frac{u}{\delta} \cdot \mathrm{d}A = 2\pi\frac{\mu\omega R^3}{\delta} \cdot \cos^2\theta \cdot \mathrm{d}\theta$$

$\mathrm{d}F$ 对半球面产生的力矩为:

$$\mathrm{d}T = \mathrm{d}F \cdot R\cos\theta = 2\pi\frac{\mu\omega R^4}{\delta} \cdot \cos^3\theta \cdot \mathrm{d}\theta$$

则半球面受到的粘性力矩为:

$$T = \int_0^{\frac{\pi}{2}} \mathrm{d}T = 2\pi\frac{\mu\omega R^4}{\delta} \int_0^{\frac{\pi}{2}} (1 - \sin^2\theta)\mathrm{d}\sin\theta = \frac{4}{3}\pi R^4 \frac{\mu\omega}{\delta}$$

维持半球旋转所需的旋转力矩与粘性力矩相等。

$$M = T = \frac{4}{3}\pi R^4 \frac{\mu\omega}{\delta}$$

1.5　表面张力

当液体与其他流体或固体接触,出现自由表面时,液体的自由表面都呈现收缩的趋势,此表面像一个被均匀地张拉的薄皮那样处于应力状态。液体表面的这种收缩趋势是由液体的表面张力造成的。表面张力沿着液体的表面作用并且和液体的边界垂直。

液体分子之间是有吸引力的,分子间吸引力的作用半径 r 约为 $10^{-10} \sim 10^{-8}$ m。若液体内某分子距自由液面的距离大于或等于半径 r,如图 1.9 中的 A、B 所示,则液体分子对该分子的吸引力刚好平衡。对分子 C,由于自由表面上面的部分没有液体分子,则液体分子对分子 C 的吸引力上下不平衡,从而构成一个从自由液面向下作用的合力。对分子 D 来说,这种向下作用的合力达到最大。在厚度小于半径 r 的液面薄层内,所有液体分子均受向下的吸引力,把表面层紧紧地拉向液体内部。

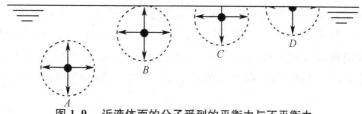

图 1.9　近液体面的分子受到的平衡力与不平衡力

　　既然表面层中的液体分子都受到指向液体内部的拉力作用,则任何液体分子在进入表面层时都必须反抗这种力的作用,也即都必须给这些分子以机械功。而这些机械功将以自由表面能的形式被储存起来。因此,自由表面的增加,便意味着自由表面能的增加。相反,自由表面的减少,便意味着自由表面能的减少,即它要向周围释放能量。因此,当自由表面收缩时,在收缩的方向上必定有力对自由表面做负功,也即作用力的方向与收缩的方向相反,这种力必定是拉力。这种拉力被定义为表面张力 F_σ,单位长度上的表面张力值,称为表面张力系数,用 σ 表示,它的单位为 N/m。

　　所有液体的表面张力系数都随着温度的上升而下降。在液体中添加某些有机溶液或盐类,也可改变它们的表面张力。例如,把少量的肥皂溶液加入水中,可以显著地降低它的表面张力,而把食盐溶液加入水中,却可提高它的表面张力。

　　表面张力的影响在大多数工程实际中是被忽略的。但是在水滴和气泡的形成、液体的雾化、汽液两相的传热与传质以及小尺寸模型实验等研究中,将是不可忽略的重要因素。

　　液体分子间的吸引力称为内聚力。液体与固体分子间的吸引力称为附着力。当液体与固体壁面接触时,若液体内聚力小于液体与固体间的附着力,液体将润湿、附着壁面,沿壁面向外伸展。例如,把水倒在玻璃板上就是这种情况。若液体内聚力大于液体与固体间的附着力,液体将不湿润壁面,而是自身抱成一团。例如水银倒在玻璃板上将形成椭球形状,而不湿润玻璃板。水也不湿润石蜡或油腻的壁面,这是因为水的内聚力比与石蜡或油腻壁面的附着力大。

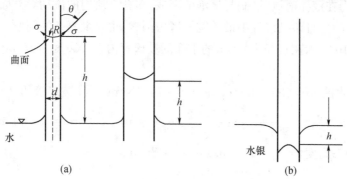

图 1.10　表面张力与毛细现象

　　液体与固体壁面接触时的这种性质,可以解释毛细管中液面的上升或下降现象。图 1.10(a) 是玻璃管插在水中,图(b) 是玻璃管插入水银中的情景。因为水的内聚力小于水与玻璃壁面的附着力,水湿润玻璃管壁面并沿壁面伸展,致使水面向上弯曲,表面张力把管内液面向上拉高 h。水银内聚力大于水银与玻璃壁面间的附着力而不湿润管壁面,并沿壁面收缩,致使水银面向下弯曲,表面张力把管内液面向下拉低 h。这种在细管中液面上升或下降的现象称为毛细现象,能发生毛细现象的细管子称为毛细管。

　　液面为曲面时的表面张力势必造成曲面两侧的压力差。因为液体曲面与固体壁面接触处的表面张力有一指向凹面的合力,要平衡这一合力,凹面的压力必须高于凸面的压力,这种由表面张力引起的附加压力称为毛细压力。若管子很细,则管内的液面可以近似地看作一个球面,设 R 为球面的曲率半径,则曲面的凹面高于凸面的压强差为:

$$\Delta p = \frac{2\sigma}{R} \tag{1.19}$$

　　毛细管中液面上升或下降的高度显然与表面张力有关。现以图 1.10(a) 为例,假设液体密度为 ρ,毛细管直径为 d,液面与固体壁面的接触角为 θ,当表面张力与上升液柱重量相等时,液柱便固定在某一高度 h 下达到力的平衡。这时:

$$\pi d\sigma\cos\theta = \rho g \frac{\pi d^2}{4} h$$

$$h = \frac{4\sigma\cos\theta}{\rho g d} \tag{1.20}$$

式(1.20)也可用作计算不浸润液体在细管中的下降高度,只是此时 $\theta > \frac{\pi}{2}$,$\cos\theta$ 为负值,所以 h 也为负值,表示液面是下降的。如图 1.10(b)。

　　液柱上升或下降的高度与管径成反比,与液体种类、管子材料、液面上气体(或不相溶液体)的种类及温度有关。一般来说水的 θ 角在 $0° \sim 9°$ 范围内,水银的 θ 角在 $130° \sim 150°$ 范围内。通常对于水,当玻璃管的内径大于 20 mm,对于水银,大于 12 mm,毛细现象的影响可以忽略不计。

　　与惯性力、重力和粘性力相比,表面张力的影响在绝大多数的工程应用中可以忽略,但是,涉及毛细上升的问题时,表面张力非常重要,如在土壤含水区的大多数植物如果离开了毛细作用将变得枯萎。当用细管测量流体物性,如测量压力时,则必须注意表面张力对读数的影响。表面张力在液体射流、液滴与气泡的形成、多孔介质内的流动等方面也很重要。如分析液滴的形成是喷墨打印机设计中最关键的考虑因素,也是最复杂的问题。

　　【例 1.9】　10 ℃ 水在直径为 2 mm 的干净的玻璃管内上升高度为 35 mm,求水实际的静态高度是多少?

　　解　10 ℃ 水的 $\rho = 999.7 \text{ kg/m}^3$,$\sigma = 0.074\ 2 \text{ N/m}$,干净玻璃管的 $\theta = 0°$。

所以　　　　　$h = \dfrac{4\sigma}{\rho g d} = \dfrac{4 \times 0.074\ 2}{999.7 \times 9.807 \times 0.002} = 0.015\ 14 \text{ m} = 15.14 \text{ mm}$

水实际的静态高度 $= 35.00 - 15.14 = 19.86 \text{ mm}$

1.6　液体的蒸汽压力

　　所有液体都会蒸发或沸腾,将它们的分子释放到表面外的空间中。如果是一个封闭的空间,由分子产生的压力将增加,直到再进入液体的分子速率与离开液面的分子速率相等时为止。在这个平衡条件下,蒸汽压力称为饱和压力。

　　分子的活动能力随温度升高而升高,随压力增加而减小,饱和压力也随温度升高而增大。在任意给定的温度下,如果液面上的压力降低到低于饱和压力时,蒸发速率迅速增加,称为沸腾。因此,在给定温度下,饱和压力又称为沸腾压力,这个压力是作为液体存在的最低压力,在液体的实际工程应用中非常重要。

液体通过一个低的绝对压力区域时将迅速蒸发(沸腾),并在高压区内再凝结,这种现象称为汽蚀。汽蚀是非常有害的,应该尽可能避免。不同液体的饱和压力相差很大。20 ℃ 时水银饱和压力最低,为 0.16 Pa,而水的饱和压力为 2 340 Pa,水银的饱和压力是水的饱和压力的 7.35×10^{-5} 倍,所以水银非常适合应用于大气压力计。

为了便于计算机计算,常用流体的物性又总结成多项式的形式,如水和水蒸气的物性与温度关系多项式可以表示为:

$$\ln X = \alpha_0 + \alpha_1 T + \alpha_2 T^2 + \alpha_3 T^3 + \alpha_4 T^4 + \alpha_5 T^5$$

式中,X 代表物性,多项式中系数 α 列在表 1.4 中。

表 1.4　水及水蒸气物性参数计算系数表

物性 X	温度范围(℃)	α_0	α_1	α_2	α_3	α_4	α_4	误差(%)
蒸汽压力 p_v ($\times 10^5$ Pa)	20～200	-5.0945	7.2280×10^{-2}	-2.8625×10^{-4}	9.2341×10^{-7}	-2.0295×10^{-9}	2.1645×10^{-12}	0.01
液体密度 ρ_l (kg/m³)	20～200	6.9094	-2.0146×10^{-5}	-5.9868×10^{-6}	2.5921×10^{-8}	-9.3244×10^{-11}	1.2103×10^{-13}	0.05
蒸汽密度 ρ_v (kg/m³)	20～200	-5.3225	6.8366×10^{-2}	-2.7243×10^{-4}	8.4522×10^{-7}	-1.6558×10^{-9}	1.5514×10^{-12}	0.02
液体粘度 μ_l ($\times 10^{-7}$(N·s)/m²)	20～200	9.7620	-3.1154×10^{-2}	2.0029×10^{-4}	-9.5815×10^{-7}	2.7772×10^{-9}	-3.5075×10^{-12}	0.02
蒸汽粘度 μ_v ($\times 10^{-7}$(N·s)/m²)	20～200	4.3995	3.8789×10^{-3}	2.1181×10^{-5}	-3.4406×10^{-7}	1.6730×10^{-9}	-2.8030×10^{-12}	0.04
表面张力 σ ($\times 10^{-3}$ N/m)	20～200	4.3438	-3.0664×10^{-3}	2.0743×10^{-5}	-2.5499×10^{-7}	1.0377×10^{-9}	-1.7156×10^{-12}	0.03
液体比热 c_{pl} (kJ/(kg·K))	20～200	1.4338	-2.2638×10^{-4}	4.2819×10^{-6}	-2.7411×10^{-8}	1.4699×10^{-10}	-2.2589×10^{-13}	0.01
蒸汽比热 c_{pv} (kJ/(kg·K))	20～200	0.62084	3.1420×10^{-4}	1.6110×10^{-6}	4.0156×10^{-8}	3.4841×10^{-11}	-2.0709×10^{-13}	0.01
液体导热系数 λ_l (W/(m·K))	20～200	-5.6528×10^{-1}	3.1743×10^{-3}	-1.4392×10^{-5}	-1.3224×10^{-8}	2.5534×10^{-10}	-6.4454×10^{-13}	0.04
蒸汽导热系数 λ_v (W/(m·K))	20～200	-4.0406	3.2288×10^{-3}	5.3383×10^{-6}	-6.7139×10^{-8}	4.0967×10^{-10}	-6.9579×10^{-13}	0.07
汽化潜热 h_{fg} (kJ/kg)	20～200	7.8201	-5.8906×10^{-4}	-9.1355×10^{-6}	8.4738×10^{-8}	-3.9635×10^{-10}	5.9150×10^{-13}	0.05

本 章 小 结

1.1　流体包括液体和气体。流体分子间吸引力小,粘附力小,不能够将流体的不同部分保持住,因此流体没有一定的形状,在非常微小的切向力作用下就会流动并且只要切向力存在流动将持续,所以流动性是流体的最基本特征。

1.2　流体密度和比体积的关系为 $v = \dfrac{1}{\rho}$。当密度随压力变化很小时,流体可以处理成不可压缩流体。液体的压缩性 β 与其弹性体积模量 E_V 成反比，$E_V = \dfrac{1}{\beta}$，压力变化与比容的关系可以近似地表示为：

$$\frac{v_2 - v_1}{v_1} \approx -\frac{p_2 - p_1}{E_V}。$$

1.3　气体一般服从理想气体状态方程 $\dfrac{p}{\rho} = pv = RT$，多组分的混合气体服从于 Dalton 分压定律，$p = \sum_i p_i$。

1.4　当流体质点间有相对运动时，会产生与质点运动方向相反的切向力或剪切力，从而产生摩擦阻力，流体内部的摩擦力称为流体粘性。粘性作用可以用牛顿粘性内摩擦定律表示。$\tau = \dfrac{F}{A} = \mu \dfrac{u}{\delta} = \mu \dfrac{\mathrm{d}u}{\mathrm{d}y}$，$\mu$ 为流体粘性系数，称为绝对粘度(或动力粘度，粘度)。ν 为运动粘度，两者关系为 $\nu = \dfrac{\mu}{\rho}$。所有液体的粘性随温度升高而下降，而所有气体的粘性随温度升高而上升。粘度不随角变形速率变化的流体称为牛顿流体，而非牛顿流体的粘性随角变形速率而变化。

1.5　液体表面或不互溶液体的界面处，由分子间粘附力和附着力作用在液膜表面产生了向外的平衡吸引力，即液体表面张力 σ。由表面张力和重力相平衡，可以得到细管内液体上升或下降的毛细高度 $h = \dfrac{4\sigma\cos\theta}{\rho g d}$。

习　题

1.1　求绝对压力为 10^5 N/m²，温度为 30 ℃ 的空气的密度和比容。

1.2　油的体积为 0.4 m³，重量为 350 kN，求密度。

1.3　氢气球在 30 km 高空(绝对压力为 1 100 N/m²，温度为 -40 ℃)膨胀到直径为 20 m，如果不计气球的材料应力，求在地面上绝对压力为 101.3 kN/m²，温度为 15 ℃ 时充入的氢气质量。

1.4　空气从绝对压力为 10^5 N/m² 和温度为 20 ℃ 压缩到绝对压力为 5×10^5 N/m² 和温度为 60 ℃，求其体积变化了多少？

1.5　求 10 m³ 水在以下条件下的体积变化：(a) 恒定大气压力下温度由 60 ℃ 升高到 70 ℃；(b) 温度恒定为 60 ℃，压力从 0 升高到 10 MN/m²；(c) 温度从 60 ℃ 升高到 70 ℃，压力从 0 升高到 10 MN/m²。

1.6　1 m³ 的液体重量为 9.71 kN，绝对粘度为 0.6×10^{-3} (N·s)/m²，求其运动粘度系数。

1.7　气体温度由 0 ℃ 上升到 20 ℃ 时，运动粘度增加 15%，密度减少 10%，问绝对粘度变化多少？

1.8　标准状态下水和空气温度均从 10 ℃ 变化到 35 ℃，试分别确定其密度和绝对粘度的变化率。

1.9　两平行平板间距离为 2 mm，平板间充满密度为 885 kg/m³、运动粘度为 1.61×10^{-3} m²/s 的油，上板匀速运动速度为 4 m/s，求拉动平板所需要的力。

1.10 油缸内径为 12 cm,活塞直径为 11.96 cm,长度为 14 cm,润滑油绝对粘度系数为 0.065 (N・s)/m²,若对活塞施以 8.6 N 的力,求活塞往复运动的速度为多少。

1.11 温度为 20 ℃ 的空气,在直径为 2.5 cm 的管中流动,距管壁面 1 mm 处的空气流速为 3.5 cm/s,求作用在单位管长上的粘性阻力。

1.12 两大平板间距 16 mm,平板间油的粘度为 0.22 (N・s)/m²,试确定平板间面积为 0.4 m² 的薄平板以 0.25 m/s 速度运动时需要的拉力。(1) 薄平板在两大平板中间; (2) 薄平板距上板 5 mm 处。

1.13 轴套由外径 80 mm 轴承放置在内径为 80.4 mm 轴套内组成,其内润滑油密度为 900 kg/m³,运动粘度为 0.28×10^{-3} m²/s,当轴的旋转速度为 150 r/min 时,求由摩擦产生的发热速率。

1.14 河流中水的速度分布为 $u = 2.5(y/6)^{1/7}$,其中 y 是距河床壁面的距离,水温 25 ℃,确定距河床壁面 $y = 2.5$ 和 $y = 5$ 处的粘性切应力。

1.15 抛物线型速度分布如图 1.11,试确定 $y = 0$、3 mm、6 mm、9 mm、12 mm 处的速度梯度和切应力,液体粘度为 0.25 (N・s)/m²。

1.16 计算 10 ℃ 纯水在内径为 0.8 mm 的干净玻璃管内上升的毛细高度,如果管径为 2 mm 时,上升高度又是多少?

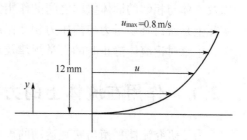

图 1.11　习题 1.15 图

2 　流体静力学

流体静力学是研究流体在外力的作用下处于静止(绝对静止或相对静止)状态时的力学规律及其应用。绝对静止是指流体质点之间没有相对运动,流体整体相对于地球也没有相对运动。相对静止是指流体质点之间没有相对运动,但流体整体相对于地球有相对运动。

流体处于静止或相对静止状态时,由于流层之间没有相对滑动,液体中不存在切应力,粘性作用表现不出来。这样,流体的平衡规律对于实际流体或理想流体都适用。由流体的物理性质可知,流体不能承受拉力,此时的法向应力只能是压力,静止流体中相邻两部分之间以及流体与相邻的固体壁面之间的作用力只有静压力。因此,流体静止状态时的力学问题,实际上是研讨其质量力与静压力相互作用及静压力的分布规律。

本章讨论流体静止时的力学规律及在工程实践中的应用。

2.1　作用在流体上的力

为了研究流体平衡与宏观运动的规律,必须首先分析作用在流体上的力,力是使流体运动状态发生变化的原因。根据力作用方式的不同,作用在流体上的力可以分为质量力和表面力。

2.1.1　质量力

作用于流体的每一质点上并与流体质量成正比的力称为质量力。例如,重力场中地球对流体全部质点的引力作用所产生的重力($G = mg$)、直线运动的惯性力($F = ma$)和旋转运动中的惯性离心力($F = mr\omega^2$)等等。此外,磁力场和电力场中对磁性物质和带电物质所产生的磁力和电动力等。

如果用 f 表示作用于某点单位质量流体的质量力,简称单位质量力,用 f_x、f_y、f_z 表示单位质量力沿直角坐标轴的分量,则

$$f = f_x i + f_y j + f_z k$$

2.1.2　表面力

作用于流体的某一面积上,并与受力面积成正比的力称为表面力。流体微团在流体内部不是孤立存在的,它与相邻微团在相互之间的接触表面上应该有力的相互作用。因此流体的面积可以是流体的自由表面也可以是内部截面积(如图 2.1 所示的分离体面积 ΔA)。表面力可以分为垂直于表面的法向力和平行于表面的切向力。流体内部不能承受拉力,所以在流体内部不存在拉力和张力,只有在液体与异相物质接触的自由表面上能承受微小的表面张力。作用于流体的切向力即为流体内部的内摩擦力。

在连续介质中,表面力沿表面连续分布,通常用单位面积上的力来表示,称为应力。

2.2　流体静压力及其特性

2.2.1　流体静压力

在图2.1所示的静止液体中,任取一点 K,并在其周围取微小面积 ΔA,则相邻流体对它就有作用力,设为 ΔF。当所取微小面积趋于零时,K 点的应力为:

$$p = \lim_{\Delta A \to 0} \frac{\Delta F}{\Delta A} = \frac{dF}{dA} \tag{2.1}$$

式中,p 为静止流体中的应力,称为静压力,单位是 N/m²(或 Pa),有时也被称为静压强。

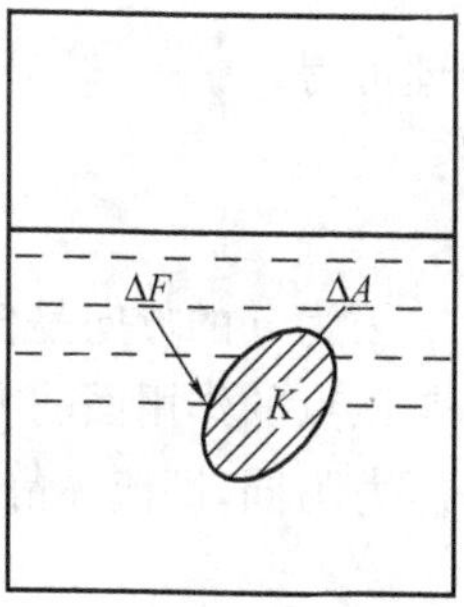

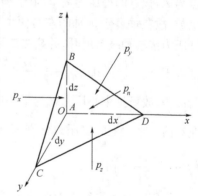

图 2.1　作用在静止流体上的表面力

2.2.2　流体静压力的特性

流体静压力有两个重要特性。

第一特性:流体静压力的方向沿作用面的内法线方向,或垂直指向作用面。

因为在静止液体中,切应力等于零,又因为流体不能承受拉力而只能承受压力,所以作用于流体上的唯一的表面力,只有指向作用面的内法线方向的静压力 p。

第二特性:静止流体中任意一点流体静压力的大小与作用面的方位无关,即任一点上各方向的流体静压力大小均相等。

为了证明这一特性,在静止流体中以 A 为直角顶点取一边长各为 dx、dy、dz 的微元直角四面体 $ABCD$,如图 2.2 所示。设作用在 $\triangle ABC$、$\triangle ABD$、$\triangle ACD$ 及 $\triangle BCD$ 四个平面上的平均静压力分别以 p_x、p_y、p_z、及 p_n 表示,则作用在各面上的流体总压力应等于各微元面积与相应的静压力的乘积,即

$$dF_x = p_x \times \frac{1}{2}dydz$$

$$dF_y = p_y \times \frac{1}{2}dxdz$$

$$dF_z = p_z \times \frac{1}{2}dxdy$$

$$dF_n = p_n dA_n$$

图 2.2　微元四面体

其中,dA_n 为 $\triangle BCD$ 的面积。

设流体的平均密度用 ρ 表示,用 f_x、f_y、f_z 表示单位质量流体的质量力的分力,而四面体的体积为 $\frac{1}{6}dxdydz$,则四面体的质量力沿坐标轴的分力分别为 $f_x \rho \times \frac{1}{6}dxdydz$、$f_y \rho \times \frac{1}{6}dxdydz$ 及 $f_z \rho \times \frac{1}{6}dxdydz$。微元四面体在上述总压力和质量力的作用下,处于平衡状态,在三个坐标轴方向分力的代数和应为零。x 轴方向微元四面体的受力平衡式为:

$$p_x \times \frac{1}{2} \mathrm{d}y\mathrm{d}z - p_n \mathrm{d}A_n \cos(\stackrel{\frown}{n,x}) + f_x \rho \times \frac{1}{6} \mathrm{d}x\mathrm{d}y\mathrm{d}z = 0$$

由于 $\mathrm{d}A_n \cos(\stackrel{\frown}{n,x})$ 是 $\triangle BCD$ 在 yOz 平面上的投影面积,其值等于 $\frac{1}{2}\mathrm{d}y\mathrm{d}z$,当微元四面体以 A 点为极限,$\mathrm{d}x,\mathrm{d}y,\mathrm{d}z$ 趋于零时,上式为:

$$p_x = p_n$$

同理可得:
$$p_y = p_n, p_z = p_n$$

即:

$$p_x = p_y = p_z = p_n \tag{2.2}$$

因为 n 的方向是任选的,所以证明了在静止流体中,作用在任一点上的流体静压力的大小与该点的作用面的方位无关,即任一点上各方向的流体静压力大小均相等。但空间不同点静压力不同,即流体静压力只是空间点坐标的函数,表达式为:

$$p = p(x,y,z)$$

2.3　流体的平衡微分方程

2.3.1　流体的平衡微分方程

为求在静止流体中的压力分布规律,取一边长分别为 $\mathrm{d}x,\mathrm{d}y,\mathrm{d}z$ 的微元平行六面体,如图 2.3 所示,其中心点为 A,该点的静压力为 p。由于静压力是空间点的连续函数,故在垂直于 x 轴的左右两个平面中心点 B,C 上的静压力按泰勒级数展开,并略去二阶以上无穷小量后,分别等于 $p - \frac{1}{2}\frac{\partial p}{\partial x}\mathrm{d}x$、$p + \frac{1}{2}\frac{\partial p}{\partial x}\mathrm{d}x$。六面体的面积都是微元面积,故可把中心压力视为平均压力。则垂直于 x 轴的左右两个平面上的总压力分别为 $\left(p - \frac{1}{2}\frac{\partial p}{\partial x}\mathrm{d}x\right)\mathrm{d}y\mathrm{d}z$ 和 $\left(p + \frac{1}{2}\frac{\partial p}{\partial x}\mathrm{d}x\right)\mathrm{d}y\mathrm{d}z$。

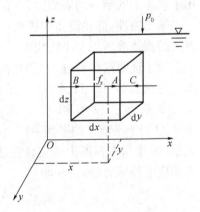

图 2.3　微元平行六面体

作用在直角平行六面体流体微元上的外力除静压力外,还有质量力。设流体微元的平均密度为 ρ,则微元质量为 $\rho\mathrm{d}x\mathrm{d}y\mathrm{d}z$。单位质量流体质量力在三个坐标轴的分力为 f_x、f_y、f_z。

由于六面体微元处于平衡状态,故 x 轴方向力平衡方程为:

$$\left(p - \frac{1}{2}\frac{\partial p}{\partial x}\mathrm{d}x\right)\mathrm{d}y\mathrm{d}z - \left(p + \frac{1}{2}\frac{\partial p}{\partial x}\mathrm{d}x\right)\mathrm{d}y\mathrm{d}z + f_x \rho\mathrm{d}x\mathrm{d}y\mathrm{d}z = 0$$

或

$$f_x \rho\mathrm{d}x\mathrm{d}y\mathrm{d}z - \frac{\partial p}{\partial x}\mathrm{d}x\mathrm{d}y\mathrm{d}z = 0$$

同理,可得沿 y 轴和 z 轴的平衡方程:

$$f_y \rho\mathrm{d}x\mathrm{d}y\mathrm{d}z - \frac{\partial p}{\partial y}\mathrm{d}x\mathrm{d}y\mathrm{d}z = 0$$

$$f_z \rho \mathrm{d}x \mathrm{d}y \mathrm{d}z - \frac{\partial p}{\partial z} \mathrm{d}x \mathrm{d}y \mathrm{d}z = 0$$

用微元质量 $\rho \mathrm{d}x \mathrm{d}y \mathrm{d}z$ 除以上三式,即得:

$$\left.\begin{array}{l} f_x - \dfrac{1}{\rho} \dfrac{\partial p}{\partial x} = 0 \\[2mm] f_y - \dfrac{1}{\rho} \dfrac{\partial p}{\partial y} = 0 \\[2mm] f_z - \dfrac{1}{\rho} \dfrac{\partial p}{\partial z} = 0 \end{array}\right\} \tag{2.3a}$$

写成矢量形式:

$$\boldsymbol{f} - \frac{1}{\rho} \mathrm{grad} p = 0 \tag{2.3b}$$

　　这就是流体平衡微分方程。它是欧拉(Euler)在 1755 年首先提出的,故又称欧拉平衡微分方程。它指出流体处于平衡状态时,作用于流体上的质量力与静压力递增率之间的关系,质量力作用方向就是静压力递增率的方向。例如,只有重力作用的静止液体,静压力增大的方向就是重力作用的铅直向下的方向。

　　由于流体静压力是点的坐标的函数,它的全微分为:

$$\mathrm{d}p = \frac{\partial p}{\partial x} \mathrm{d}x + \frac{\partial p}{\partial y} \mathrm{d}y + \frac{\partial p}{\partial z} \mathrm{d}z \tag{2.3c}$$

将式(2.3a)的三个式子依次乘以 $\mathrm{d}x$、$\mathrm{d}y$、$\mathrm{d}z$,然后相加,得:

$$\rho(f_x \mathrm{d}x + f_y \mathrm{d}y + f_z \mathrm{d}z) = \frac{\partial p}{\partial x} \mathrm{d}x + \frac{\partial p}{\partial y} \mathrm{d}y + \frac{\partial p}{\partial z} \mathrm{d}z \tag{2.3d}$$

所以,

$$\mathrm{d}p = \rho(f_x \mathrm{d}x + f_y \mathrm{d}y + f_z \mathrm{d}z) \tag{2.4}$$

式(2.4)称为压力差公式。它表明当点的坐标增量为 $\mathrm{d}x, \mathrm{d}y, \mathrm{d}z$ 时,静压力的增量 $\mathrm{d}p$ 取决于质量力。

2.3.2　力的势函数和有势力

　　若将式(2.3a)中的三个方程对坐标交错求导,得:

$$\frac{\partial f_x}{\partial y} = \frac{\partial f_y}{\partial x}, \frac{\partial f_y}{\partial z} = \frac{\partial f_z}{\partial y}, \frac{\partial f_z}{\partial x} = \frac{\partial f_x}{\partial z}$$

由数学分析,矢量 f 的旋度为 0,

$$\mathrm{rot} \boldsymbol{f} = 0 \tag{2.5}$$

式(2.5)是矢量 f 为有势力的充要条件,即矢量 f 为有势力,存在一个势函数 $\pi(x,y,z)$,f 与 π 的关系为:

$$\boldsymbol{f} = - \mathrm{grad} \pi \tag{2.6a}$$

$$f_x = -\frac{\partial \pi}{\partial x}, f_y = -\frac{\partial \pi}{\partial y}, f_x = -\frac{\partial \pi}{\partial z} \tag{2.6b}$$

将式(2.6b)代入式(2.4),得:

$$\mathrm{d}p = - \rho \mathrm{d} \pi \tag{2.7a}$$

当 ρ 为常数时,对上式积分得:

$$p = -\rho\pi + c \tag{2.7b}$$

有势函数存在的力叫有势的力,因此,质量力为有势的力,单位质量流体的质量力等于势函数的负梯度。

势函数 π 表示了单位质量力 f_x、f_y、f_z 在移动距离 $dl(dx, dy, dz)$ 内所做的功,即势能的增量 $f_x dx + f_y dy + f_z dz = d(-\pi)$,因此,$\pi(x, y, z)$ 反映了单位质量流体的势能(位能),所以 π 称为势函数。

2.3.3　等压面

在流场中,压力相等的点组成的面称为等压面。当 $dp = 0$,密度为常数时,由式(2.4)得出等压面的微分方程:

$$f_x dx + f_y dy + f_z dz = 0 \tag{2.8}$$

由式(2.7b)可知,在有势的力场中,等压面也是等势面。式(2.8)表明有势的质量力必垂直于等压面。因为有势的力是势函数的负梯度,所以有势的质量力指向压力增加(势函数减少)的方向。例如,当质量力只有重力时,由于重力的方向垂直向下,所以静止液体中的等压面一定是水平面,而且压力将随深度增加而增大。由此可以推论自由表面及两种不相混淆的液体处于平衡状态时的分界面也都是水平面,也是等压面。

2.4　重力场中流体的平衡

2.4.1　静力学基本方程

工程上最常见的是作用在流体上的质量力只有重力的情况。流体上的质量力只有重力的流体简称重力流体。

如图 2.4 所示的坐标系,则单位质量力的分力为:

$$f_x = 0, f_y = 0, f_z = -g$$

代入式(2.4),得:

$$dp = -\rho g \, dz$$

或

$$dz + \frac{dp}{\rho g} = 0$$

对于均质不可压缩流体,对上式积分得:

$$z + \frac{p}{\rho g} = C \tag{2.9a}$$

式中,C 为积分常数,由边界条件确定。

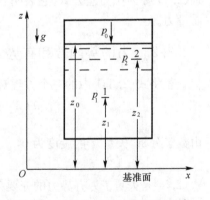

图 2.4　重力作用下的平衡流体

式(2.9a)称为流体静力学的基本方程。它适用于平衡状态下的不可压缩均质流体。

如图 2.4 中 1 和 2 两点的静压力分别为 p_1 和 p_2,其垂直坐标分别为 z_1 和 z_2,则式(2.9a)可写成另一种形式,即

$$z_1 + \frac{p_1}{\rho g} = z_2 + \frac{p_2}{\rho g} = C \tag{2.9b}$$

图 2.4 中,设自由表面上任一质点位置高度为 z_0,表面压力为 p_0,则积分常数 C 为:

$$C = z_0 + \frac{p_0}{\rho g}$$

代入式(2.9a) 可得:

$$p = p_0 + \rho g(z_0 - z)$$

令 $z_0 - z = h$,表示该点的淹深,则上式写成:

$$p = p_0 + \rho g h \tag{2.10}$$

此式表示了有自由表面的不可压缩重力流体中的压力分布规律,从式(2.10) 可得以下几点结论:

(1) 在重力流体中,静压力随深度 h 按线性规律变化。

(2) 在重力流体中,位于同一深度的各点的静压力相等,即任一水平面都是等压面,自由表面是一个等压面。

(3) 在重力流体中,任意一点的静压力由两部分组成:一部分是自由表面上的压力 p_0;另一部分是该点到自由表面的单位面积的流体重力 $\rho g h$。

(4) 不可压缩重力流体中任意点都受到自由表面压力 p_0 的作用 —— 帕斯卡(Pascal) 原理,水压机、液压传动装置的设计都是以此原理为基础的。

2.4.2　静力学基本方程的物理意义与几何意义

下面讨论流体静力学基本方程的物理意义和几何意义。

1) 物理意义

式(2.9a) 第一项 z 代表单位重量流体的位势能,第二项 $\frac{p}{\rho g}$ 代表单位重量流体的压力势能,如图 2.5 所示,在容器距基准面 z 处,接一已被抽成完全真空的闭口测压管,开口处的液体在静压力 p 的作用下,沿测压管上升了 h_p,$h_p = \frac{p}{\rho g}$。

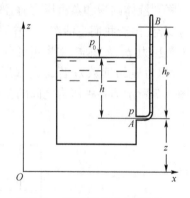

位势能和压力势能的总和为单位重量流体的总势能。流体静力学基本方程的物理意义是,在重力作用下的连续均质不可压缩静止流体中,各点的单位重量流体的总势能保持不变,但位势能和压力势能可以相互转换。这就是能量守恒与转换定律在静止液体中的表现。

图 2.5　闭口测压管上升高度

2) 几何意义

单位重量流体所具有的能量也可以用柱高来表示,并称为水头。z 是流体质点距某基准面的高度,称位置水头。$\frac{p}{\rho g}$ 表示流体在静压力作用下,沿完全真空的闭口测压管上升的高度,称为压力水头。位置水头和压力水头之和称为静水头,各点静水头的连线叫静水头线。式(2.9b) 表明,静止流体中各点静水头相等。图 2.6(a) 中,用封闭的完全真空测压管测得的静水头线 $A-A$,所以 $A-A$ 为水平线。图 2.6(b) 为用开口测压管测得的水平线 $A'-A'$。显然,两水平线的高度相差一个大气压力水头$\dfrac{p_a}{\rho g}$,故 $A' - A'$ 称为测压管水头线,流体静力学基本方程的几何意义是,在重力作用下的连续均质不可压缩静止流体中,无论静水头线还是测压管水头线都是与基准面平行的水平线。

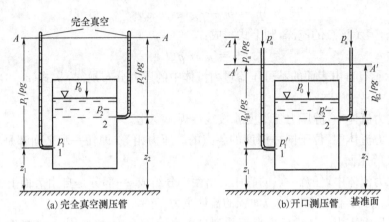

(a)完全真空测压管　　　　　　　(b)开口测压管　　基准面

图 2.6　静止流体的静水头线

2.4.3　绝对压力　相对压力　真空

对流体内任一点压力的测量有两种不同的基准。一种是以完全真空为基准,称为绝对压力 p;显然,绝对压力为零,即完全真空。完全真空仅是理论上的一个压力值,实际上,当压力下降到液体的饱和蒸汽压力时,液体就开始沸腾而产生蒸汽,使压力不再降低,而达不到完全真空。由于我们生活在大气中,物体都受到大气压作用,所以在工程实际中常采用以当地大气压力 p_a 为基准,称为相对压力。若压力比大气压力高,则大于大气压力的值称为表压力 p_g(压力表的读数);若比大气压力低,则小于大气压力的值称为真空 p_v(真空计读数)。图 2.7 所示为各种压力之间的关系。

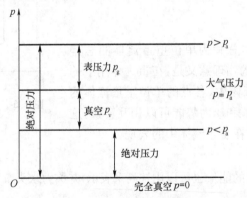

图 2.7　绝对压力、相对压力和真空间的关系

流体压力的法定计量单位为 $N/m^2(Pa)$,它是从压强的基本定义出发,用单位面积上的力表示,工程单位为 kg/cm^2;流体压力还常用液柱高度来表示,水柱高度或汞柱高度,$h = p/\rho g$。为了便于换算,常用的压力单位列于表2.1中。

表 2.1　压力单位换算表

帕斯卡（Pa）	工程大气压（at）	标准大气压（atm）	巴（bar）	米水柱（mH₂O）	毫米汞柱（mmHg）
1	$1.019\,72 \times 10^{-5}$	$9.869\,23 \times 10^{-6}$	10^{-5}	$1.019\,72 \times 10^{-4}$	$7.500\,64 \times 10^{-3}$
$9.806\,65 \times 10^{4}$	1	$9.678\,4 \times 10^{-1}$	$9.806\,65 \times 10^{-1}$	10	$7.355\,61 \times 10^{2}$
$1.013\,2\,5 \times 10^{4}$	$1.033\,23$	1	$1.013\,25$	$1.033\,23 \times 10$	7.6×10^{2}
10^{5}	$1.019\,72$	$9.869\,23 \times 10^{-1}$	1	$1.019\,72 \times 10$	$7.500\,64 \times 10^{2}$

注：工程大气压、标准大气压、巴、半水柱、毫米汞标均为非法定计量单位。

【例 2.1】　在一开口水箱侧壁上装一块压力表,表离水箱底面的高度 $h_2 = 1$ m,如图 2.8 所示。若压力表的读数为 39 228 Pa,水的密度为 $\rho = 1\,000$ kg/m³,求水箱的充水高度 H 为多少?

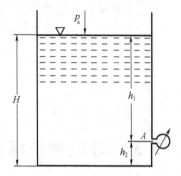

图 2.8　例 2.1 图

解　由式(2.10),A 点的绝对压力为:
$$p = p_a + \rho g h_1$$
A 点的表压力为:
$$p_g = p - p_a = \rho g h_1 = 39\,228 \text{ Pa}$$
则
$$h_1 = \frac{p_g}{\rho g} = \frac{39\,228}{9\,807} = 4 \text{ m}$$
$$H = h_1 + h_2 = 4 + 1 = 5 \text{ m}$$

【例 2.2】　封闭水箱如图 2.9。自由面的绝对压力 $p_0 = 122.6$ kN/m²,水箱内水深 $h = 3$ m,当地大气压 $p_a = 88.26$ kN/m²。求 (1) 水箱内绝对压力和相对压力最大值。(2) 如果 $p_0 = 78.46$ kN/m²,求自由面上的相对压力、真空度或负压。

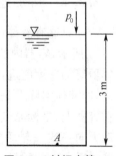

图 2.9　封闭水箱

解　从压力与水深的线性变化规律可知,水最深的地方压力最大。所以,水箱底面压力最大。

(1) 求压力最大值。p_A 绝对压力最大值。
$$p'_A = p_0 + \rho g h = 122.6 \text{ kN/m}^2 + 9.807 \text{ kN/m}^3 \times 3 \text{ m} = 152 \text{ kN/m}^2$$

以水柱高度表示:　　$h = p'_A/(\rho g) = \dfrac{152 \text{ kN/m}^2}{9.807 \times 10^3} = 15.5 \text{ m}$

以标准大气压表示:
$$\frac{152 \text{ kN/m}^2}{101.325 \text{ kN/m}^2} = 1.5 \text{ atm}(\times 101.325 \text{ kPa})$$

相对压力最大值:
$$p_A = p'_A - p_a = 152 - 88.26 = 63.74 \text{ kN/m}^2$$

(2) 当液面压力 $p_0 = 78.46$ kN/m² 时,自由面上的相对压力为:
$$p = p_0 - p_a = 78.46 - 88.46 = -9.8 \text{ kN/m}^2$$
真空度 $p_v = p_a - p_0 = 88.26 - 78.46 = 9.8 \text{ kN/m}^2$。

【例 2.3】 杯式微压计,上部盛油,$\rho_{油} = 917 \text{ kg/m}^3$,下部盛水,圆杯直径 $D = 40 \text{ mm}$,圆管直径 $d = 4 \text{ mm}$,初始平衡位置读数 $h = 0$,当 $p_1 - p_2 = 10 \text{ mm H}_2\text{O}$ 时,在圆管中读得的 h 可扩大为多少?

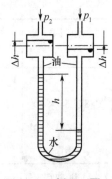

解　左、右杯接入压力 P_1,P_2 后,右杯油面较初始位置下降 Δh,油水分界面较初始分界面下降 $\dfrac{h}{2}$,则:

$$\frac{\pi}{4} \times D^2 \times \Delta h = \frac{\pi}{4} \times d^2 \times \frac{h}{2}$$

$$\Delta h = \frac{h}{200}$$

图 2.10　例 2.3 图

设两杯接入的流体均为气体:

$$p_2 + \rho_{油} g 2\Delta h + \rho_{水} gh = p_1 + \rho_{油} gh$$

$$p_1 - p_2 = (\rho_{水} - \rho_{油})gh + \rho_{油} g 2\Delta h$$

$$1\,000 \times g \times 10 = (1\,000 - 917) \times g \times h + 917 \times g \times 2 \times \frac{h}{200}$$

$$h = 108.5 \text{ mm}$$

2.5　非惯性坐标系中液体平衡

前面讨论了质量力只有重力作用时液体的平衡。下面讨论等加速直线运动和等角速度旋转容器内的液体的相对平衡。

2.5.1　等加速直线运动容器内液体的相对平衡

一只盛有液体的容器以等加速度 a 向前运动,如图 2.11 所示,容器内的液体相对于容器处于相对平衡状态。容器等加速度前进,必然带动其中的液体也作等加速度前进,即液体实际上是处于等加速度运动状态。把坐标系建在容器上,坐标原点取在自由液面的中心,x 轴的方向与运动方向一致,z 轴垂直向上。利用达朗伯原理,这时作用在液体质点上的质量力,除了重力以外,还要虚加一个大小等于液体质点的质量乘加速度、方向与加速度方向相反的惯性力。则作用在单位质量液体上的质量力为:

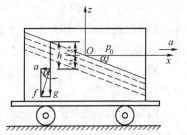

图 2.11　等加速直线运动容器中液体的相对平衡

$$f_x = -a, \quad f_y = 0, \quad f_z = -g$$

下面分别导出等压面方程和流体静压力的分布规律。

1) 等压面方程

将单位质量力的分力代入等压面微分方程(2.8),得:

$$a\mathrm{d}x + g\mathrm{d}z = 0$$

对上式积分,得:

$$ax + gz = C \qquad\qquad (2.11)$$

这就是等压面方程。等加速水平运动容器中流体的等压面不再是水平面,而是一簇平行的斜

面,其与 z 方向的倾斜角为:

$$\alpha = \arctan\frac{a}{g} \tag{2.12}$$

自由表面上,取坐标原点 $x = 0, z = 0$ 时,由式(2.11)得积分常数 $C = 0$,故自由表面方程为

$$ax + gz_s = 0 \tag{2.13a}$$

或

$$z_s = -\frac{a}{g}x \tag{2.13b}$$

式中, z_s 为自由表面上点的 z 坐标,称为超高。

　　2)流体静压力的分布规律

　　将单位质量力的分力代入压力差公式(2.4),得:

$$\mathrm{d}p = \rho(-a\mathrm{d}x - g\mathrm{d}z)$$

将上式积分得:

$$p = \rho(-ax - gz) + C \tag{2.14}$$

利用边界条件确定积分常数 C,当 $x = 0, z = 0$ 时, $p = p_0$,得:

$$C = p_0$$

代入式(2.14)得:

$$p = p_0 - \rho(ax + gz) \tag{2.15a}$$

这就是等加速直线运动容器中流体静压力分布规律方程。该式表明,压力 p 随坐标 x 和 z 的变化而变化。

　　利用式(2.13b)可将式(2.15a)写成:

$$p = p_0 - \rho g\left(\frac{a}{g}x + z\right) = p_0 + \rho g(z_s - z) = p_0 + \rho gh \tag{2.15b}$$

　　h 为距自由表面的垂直深度,由此可以看出,等加速直线运动容器中液体静压力方程与绝对静止流体中的静压力方程(2.10)完全相同。

2.5.2　等角速度旋转容器中液体的相对平衡

　　如图2.12所示,盛有液体的容器绕垂直轴 z 以等角速度 ω 旋转。由于液体有粘性,紧靠容器壁的液体质点随着容器旋转,经过一定时间后,全部液体随着容器旋转,形成液体的相对平衡,根据达朗伯原理,作用在液体质点上的质量力除了重力以外,还有一个大小等于流体质点的质量乘向心加速度、方向与向心加速度相反的离心惯性力。于是作用在单位质量液体上的质量力的分力为:

$$f_x = \omega^2 r\cos\alpha = \omega^2 x$$

$$f_y = \omega^2 r\sin\alpha = \omega^2 y$$

$$f_z = -g$$

式中: r —— 质点到旋转轴的距离,即质点所在的半径;

　　　　x、y —— r 在坐标轴上的投影。

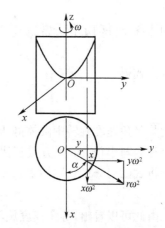

图 2.12　等角速度旋转容器中
液体的相对平衡

下面分别讨论等压面方程和流体静压力分布规律。

1) 等压面方程

将单位质量力的分力代入等压面微分方程(2.8),得:

$$\omega^2 x\mathrm{d}x + \omega^2 y\mathrm{d}y - g\mathrm{d}z = 0$$

积分得:

$$\frac{\omega^2 x^2}{2} + \frac{\omega^2 y^2}{2} - gz = C$$

或

$$\frac{\omega^2 r^2}{2} - gz = C \tag{2.16a}$$

这就是等压面方程。由该方程可知,绕固定轴作等角速度旋转容器中液体的等压面是一簇绕 z 轴的旋转抛物面。

当坐标轴原点确定在自由表面上时(见图2.12),即 $r=0$,$z=0$ 时,式(2.16a)中的积分常数 $C=0$,故自由表面方程为:

$$\frac{\omega^2 r^2}{2} - gz_\mathrm{s} = 0 \tag{2.16b}$$

或

$$z_\mathrm{s} = \frac{\omega^2 r^2}{2g} \tag{2.16c}$$

式中,z_s 为超高。

2) 流体静压力分布规律

将单位质量力的分力代入压力差公式(2.4),得:

$$\mathrm{d}p = \rho(\omega^2 x\mathrm{d}x + \omega^2 y\mathrm{d}y - g\mathrm{d}z)$$

积分得:

$$p = \rho\left(\frac{\omega^2 x^2}{2} + \frac{\omega^2 y^2}{2} - gz\right) + C$$

或

$$p = \rho\left(\frac{\omega^2 r^2}{2} - gz\right) + C \tag{2.17}$$

利用边界条件确定积分常数 C,当 $r=0$,$z=0$ 时,$p=p_0$,得:

$$C = p_0$$

代入上式得:

$$p = p_0 + \rho g\left(\frac{\omega^2 r^2}{2g} - z\right) \tag{2.18a}$$

这就是等角速度旋转中液体静压力分布规律方程。该式说明,在同一纵坐标 z 处,流体静压力沿径向与半径 r 的平方成正比。

将式(2.16c)代入式(2.18a),得:

$$p = p_0 + \rho g(z_\mathrm{s} - z) = p_0 + \rho gh \tag{2.18b}$$

由此可以看出,等角速度旋转运动容器中液体静压力方程与绝对静止流体中的静压力方程(2.10)完全相同。

为什么液体做等加速直线运动和绕铅直轴作等角速度旋转运动时,也都可以用静止液体中静力学方程求压力呢?

由平衡微分方程作对比说明。

静止液体　　　等加速直线运动液体　　　绕铅直轴等角速度旋转液体

$$\frac{1}{\rho}\frac{\partial p}{\partial x}=0 \qquad \frac{1}{\rho}\frac{\partial p}{\partial x}=-a \qquad \frac{1}{\rho}\frac{\partial p}{\partial x}=\omega^2 x$$

$$\frac{1}{\rho}\frac{\partial p}{\partial y}=0 \qquad \frac{1}{\rho}\frac{\partial p}{\partial y}=0 \qquad \frac{1}{\rho}\frac{\partial p}{\partial y}=\omega^2 y$$

$$\frac{1}{\rho}\frac{\partial p}{\partial z}=-g \qquad \frac{1}{\rho}\frac{\partial p}{\partial z}=-g \qquad \frac{1}{\rho}\frac{\partial p}{\partial z}=-g$$

可见,三者所受的单位质量力在铅直方向的分力是完全一致的。即它们在铅直方向的压力递增率是相同的,所以,都服从同一形式的静力学方程。但是,我们同时又发现,它们在垂直于 z 轴的水平面内又有显著的区别,即重力液体在水平面内压强递增率为零,其水平面为等压面;等加速直线运动的液体,在 x 方向受到惯性力的作用,沿 x 方向出现了压力梯度,等压面是倾斜平面;而绕铅直轴作等角速度旋转的液体,各质点所受的离心惯性力是随半径变化的,这时的等压面是一个旋转抛物面。

两个工程应用实例:

(1) 如图 2.13 所示,半径为 R、中心开口并通向大气的圆筒内装满液体。当圆筒绕垂直轴 z 以等角速度 ω 旋转时,由于容器顶盖的限制,液体并不能形成旋转抛物面,因此顶盖各点承受的压力:

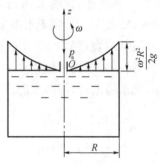

$$p = p_a + \rho g\left(\frac{\omega^2 r^2}{2g} - z\right)$$

即作用在顶盖上各点的表压力为抛物面规律分布,如图中箭头所示。轴心压力最低,边缘压力最高。而压力与 ω^2 成正比,ω 越大,边缘处流体压力越高。离心铸造机和其他离心机械就是根据这一原理设计的。

图 2.13　工程实例一

(2) 如图 2.14,半径为 R、边缘开口并通向大气的圆筒内装满液体。当圆筒绕垂直轴 z 以等角速度 ω 旋转时,此时 $r=R,z=0$ 处 $p=p_a$,于是由式(2.17) 得积分常数:

$$C = p_a - \rho g\frac{\omega^2 R^2}{2g}$$

代入式(2.17) 得:

$$p = p_a - \rho g\left[\frac{\omega^2(R^2-r^2)}{2g} + z\right]$$

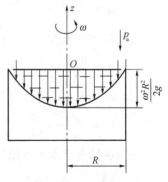

作用在顶盖上各点的真空呈抛物面规律分布,如图中箭头所示。ω 越大,中心处的真空越大。离心式泵与风机就是利用这一原理,使流体不断从叶轮中心吸入,再借助叶轮旋转所产生的惯性离心力增加能量,由出口输出。

图 2.14　工程实例二

【例 2.4】　一油罐车以等加速度 $a = 1.5 \, \text{m/s}^2$ 向前水平行驶，求油罐内自由表面与水平面间的夹角 α；若车内 B 点在运动前位于油面下 $h = 1.0 \, \text{m}$，距中心距离 $x_B = 1.5 \, \text{m}$，如图 2.15 所示，求油罐车加速运动后该点的压力（油密度为 $815 \, \text{kg/m}^3$）。

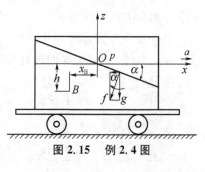

图 2.15　例 2.4 图

解　建立如图 2.15 所示的坐标系，由式（2.12）得：

$$\alpha = \arctan \frac{a}{g} = \arctan \frac{1.5}{9.807} = 8.7°$$

由式（2.15a）可知：

$$p_B = p_0 - \rho(a x_B + g z_B)$$

B 点的相对压力为：

$$
\begin{aligned}
p_B &= -\rho(a x_B + g z_B) \\
&= -815 \times [1.5 \times (-1.5) + 9.807 \times (-1.0)] \\
&= 9\,826.46 \, \text{Pa}
\end{aligned}
$$

【例 2.5】　有一开口圆筒形容器，高 1.8 m，直径 0.9 m，盛有 1.35 m 深的水，如图 2.16 所示。若容器绕其自身中心轴等角速度旋转，试求：(1) 达到无水溢出时的最大转速是多少？(2) 当 $\omega = 6 \, \text{s}^{-1}$ 时，容器底部 C 点和 D 点的压力各为多少？

解　(1) 旋转抛物体的体积等于同高圆柱体的体积的一半，无水溢出时，筒内水的体积旋转前、后相等，故

$$\frac{\pi}{4} \times 0.9^2 \times 1.35 = \frac{\pi}{4} \times 0.9^2 \times 1.8 - \frac{1}{2}\left(\frac{\pi}{4} \times 0.9^2 \times z_s\right)$$

$$z_s = 0.90 \, \text{m}$$

由式（2.16c），$z_s = \dfrac{\omega^2 r^2}{2g}$，则

$$\omega = \frac{\sqrt{2 g z_s}}{r} = \frac{\sqrt{2 \times 9.807 \times 0.9}}{0.45} = 9.34 \, \text{s}^{-1}$$

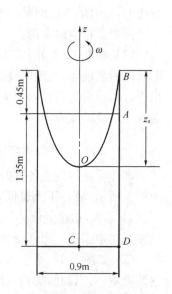

图 2.16　例 2.5 图

无水溢出的最大转速为：

$$n = \frac{30\omega}{\pi} = \frac{30 \times 9.34}{3.14} = 89.24 \, \text{r/min}$$

(2) 当 $\omega = 6 \, \text{s}^{-1}$ 时，容器壁自由表面点的坐标为：

$$z_s = \frac{\omega^2 r^2}{2g} = \frac{6^2 \times 0.45^2}{2 \times 9.807} = 0.37 \, \text{m}$$

根据旋转前后水的体积相等，可求出 C 点的深度 h_C：

$$\frac{\pi}{4} \times 0.9^2 \times 1.35 = \frac{\pi}{4} \times 0.9^2 \times h_C + \frac{1}{2}\left(\frac{\pi}{4} \times 0.9^2 \times z_s\right)$$

$$h_C = 1.35 - \frac{1}{2} z_s = 1.35 - \frac{1}{2} \times 0.37 = 1.165 \, \text{m}$$

D 点的深度为：

$$h_D = h_C + z_s = 1.165 + 0.37 = 1.535 \, \text{m}$$

由式(2.18),得 C 点的表压力为:

$$p_g = \rho g h_C = 9\,807 \times 1.165 = 11\,425\ \text{Pa}$$

D 点的表压力为:

$$p_g = \rho g h_D = 9\,807 \times 1.535 = 15\,054\ \text{Pa}$$

【例 2.6】 如图2.17所示,一圆筒高 $H=0.7\,\text{m}$,半径 $R=0.4\,\text{m}$,内装 $V=0.25\ \text{m}^3$ 的水,以等角速度 $\omega=10\ 1/\text{s}$ 绕垂直轴旋转。圆筒中心开孔通大气,顶盖的质量 $m=5\ \text{kg}$。试确定作用在顶盖上螺栓上的力。

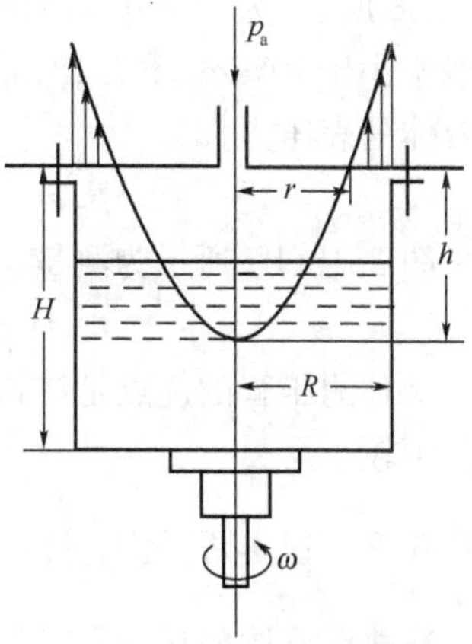

图 2.17 例 2.6 图

解 圆筒以角速度 ω 旋转后,将形成如图所示的抛物面的等压面。令 h 为抛物面顶点到顶盖的高度,r 为抛物面与顶盖相交的圆周半径。根据旋转前后水的体积相等,得:

$$\pi R^2 H - \frac{1}{2}\pi r^2 h = V$$

$$3.14 \times 0.4^2 \times 0.7 - 0.5 \times 3.14 \times r^2 h = 0.25 \qquad \text{(a)}$$

由式(2.16c):

$$h = \frac{\omega^2 r^2}{2g} = \frac{10^2 \times r^2}{2 \times 9.807} \qquad \text{(b)}$$

联立求解式(a)、(b),得,$h=0.575\ \text{m}$,$r=0.335\,7\ \text{m}$。

作用在顶盖上的压力按式(2.18a)计算,顶盖内外都受到大气压力的作用,所以用相对压力计算。则作用在顶盖上的总压力为:

$$\begin{aligned}F &= \int_r^R \rho g\left(\frac{\omega^2 r^2}{2g} - h\right) 2\pi r \mathrm{d}r \\ &= \frac{\pi\rho\omega^2}{4}(R^4 - r^4) - \pi\rho g h (R^2 - r^2) \\ &= \frac{3.14 \times 1\,000 \times 10^2}{4} \times (0.4^4 - 0.335\,7^4) \\ &\quad - 3.14 \times 1\,000 \times 9.807 \times 0.575 \times (0.4^2 - 0.335\,7^2) \\ &= 175\ \text{N}\end{aligned}$$

故螺栓所受的力为:

$$F' = F - mg = 175 - 49 = 126\ \text{N}$$

2.6 液柱式测压计

常见的测量压力的仪表有液柱式测压计,金属压力计和电测试仪表等。液柱式测压计的测压原理是以流体静力学基本方程为依据的,这里介绍几种常见的液柱式测压计。

2.6.1 测压管

测压管是一种最简单的液柱式测压计。它是一根直径均匀的玻璃管,直接接在需要测量压力的容器上,如图 2.18 所示。为了减小毛细作用的影响,玻璃管的直径一般不小于 10 mm。图 2.18(a) 所示为测量容器中 A 点处的液体的表压力,即

$$p_g = \rho g h$$

图 2.18(b) 所示为测量容器中气体的真空,即

$$p_v = \rho g h$$

这种测压管的优点是结构简单,测量准确;缺点是测量范围较小。

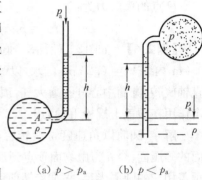

(a) $p > p_a$ (b) $p < p_a$

图 2.18　测压管

2.6.2　U 形管测压计

当被测流体的压力较大时,采用 U 形管测压计,如图 2.19 所示。它的一端连接到所要测量压力的点,另一端与大气相通。U 形管测压计的测量范围比测压管大,它测量容器中的绝对压力可以高于大气压力,也可以低于大气压力。

图 2.19(a) 所示为测量压力高于大气压力的情况。在被测流体与 U 形管中液体交界面作水平面 1—2、1—2 为等压面。故 U 形管左右两管中的点 1 和点 2 的静压力相等。即 $p_1 = p_2$,根据静压力计算公式(2.10) 得:

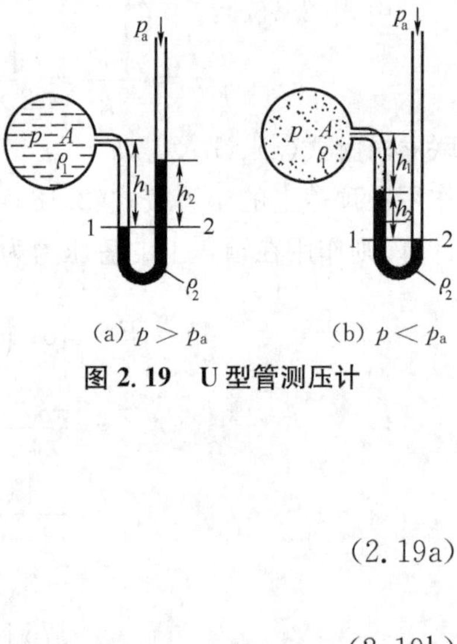

$$p_1 = p + \rho_1 g h_1$$

$$p_2 = p_a + \rho_2 g h_2$$

(a) $p > p_a$ (b) $p < p_a$

图 2.19　U 型管测压计

由两式相等得:

$$p = p_a + \rho_2 g h_2 - \rho_1 g h_1 \qquad (2.19a)$$

表压力为:

$$p_g = \rho_2 g h_2 - \rho_1 g h_1 \qquad (2.19b)$$

图 2.19(b) 所示为测量压力低于大气压力的情况,即测量真空值。其计算方法与上述相似,求得绝对压力为:

$$p = p_a - \rho_2 g h_2 - \rho_1 g h_1 \qquad (2.20a)$$

真空值为:

$$p_v = p_a - p = \rho_2 g h_2 + \rho_1 g h_1 \qquad (2.20b)$$

当被测流体是气体时,由于气体密度小,可以忽略以上各式中的 $\rho_1 g h_1$ 项。

2.6.3 U形管差压计

差压计用来测量两处压力差值。如图 2.20 所示，为测定 A、B 两点的压力差，将 U 形管差压计分别与 A、B 点接通。在 U 形管中取等压面 1—2，即 $p_1 = p_2$，其中：

$$p_1 = p_A + \rho_A g(h_1 + h)$$
$$p_2 = p_B + \rho_B g h_2 + \rho g h$$

则

$$p_A + \rho_A g(h_1 + h) = p_B + \rho_B g h_2 + \rho g h$$

A、B 两点的压力差为：

$$\Delta p = p_A - p_B = \rho_B g h_2 + \rho g h - \rho_A g(h_1 + h)$$

$$(2.21a)$$

若两容器中都为气体，由于气体密度小，上式可简化为：

$$\Delta p = p_A - p_B = \rho g h \qquad (2.21b)$$

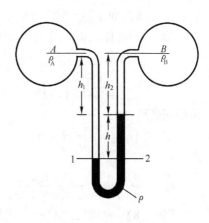

图 2.20 差压计

2.6.4 倾斜微压计

当测量较小的流体压力时，为了提高测量精度，往往采用倾斜微压计，如图 2.21 所示，横断面积为 A_1 的容器内盛有密度为 ρ 的工作液体（工程上常采用纯度为 95% 的酒精，$\rho = 809.8 \, \mathrm{kg/m^3}$）。截面积为 A_2、倾斜角 α 可调的玻璃管与之相连通。微压计在未测压之前，容器和斜管中液面在同一水平面上。若微压计与被测点相连后，容器中工作液面下降高度为 h_1，同时工作液体沿斜管上升 l 长度，斜管中液面上升的高度为 $h_2 = l \sin\alpha$。由于容器中流

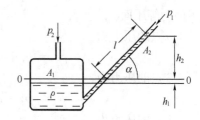

图 2.21 倾斜式微压计

体下降的体积与斜管中液体上升的体积相等，所以 $h_1 = l \dfrac{A_2}{A_1}$。微压计中工作液体液面的高度差为：

$$h = h_1 + h_2 = l\left(\sin\alpha + \frac{A_2}{A_1}\right)$$

被测压力差为：

$$\Delta p = p_2 - p_1 = \rho g h = \rho g l \left(\sin\alpha + \frac{A_2}{A_1}\right) = Kl \qquad (2.22)$$

式中，$K = \rho g \left(\sin\alpha + \dfrac{A_2}{A_1}\right)$ 为微压计系数，不同的 α 角对应不同的 K 值。倾斜管微压计系数 K 一般有 0.2、0.3、0.4、0.6、0.8 五个数据，刻在微压计的弧形支架上。

当倾斜管开口通大气时，测得的 p_2 为表压力；当容器开口通大气时，测得的 p_1 为真空值。

【例 2.7】 如图 2.22 所示,有一直径 $d = 12\,\text{cm}$ 的圆柱体,其质量 $m = 5\,\text{kg}$,在力 $F = 100\,\text{N}$ 的作用下,当淹深 $h = 0.5\,\text{m}$ 时,处于静止状态,求测压管中水柱的高度 H。

解 圆柱体底面上各点所受到的表压力为:

$$p_g = \frac{F + mg}{\pi d^2 / 4} = \frac{100 + 5 \times 9.807}{3.14 \times 0.12^2 / 4}$$
$$= 13\,184.3\,\text{Pa}$$

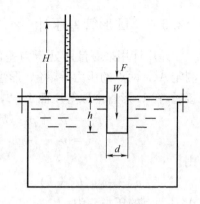

由测压管可得:

$$p_g = \rho g (H + h)$$

所以:

$$H = \frac{p_g}{\rho g} - h = \frac{13\,184.3}{1\,000 \times 9.807} - 0.5 = 0.84\,\text{m}$$

图 2.22 例 2.7 图

【例 2.8】 如图 2.23 所示,用复式 U 形管差压计测量 A 点的压力。已知 $h_1 = 600\,\text{mm}$,$h_2 = 250\,\text{mm}$,$h_3 = 200\,\text{mm}$,$h_4 = 300\,\text{mm}$,$\rho = 1\,000\,\text{kg/m}^3$,$\rho_m = 13\,600\,\text{kg/m}^3$,$\rho' = 800\,\text{kg/m}^3$。当地大气压力为 $p_a = 10^5\,\text{Pa}$。

解 标出如图所示的分界面 1、2 和 3,根据等压面条件,分界面为等压面。

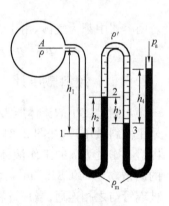

3 点的压力为:

$$p_3 = p_a + \rho_m g h_4$$

2 点的压力为:

$$p_2 = p_3 - \rho' g h_3$$

1 点的压力为:

$$p_1 = p_2 + \rho_m g h_2$$

图 2.23 例 2.8 图

A 点的压力为:

$$p_A = p_1 - \rho g h_1 = p_2 + \rho g h_2 - \rho g h_1 = p_3 - \rho' g h_3 + \rho_m g h_2 - \rho g h_1$$
$$= p_a + \rho_m g h_4 - \rho' g h_3 + \rho_m g h_2 - \rho g h_1$$

将数据代入上式得:

$$p_A = 10^5 + 13\,600 \times 9.807 \times (0.3 + 0.25)$$
$$- 800 \times 9.807 \times 0.2 - 1\,000 \times 9.807 \times 0.6$$
$$= 165\,903.4\,\text{Pa}$$

表压力 $p_{A,g} = 65\,903.4\,\text{Pa}$

或者根据等压面关系,直接可得:

$$p_A = p_a + \rho_m g h_4 - \rho' g h_3 + \rho_m g h_2 - \rho g h_1$$
$$= 10^5 + 13\,600 \times 9.807 \times (0.3 + 0.25)$$
$$- 800 \times 9.807 \times 0.2 - 1\,000 \times 9.807 \times 0.6$$
$$= 165\,903.4\,\text{Pa}$$

【例 2.9】　如图 2.24 所示,封闭水箱中的水面高程与筒 1,管 3、管 4 中的水面同高,筒 1 可以升降,借以调节箱中水面压强。如将筒 1 提升一定高度,试说明各液面高程哪些最高?哪些最低?哪些同高?

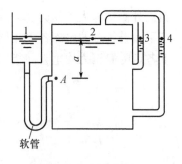

解　无论筒 1 高度如何变化,图中 4 个液面高程有下面的关系:

$$\nabla 1 = \nabla 3, \nabla 2 = \nabla 4$$

图 2.24　例 2.9 图

即筒 1 高度上升后,1、3 液面同高,2、4 液面同高。设筒 1 高度未提升前,4 个液面距 A 点高度为 a。

筒 1 高度提升后,1、3 液面距 A 点高度为 b,2、4 液面距 A 点高度为 c。

筒 1 提升后,筒 1 中水将部分流向水箱,导致 2、4 液面也上升。提升前,水箱上方气压等于大气压,提升后,2、4 液面上升,水箱上方气体被压缩,此时 $p > p_a$。

用 A 点作为等压衔接点,有:

$$p_a + \rho g b = p + \rho g c$$

因为　　　　　　　　　　　$p > p_a$

则　　　　　　　　　　　　$c < b$

即 1、3 液面比 2、4 液面高,而且他们都比初始液面高。

2.7　静止液体作用在平面上的总压力

对工程中的水箱、闸门、油罐、水坝表面、船体等进行设计时,常常需要计算静止流体作用在其表面上的总压力的大小、方向和位置。

最简单的情况就是液体作用在水平面上的总压力。如果容器的底面面积为 A,所盛流体的密度为 ρ,液深为 h,液面上的大气压力为 p_a,则由液体产生的作用在底面上的总压力为:

$$F = p_g A = \rho g h A$$

由此可见,该总压力只与液体的密度、受力面积和液深有关。图 2.25 所示的形状不同而底面面积均为 A 的四个容器,若装入同一种液体,其液深也相同,自由表面上均作用着大气压力,则液体作用在底面上的总压力必然相等,与容器内盛液体量无关。

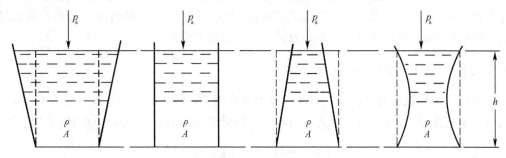

图 2.25　静水奇象

下面讨论在一般情况下液体作用在平面上的总压力。

设在静止液体中有一与水平方向的倾斜角为 α、任意形状的平面,其面积为 A,液面上和斜面外侧均为大气压力。参考坐标系如图 2.26 所示,x、y 轴取在平面上,z 轴垂直于平面。由于平面上各点的水深各不相同,故各点的静压力也不相同。根据流体静压力第一特性,平面上各点的静压力均垂直并指向该平面,即为平面的内法线方向,并组成了一个平行力系。

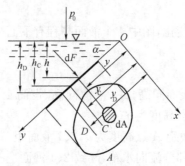

图 2.26　倾斜平面上的液体总压力

2.7.1　总压力的大小

在平面上取一微元面积 dA,液深为 h。设自由表面上的压力为 p_0,则作用在微元面积上压力的合力为:

$$dF = p\,dA = (p_0 + \rho g h)\,dA = (p_0 + \rho g y \sin\alpha)\,dA$$

沿面积 A 积分,可得出作用在平面 A 上的总压力为:

$$F = \iint_A dF = p_0 A + \rho g \sin\alpha \iint_A y\,dA$$

式中,$\iint_A y\,dA = y_C A$ 为整个平面面积 A 对 Ox 轴的面积矩;y_C 为平面 A 的形心 C 点到 Ox 轴的距离。如果 h_C 为形心 C 点的淹深,则

$$F = p_0 A + \rho g \sin\alpha\, y_C A = p_0 A + \rho g h_C A \tag{2.23}$$

若作用在液面上的压力只是大气压力,而平面外侧也作用着大气压力。在这种情况下,仅由液体产生的作用在平面上的总压力为:

$$F' = \rho g \sin\alpha\, y_C A = \rho g h_C A \tag{2.24}$$

式(2.24)表明,液体作用在平面上的总压力等于一假想体积的液重。该假想体积是以平面面积为底,以平面形心淹深为高的柱体。或者说,平面上的平均静压力为形心处的静压力,作用在平面上的总压力即为形心处的静压力乘以平面面积。

2.7.2　总压力的作用点

总压力的作用线与平面的交点为总压力的作用点,也叫压力中心。如图 2.26 中的 D 点。由合力矩定理知,总压力对 x 轴力矩应等于各微元面积上的合压力对 x 轴力矩的代数和,即

$$F y_D = \iint_A y(p_0 + \rho g y \sin\alpha)\,dA$$

$$(p_0 + \rho g y_C \sin\alpha) A y_D = p_0 \iint_A y\,dA + \rho g \sin\alpha \iint_A y^2\,dA$$

$$= p_0 y_C A + \rho g J_x \sin\alpha$$

式中，$J_x = \iint_A y^2 \mathrm{d}A$，是面积 A 对 Ox 轴的惯性矩，故压力中心的坐标值为：

$$y_\mathrm{D} = \frac{p_0 y_\mathrm{C} A + \rho g J_x \sin\alpha}{(p_0 + \rho g y_\mathrm{C} \sin\alpha) A} \qquad (2.25)$$

若作用在液体自由表面的压力为大气压力，而平面外侧也作用着大气压力，则仅由液体产生的总压力作用点的坐标为：

$$y_\mathrm{D}' = \frac{\rho g J_x \sin\alpha}{\rho g y_\mathrm{C} \sin\alpha A} = \frac{J_x}{y_\mathrm{C} A} \qquad (2.26\mathrm{a})$$

根据惯性矩的平行移轴定理 $J_x = J_{\mathrm{C}x} + y_\mathrm{C}^2 A$，$J_{\mathrm{C}x}$ 为平面面积 A 对于通过其形心 C 且平行于 Ox 轴的形心轴的惯性矩。将此关系代入式(2.26a)，得：

$$y_\mathrm{D}' = y_\mathrm{C} + \frac{J_{\mathrm{C}x}}{y_\mathrm{C} A} \qquad (2.26\mathrm{b})$$

因为 $\dfrac{J_{\mathrm{C}x}}{y_\mathrm{C} A}$ 恒为正值，故 $y_\mathrm{D}' > y_\mathrm{C}$，即压力中心 D 必在平面形心 C 的下面，其距离 $\dfrac{J_{\mathrm{C}x}}{y_\mathrm{C} A}$。

表 2.2 一些常见图形的惯性矩和形心

图 形	惯性矩 J_C	形心 y_C	面积 A
	$\dfrac{1}{12} b h^3$	$\dfrac{1}{2} h$	bh
	$\dfrac{1}{36} b h^3$	$\dfrac{2}{3} h$	$\dfrac{1}{2} bh$
	$\dfrac{1}{4} \pi r^4$	r	πr^2
	$\dfrac{h^3(a^2 + 4ab + b^2)}{36(a+b)}$	$\dfrac{h(a+2b)}{3(a+b)}$	$\dfrac{h(a+b)}{2}$

若平面具有对称轴 $n-n$，则压力中心 D 及形心 C 都处在 $n-n$ 轴上。如果平面无对称轴，则还需要确定压力中心 D 的 x 坐标值 x_D。用与前面相同的方法对 Oy 轴求合力矩及各分力的力矩之和，就可得出 x_D 的计算公式。工程上遇到的许多平面都是对称的，因此一般不需要计算 x_D，许多非完全对称的平面，也常常可以分成几个规则面积加以处理。

【**例 2.10**】　如图 2.27 所示,有一矩形闸门,宽 $b = 2$ m,上游水深 $h_1 = 6$ m,下游水深 $h_2 = 5$ m。求作用于闸门上的水静压力及作用点。

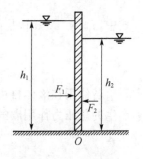

解　闸门左侧总压力 F_1 为:

$$F_1 = \rho g h_{C_1} A_1 = \rho g \cdot \frac{h_1}{2} \cdot h_1 b = \frac{\rho g h_1^2 b}{2}$$

宽度为 b,高度为 h_1 的矩形通过形心轴的惯性矩为:

$$J_{CX_1} = \frac{bh_1^3}{12}$$

图 2.27　例 2.10 图

则闸门左侧总压力的作用点位置 y_{D_1} 为:

$$y_{D_1} = y_{C_1} + \frac{J_{CX_1}}{y_{C_1} \cdot A_1} = \frac{h_1}{2} + \frac{\dfrac{bh_1^3}{12}}{\dfrac{h_1}{2} \cdot h_1 b} = \frac{h_1}{2} + \frac{h_1}{6} = \frac{2}{3} h_1$$

式中,y_{D_1} 为该作用点离左侧液面的距离。

闸门右侧总压力 F_2 为:

$$F_2 = \rho g h_{C_2} \cdot A_2 = \rho g \cdot \frac{h_2}{2} \cdot h_2 b = \frac{\rho g h_2^2 b}{2}$$

同理,闸门右侧总压力的作用点位置 y_{D_2} 为:

$$y_{D_2} = \frac{2}{3} h_2$$

式中,y_{D_2} 为该作用点离右侧液面的距离。

作用于闸门上的总水静压力 F 为:

$$F = F_1 - F_2 = \frac{\rho g h_1^2 b}{2} - \frac{\rho g h_2^2 b}{2} = \frac{\rho g b}{2}(h_1^2 - h_2^2) = \frac{9\ 807 \times 2}{2} \times (6^2 - 5^2) = 107\ 877\ \text{N}$$

设水静压力 F 距离水底 O 点的距离为 y,根据力矩平衡,

$$Fy = F_1(h_1 - y_{D_1}) - F_2(h_2 - y_{D_2}) = F_1 \cdot \frac{h_1}{3} - F_2 \cdot \frac{h_2}{3} = \frac{\rho g h_1^3 b}{6} - \frac{\rho g h_2^3 b}{6}$$

则

$$y = \frac{\dfrac{\rho g b}{6}(h_1^3 - h_2^3)}{\dfrac{\rho g b}{2}(h_1^2 - h_2^2)} = \frac{h_1^3 - h_2^3}{3(h_1^2 - h_2^2)} = \frac{6^3 - 5^3}{3 \times (6^2 - 5^2)} = 2.76\ \text{m}$$

【**例 2.11**】　如图 2.28 所示的矩形闸门 AB 将水 ($\rho_1 = 1\ 000$ kg/m³) 和甘油($\rho_2 = 1\ 264$ kg/m³)分隔,试求作用在单位宽度闸门上的总压力及作用点。

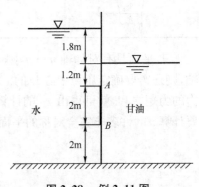

解　左侧总压力为:

$$F_1 = \rho_1 g h_{C1} A_1 = (1.8 + 1.2 + 2/2) \times 9\ 807 \times 2$$
$$= 78\ 456\ \text{N}$$

宽度为 b,高为 h 的矩形通过形心轴的惯性矩 $J_{Cx} = \frac{1}{12} bh^3$,作用点位置:

图 2.28　例 2.11 图

$$y_{D1} = y_{C1} + \frac{J_{Cx1}}{y_{C1}A} = h_{C1} + \frac{J_{Cx1}}{h_{C1}A} = 4 + \frac{bh^3/12}{4 \times 2}$$

$$= 4 + \frac{2^3}{12 \times 8} = 4.08 \text{ m}$$

距 A 的高度：$h_1 = y_{D1} - (1.8 + 1.2) = 4.08 - 3 = 1.08 \text{ m}$

右侧总压力为：

$$F_2 = \rho_2 g h_{C2} A_1 = 1\,264 \times 9.807 \times (1.2 + 2/2) \times 2 = 54\,542.6 \text{ N}$$

作用点的位置：

$$y_{D2} = y_{C2} + \frac{J_{Cx2}}{y_{C2}A} = h_{C2} + \frac{J_{Cx2}}{h_{C2}A} = 2.2 + \frac{bh^3/12}{2.2 \times 2} = 2.2 + \frac{2^3}{12 \times 2.2 \times 2} = 2.35 \text{ m}$$

距 A 的高度为：

$$h_2 = y_{D2} - 1.2 = 2.35 - 1.2 = 1.15 \text{ m}$$

单位宽度闸门上所受的净总压力为：

$$F = F_1 - F_2 = 78\,456 - 54\,542.6 = 23\,913.4 \text{ N}$$

设净总压力作用点距 A 点的距离为 y，则

$$Fy = F_1 h_1 - F_2 h_2$$

$$23\,913.4y = 784\,56 \times 1.08 - 54\,542.6 \times 1.15$$

$$y = 0.92 \text{ m}$$

故合力为 23 913.4 N(向右)，作用点在 A 点下方 0.92 m 处。

【例 2.12】 在水箱底部 $\alpha = 60°$ 的斜平面上，如图 2.29，装有一个直径 $d = 0.5$ m 的圆形泄水阀，阀的转动轴通过其中心 C 且垂直于纸面，为了使水箱内的水不经阀门外泄，试问在阀的转动轴上需施加多大的锁紧力矩？

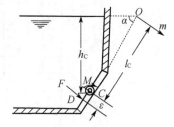

图 2.29 例 2.12 图

解 设阀中心 C 点的水深为 h_C，压力中心 D 到阀芯 C 的偏距为 ε。

由式(2.24)得：

$$F = \rho g h_C A = \rho g h_C \frac{\pi d^2}{4}$$

由式(2.26)及表 2.2 得：

$$\varepsilon = \frac{J_{Cx}}{y_C A} = \frac{\dfrac{\pi d^4}{64}}{\dfrac{h_C}{\sin\alpha} \dfrac{\pi d^2}{4}} = \frac{\sin\alpha d^2}{16h_C}$$

设施加在转动轴上的力矩为 M，则由力矩平衡可得：

$$F\varepsilon + M = 0$$

$$M = -F\varepsilon = -\frac{\rho g h_C \pi d^2}{4} \frac{\sin\alpha d^2}{16h_C} = -\frac{\rho g \pi \sin\alpha d^4}{64}$$

$$= -\frac{9\,810 \times \pi \times \sin 60° \times 0.5^4}{64} = -26 \text{ N} \cdot \text{m}$$

即在阀的转轴上需施加顺时针方向力矩 26 N·m 则可使水不外泄。

2. 8　　静止液体作用在曲面上的总压力

工程上常遇到各种受流体压力作用的曲面物体,如圆柱形贮液罐、各种球形阀等。作用在曲面上各点的液体静压力都垂直于容器壁,形成了复杂的空间力系,求曲面上的总压力便成为空间力系的合成问题。工程上用得最多的是二向曲面,三向曲面与二向曲面的计算方法类似,下面将讨论静止液体作用在二向曲面上的总压力的大小、方向和作用点位置。

2. 8. 1　　总压力的大小和方向

如图 2.30 所示,设二向曲面受到液体的静压力,其面积为 A。若参考坐标系的 y 轴与此曲面的母线平行,则曲面在 Oxz 平面上的投影为 ab。若在曲面 ab 上任取一微元面积 dA,其淹深为 h,则仅考虑液体作用在其上面的总压力为:

$$dF = \rho g h \, dA$$

将 dF 分解成水平和垂直方向的两个微元分力,然后在整个面积 A 上进行积分,便可求得作用在 ab 曲面上总压力的水平分力和垂直分力。

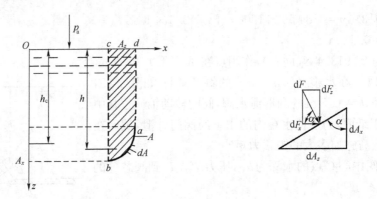

图 2.30　　作用在二向曲面上的液体总压力

1) 总压力的水平分力

设微元面积 dA 在 yOz 平面上的投影为 dA_x,则

$$dA_x = dA\cos\alpha$$

其中,α 为微元面积 dA 的法线与 x 轴的夹角。由图 2.30 知,微元水平分力为:

$$dF_x = dF\cos\alpha = \rho g h \, dA\cos\alpha = \rho g h \, dA_x$$

故总压力的水平分力为:

$$F_x = \rho g \iint\limits_{A_x} h \, dA_x$$

式中,$\iint\limits_{A_x} h \, dA_x = h_c A_x$ 为面积 A_x 对 y 轴的面积矩,故上式变为:

$$F_x = \rho g h_c A_x \tag{2.27}$$

上式说明液体作用在曲面上的总压力的水平分力等于液体作用在曲面的铅直方向投影面积 A_x 上的总压力,这同液体作用在平面上的总压力一样,F_x 的作用点通过面积 A_x 的压力中心。

2）总压力的垂直分力

设微元面积 dA 在 xOy 平面上的投影为 dA_z，则

$$dA_z = dA\sin\alpha$$

微元垂直分力为：

$$dF_z = dF\sin\alpha = \rho gh\,dA\sin\alpha = \rho gh\,dA_z$$

故总压力的垂直分力为：

$$F_z = \rho g\iint\limits_{A_z} h\,dA_z$$

式中，$\iint\limits_{A_z} h\,dA_z = V_p$ 为曲面 ab 上的体积 $abcd$，这个体积常称为压力体。若用压力体表示，上式变成：

$$F_z = \rho g V_p \tag{2.28}$$

该式说明液体作用在曲面上的总压力的垂直分力等于压力体的液重，它的作用线通过压力体的重心。

3）总压力的大小和方向

总压力的大小为：

$$F = \sqrt{F_x^2 + F_z^2} \tag{2.29}$$

总压力与 z 轴之间的夹角可由下式确定：

$$\tan\theta = \frac{F_x}{F_z} \tag{2.30}$$

2.8.2 总压力的作用点

因为总压力的垂直分力的作用线通过压力体的重心并指向受压面，水平分力的作用线通过 A_x 平面的压力中心并指向受压面，所以总压力的作用线必通过这两条作用线的交点 D'，且与垂直线成夹角，如图 2.31 所示。总压力的作用线与曲面的交点 D 为总压力在曲面上的作用点。

2.8.3 压力体

压力体是从积分式 $\iint\limits_{A_z} h\,dA_z$ 得到的体积，它是一个纯

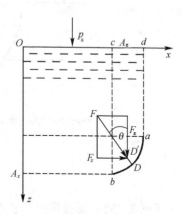

图 2.31 曲面上的作用点

数学的假想体积。是为计算铅直分压力而引入的一个虚构概念，如图 2.32 所示，压力体是以曲面 ab 为底，以其在 xOy 坐标面上投影面 cd 为顶，曲面四周各点向上投影的垂直母线作侧面所包围的一个空间体积。

图 2.32 所示为两个形状、尺寸和各点淹深相同的 ab 和 $a'b'$ 曲面，分别盛有同密度的液体。ab 的凹面向着液体，而 $a'b'$ 的凸面向着液体。由压力体的定义可知，这两个压力体的体积是相等的，因而垂直分力的大小是相等的，但方向相反。图（a）中，压力体内充满液体，垂直分力向下，此时的压力体称为正压力体或实压力体；图（b）中，压力体中无液体，垂直分力向

上,此时的压力体称为负压力体或虚压力体。

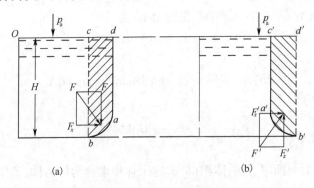

图 2.32　实压力体与虚压力体

对于复杂曲面的压力体,应从曲面的转弯切点处分开,分别考虑各段曲面的压力体然后再叠加,如图 2.33 所示。

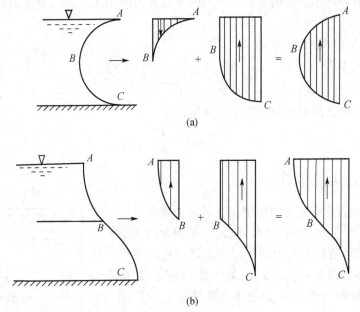

图 2.33　复杂曲面的压力体

【例 2.13】　圆弧形闸门长 $b = 5\,\mathrm{m}$,圆心角 $\varphi = 60°$,半径 $R = 4\,\mathrm{m}$,如图 2.34 所示。若弧形闸门的转轴与水面齐平,求作用在弧形闸门上的总压力及其作用点的位置。

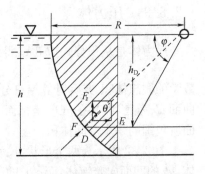

图 2.34　例 2.13 图

解　弧形闸门前的水深:

$$h = R\sin\varphi = 4 \times \sin 60° = 3.464\ \mathrm{m}$$

弧形闸门上总压力的水平分力:

$$F_x = \rho g h_C A_x = \rho g \frac{h}{2} h b$$

$$= 1\,000 \times 9.807 \times 0.5 \times 3.464^2 \times 5$$

$$= 294\ 192.7\ \text{N}$$

垂直分力：

$$F_z = \rho g V_p = \rho g \left(\frac{\pi R^2 \varphi}{360} - \frac{1}{2} hR\cos\varphi \right) b$$

$$= 9\ 807 \times \left(\frac{3.14 \times 4^2 \times 60}{360} - \frac{1}{4} \times 3.464 \times 4 \times \cos 60° \right) \times 5 = 240\ 729\ \text{N}$$

弧形闸门上的总压力：

$$F = \sqrt{F_x^2 + F_z^2} = \sqrt{294\ 192.7^2 + 240\ 729^2} = 380\ 131.3\ \text{N}$$

总压力与 z 轴间的夹角为 θ：

$$\theta = \arctan \frac{F_x}{F_z} = \arctan \frac{294\ 192.7}{240\ 729} = 50.71°$$

对圆弧形曲面，总压力的作用线一定通过圆心，由此可知总压力的作用点 D 距水面的距离 h_D 为：

$$h_D = R\cos\theta = 4 \times \cos 50.71° = 2.53\ \text{m}$$

【例 2.14】 如图 2.35 所示的贮水容器，其壁面上有三个半球形盖。设 $d = 1\ \text{m}, h = 1.5\ \text{m}, H = 2.5\ \text{m}$。试求作用在每个盖上的液体总压力。

解 （1）底盖上所受到的力：

作用在底盖左半部分和右半部分的总压力的水平分力相等，而方向相反，故水平分力的合力为零。底盖上的总压力等于总压力的垂直分力，实压力体，垂直分力向下。

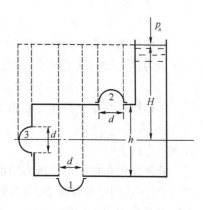

图 2.35 例 2.14 图

$$F_{z1} = \rho g V_1 = \rho g \left[\frac{\pi d^2}{4} \times \left(H + \frac{h}{2} \right) + \frac{\pi d^3}{12} \right]$$

$$= 9\ 807 \times \left[\frac{\pi 1^2}{4} \times (2.5 + 0.75) + \frac{\pi 1^3}{12} \right]$$

$$= 27\ 586.3\ \text{N}$$

（2）顶盖上总压力的水平分力亦为零，总压力等于总压力的垂直分力，虚压力体，垂直分力向上。

$$F_{z2} = \rho g V_2 = \rho g \left[\frac{\pi d^2}{4} \times \left(H - \frac{h}{2} \right) - \frac{\pi d^3}{12} \right]$$

$$= 9\ 807 \times \left[\frac{\pi 1^2}{4} \times (2.5 - 0.75) - \frac{\pi 1^3}{12} \right] = 10\ 906.2\ \text{N}$$

（3）侧盖上总压力的水平分力为：

$$F_{x3} = \rho g h_c A_x = \rho g H \frac{\pi d^2}{4} = 9\ 807 \times 2.5 \times \frac{\pi 1^2}{4} = 19\ 246.2\ \text{N}$$

实压力体，垂直分力向下，垂直分力大小为：

$$F_{z3} = \rho g \frac{\pi d^3}{12} = 9\ 807 \times \frac{\pi 1^3}{12} = 2\ 566.2\ \text{N}$$

故侧盖上总压力的大小与方向为：

$$F_3 = \sqrt{F_{x3}^2 + F_{z3}^2} = \sqrt{19\ 246.2^2 + 2\ 566.2^2} = 19\ 416.5\ \text{N}$$

总压力的作用线一定通过球心,与垂直线夹角为:

$$\theta = \arctan\frac{F_{x3}}{F_{z3}} = \arctan\frac{19\,246.2}{2\,566.2} = 82.4°$$

2.9　浮力原理

　　浸没在液体中的物体受到垂直向上的力的作用,这个力称为浮力。根据阿基米德(Archimedes)原理,浮力的大小等于物体所排开的液体重量。现在用静止液体作用在曲面上的总压力来证明。设有一任意形状的物体 ABCD 完全浸没在静止液体中,如图 2.36 所示。A 和 C 是物体侧面的末端点。由式(2.28)知,液体作用在上部分表面上的总压力的垂直分力 F_{z_1} 等于压力体 ABCFE 液重,垂直向下,即

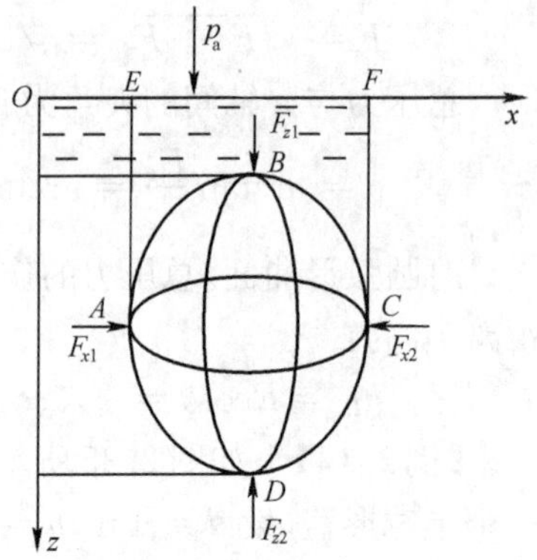

$$F_{z_1} = \rho g V_{\text{ABCFE}}$$

液体作用在下部分表面上的总压力的垂直分力 F_{z_2} 等于压力体 AEFCD 的液重,垂直向上,即

$$F_{z_2} = \rho g V_{\text{AEFCD}}$$

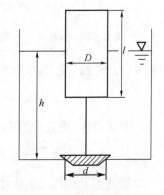

图 2.36　浮力原理

液体作用在整个物体上的总压力的垂直分力 F_z 是 F_{z_1} 和 F_{z_2} 的合力,即

$$F_z = \rho g(V_{\text{AEFCD}} - V_{\text{ABCEF}}) = \rho g V_{\text{ABCD}}$$

方向垂直向上。

　　液体作用在物体上总压力的前后左右水平分力应等于零。这是因为若把物体分为左右两部分,则这两部分在垂直方向的投影面积是同一面积,所以作用在左表面和右表面的总压力的水平分力大小相等、方向相反,互相抵消。同理,前后表面上的总压力的水平分力也为零。

　　这就证明了浸没在液体内的物体所受的力只有垂直向上的力,大小等于物体所排开的液体重量。

　　以 G 表示物体的重力,V 表示它的体积,ρ 为液体的密度,物体在液体中的沉浮有以下三种情况:

　　(1) 当 $G < \rho g V$ 时,物体上浮,浮出液体表面,称为浮体;

　　(2) 当 $G = \rho g V$ 时,物体在液体中任何位置均处于平衡状态,称为潜体;

　　(3) 当 $G > \rho g V$ 时,物体下沉,直至液体底部,称为沉体。

阿基米德原理对上述三种情况都是正确的。

　　【例 2.15】　设计自动泄水阀如图 2.37 所示,要求当水位 $h = 25$ cm 时,用沉没一半的圆柱形浮标将细杆所连接的堵塞提起。已知堵塞直径 $d = 6$ cm,浮标长 $l = 20$ cm,活动部件的重量 $G = 0.98$ N,试求浮标直径 D 为多少?如果浮标改用圆球形,其半径 R 应为多少?

图 2.37　例 2.15 图

解　当堵塞提起时,堵塞上所受水的压力加上活动部件的重量应等于浮标所产生的浮力。即

$$G + \rho g h \frac{\pi d^2}{4} = \rho g \frac{l}{2} \frac{\pi D^2}{4}$$

$$D = \sqrt{\frac{8G}{\pi \rho g l} + \frac{2hd^2}{l}}$$

$$= \sqrt{\frac{8 \times 0.98}{3.14 \times 9\,807 \times 0.2} + \frac{2 \times 0.25 \times 0.06^2}{0.2}}$$

$$= 0.102 \text{ m} = 10.2 \text{ cm}$$

改用圆球形,则

$$G + \rho g h \frac{\pi d^2}{4} = \rho g \frac{1}{2} \frac{4\pi R^3}{3}$$

$$R = \sqrt[3]{\frac{3 \times \left(G + \rho g h \dfrac{\pi d^2}{4}\right)}{2 \rho g \pi}}$$

$$= \sqrt[3]{\frac{3 \times \left(0.98 + 9\,807 \times 0.25 \times \dfrac{3.14}{4} \times 0.06^2\right)}{2 \times 9\,807 \times 3.14}}$$

$$= 0.072\,8 \text{ m} = 7.28 \text{ cm}$$

【例 2.16】　图 2.38 为汽油机燃料供给系统的浮子室,利用浮球沉浮控制针阀开闭,使浮子室中油面不变用以保证汽油机喷嘴的恒定供油量。

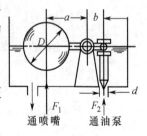

已知 $a = 50 \text{ mm}$,$b = 15 \text{ mm}$,$d = 5 \text{ mm}$,浮子质量 $m_1 = 10.2 \text{ g}$,针阀质量 $m_2 = 5.1 \text{ g}$,汽油密度 $\rho = 678 \text{ kg/m}^3$,从汽油泵来的表压力 $p = 40 \text{ kPa}$,杠杆质量忽略。

试按浮子淹没一半的条件设计浮子的直径 D。

图 2.38　例 2.16 图

解　用 F_1 表示浮力,用 $F_2 = p \dfrac{\pi}{4} d^2$ 表示针阀铅直方向的流体静压力。列出对杠杆铰点的力矩平衡方程式为:

$$(F_1 - m_1 g)a + (m_2 g - F_2)b = 0$$

解得:$F_1 = (F - m_2 g)\dfrac{b}{a} + m_1 g = \left(p \dfrac{\pi}{4} d^2 - m_2 g\right)\dfrac{b}{a} + m_1 g$

因为　$m_1 g = 10.2 \times 10^{-3} \times 9.81 = 0.1 \text{ N}$;$m_2 g = 5.1 \times 10^{-3} \times 9.81 = 0.05 \text{ N}$,

所以　$F_1 = \left(40 \times 10^3 \times \dfrac{\pi}{4} \times 0.005^2 - 0.05\right) \times \dfrac{0.015}{0.05} + 0.1 = 0.32 \text{ N}$

根据阿基米德原理,浮力 F_1 应等于半球体积的汽油重力,即

$$F_1 = \rho g \frac{\pi}{12} D^3$$

而 $\rho g = 678 \times 9.81 = 6\,650 \text{ N}$,

所以　　　　　　　$D = \sqrt[3]{\dfrac{12F_1}{\pi \rho g}} = \sqrt[3]{\dfrac{12 \times 0.32}{\pi \times 6\,650}} = 0.057 \text{ m} = 57 \text{ mm}$

【例 2.17】 图 2.39 为方底($b = 0.6\,\text{m}$)柱形油箱,内盛密度为 $900\,\text{kg/m}^3$ 的机器油,深度 $h = 1\,\text{m}$,底面之半为折页式活门。当油箱以 $a = \dfrac{g}{2}$ 的加速度分别向左、右、上、下运动时,试求作用在活门上的静压力 F 及对活门枢轴的力矩 M_O。

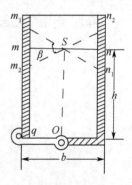

图 2.39　例 2.17 图

解　油的 ρg:

$$\rho g = 900 \times 9.81 = 8\,830\,\text{N/m}^3$$

油箱水平加速时液面的斜率为 $\tan\alpha = \dfrac{a}{g} = \dfrac{1}{2}$。此时活门上一点的表压力 $p = \rho g H$(H 是从活门到倾斜液面的铅直高度),因此作用在活门上的静压力 F 等于活门上方实有的液体重力 $\rho g V$。

(1) 向右运动时,液面为 $m_1 n_1$,

$$F = \rho g (V_{OSmq} + V_{Sm_1 m}) = \rho g \left(\frac{b^2 h}{2} + \frac{b^3}{16} \right) = 1\,710\,\text{N}$$

$$M_O = \rho g \left(\frac{b^2 h}{2} \times \frac{b}{4} + \frac{b^3}{16} \times \frac{b}{3} \right) = 262\,\text{N} \cdot \text{m}$$

(2) 向左运动时,液面为 $m_2 n_2$

$$F = \rho g (V_{OSmq} - V_{Smm_2}) = \rho g \left(\frac{b^2 h}{2} - \frac{b^3}{16} \right) = 1\,470\,\text{N}$$

$$M_O = \rho g \left(\frac{b^2 h}{2} \times \frac{b}{4} - \frac{b^3}{16} \times \frac{b}{3} \right) = 215\,\text{N} \cdot \text{m}$$

(3) 向下运动时,液面仍为 mn,

失重系数:
$$k_1 = 1 - \frac{a}{g} = \frac{1}{2}$$

$$F = k_1 \rho g V_{OSmq} = \rho g \frac{b^2 h}{4} = 795\,\text{N}$$

$$M_O = \rho g \frac{b^2 h}{4} \times \frac{b}{4} = 119\,\text{N} \cdot \text{m}$$

(4) 向上运动时,液面仍为 mn,

超重系数:$k_2 = 1 + \dfrac{a}{g} = \dfrac{3}{2}$

$$F = k_2 \rho g V_{OSmq} = \rho g \frac{3 b^2 h}{4} = 2\,380\,\text{N}$$

$$M_O = \rho g \frac{3 b^2 h}{4} \times \frac{b}{4} = 358\,\text{N} \cdot \text{m}$$

向上加速运动,液体处于超重状态,作用在活门上的力和力矩最大。

本 章 小 结

2.1 静压力为流体所受的法向应力,静压力有两个特性:(1) 方向为内法线方向;(2) 任意一点静压力的大小与作用面的方位无关。

2.2 流体平衡微分方程:

$$f_x - \frac{1}{\rho}\frac{\partial p}{\partial x} = 0; f_y - \frac{1}{\rho}\frac{\partial p}{\partial y} = 0; f_z - \frac{1}{\rho}\frac{\partial p}{\partial z} = 0$$

2.3 静压力的增量取决于质量力,压差公式:

$$\mathrm{d}p = \rho(f_x\mathrm{d}x + f_y\mathrm{d}y + f_z\mathrm{d}z)$$

2.4 在流场中,压力相等的点组成的面称为等压面。等压面微分方程:

$$\rho(f_x\mathrm{d}x + f_y\mathrm{d}y + f_z\mathrm{d}z) = 0$$

等压面也是等势面,有势的质量力必垂直于等压面。

2.5 静力学基本方程:

$$z + \frac{p}{\rho g} = C$$

式中:z—— 位置水头,单位重量流体的位势能;$\frac{p}{\rho g}$—— 压力水头,单位重量流体的压力势能。

2.6 压力以完全真空为基准称为绝对压力,以当地大气压力为基准称为相对压力。若压力比大气压力高,则其差值为表压力;若比大气压力低,则其差值称为真空。

2.7 等加速直线运动容器中液体的相对平衡:

(1) 等压面方程

$$ax + gz = C$$

是一簇平行的斜面。其与 x 方向的倾斜角为 $\alpha = \arctan\frac{a}{g}$

(2) 自由表面方程

$$ax + gz_s = 0, z_s = -\frac{a}{g}x$$

(3) 静压力分布规律

$$p = p_0 - \rho(ax + gz) = p_0 + \rho gh$$

2.8 等角速度旋转容器中液体的相对平衡:

(1) 等压面方程

$$\frac{\omega^2 r^2}{2} - gz = C$$

等压面是一簇绕 z 轴旋转的抛物面。

(2) 自由表面方程

$$\frac{\omega^2 r^2}{2} - gz_s = 0, z_s = \frac{\omega^2 r^2}{2g}$$

(3) 静压力分布规律

$$p = p_0 + \rho g\left(\frac{\omega^2 r^2}{2g} - z\right) = p_0 + \rho gh$$

2.9　静止液体作用在平面上的总压力：

(1) 作用在平面上的总压力为：

$$F = p_0 A + \rho g h_C A$$

仅由液体产生的作用在平面上的总压力为：

$$F' = \rho g h_C A$$

(2) 总压力的作用点

仅由液体产生的总压力的作用点坐标为：

$$y_D' = y_C + \frac{J_{Cx}}{y_C A}$$

作用点在形心的下方。

2.10　静止液体作用在曲面上的总压力：

(1) 总压力的水平分力

$$F_x = \rho g h_C A_x$$

(2) 总压力的垂直分力

$$F_z = \rho g V_p$$

(3) 总压力的大小为

$$F = \sqrt{F_x^2 + F_z^2}$$

(4) 总压力与 z 轴之间的夹角 θ

$$\tan\theta = \frac{F_x}{F_z}$$

(5) 总压力的作用点

总压力的作用线经 F_x 和 F_z 的交点并与 z 轴成 θ 角的直线,该作用线的延长线与曲面的交点即为总压力的作用点。

(6) 压力体 V_p 是从积分式 $\iint\limits_{A_z} h\mathrm{d}A_z$ 得到的体积,其中有液体为实压力体,无液体为虚压力体。

2.11　浸没在液体中的物体受到垂直向上的浮力。浮力的大小等于物体所排开的液体的重量,即阿基米德原理。

习　题

2.1　大气压计的读数为 $100.66\,\mathrm{kPa}(755\,\mathrm{mmHg})$,水面以下 $7.6\,\mathrm{m}$ 深处的绝对压力为多少？

2.2　如图 2.40,烟囱高 $H = 20\,\mathrm{m}$,烟气温度 $t_s = 300\,℃$,压力为 p_s,确定引起火炉中烟气自动流通的压力差。烟气密度可按下式计算：$\rho_s = (1.25 - 0.0027t_s)\,\mathrm{kg/m^3}$,空气密度 $\rho_a = 1.29\,\mathrm{kg/m^3}$。

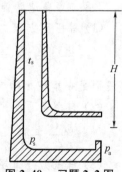

图 2.40　习题 2.2 图

2.3　已知大气压力为 $98.1\,\mathrm{kN/m^2}$。求以水柱高度表示时：(1) 绝对压力为 $117.72\,\mathrm{kN/m^2}$ 时的相对压力；(2) 绝对压力为 $68.5\,\mathrm{kN/m^2}$ 时的真空值各为多少？

2.4　如图 2.41 所示的密封容器中盛有水和水银,若 A 点的绝对压力为 300 kPa,表面的空气压力为 180 kPa,则水高度为多少?压力表 B 的读数是多少?

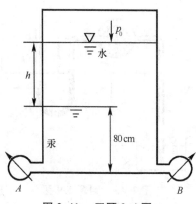

图 2.41　习题 2.4 图

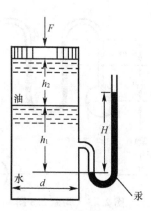

图 2.42　习题 2.5 图

2.5　如图 2.42 所示,在盛有油和水的圆柱形容器的盖上加载 $F = 5\,788$ N,已知 $h_1 = 50$ cm, $h_2 = 30$ cm, $d = 0.4$ m,油的密度 $\rho_{油} = 800$ kg/m³,水银的密度 $\rho_{Hg} = 13\,600$ kg/m³, 求 U 形管中水银柱的高度差 H。

2.6　如图 2.43 所示为一密闭水箱,当 U 形管测压计的读数为 12 cm 时,试确定压力表的读数。

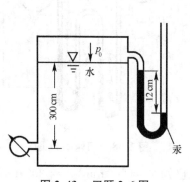

图 2.43　习题 2.6 图

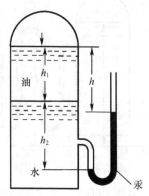

图 2.44　习题 2.7 图

2.7　如图 2.44 所示,一密闭容器内盛有油和水,并装有水银测压管,已知油层厚 $h_1 = 30$ cm, $h_2 = 50$ cm, $h = 40$ cm,油的密度 $\rho_{油} = 800$ kg/m³,水银的密度 $\rho_{Hg} = 13\,600$ kg/m³, 求油面上的相对压力。

2.8　如图 2.45 所示,容器 A 中液体的密度 $\rho_A = 856.6 \text{ kg/m}^3$,容器 B 中液体的密度 $\rho_B = 1\,254.3 \text{ kg/m}^3$,U 形差压计中的液体为水银。如果 B 中的压力为 200 kPa,求 A 中的压力。

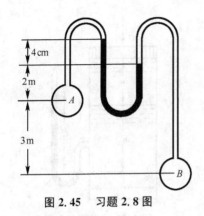

图 2.45　习题 2.8 图

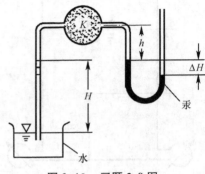

图 2.46　习题 2.9 图

2.9　U 形管测压计与气体容器 K 相连,如图 2.46 所示,已知 $h = 500 \text{ mm}$,$H = 2 \text{ m}$。求 U 形管中水银面的高度差 ΔH 为多少?

2.10　试按复式测压计(见图 2.47)的读数算出锅炉中水面上蒸汽的绝对压力 p。已知:$H = 3 \text{ m}$,$h_1 = 1.4 \text{ m}$,$h_2 = 2.5 \text{ m}$,$h_3 = 1.2 \text{ m}$,$h_4 = 2.3 \text{ m}$,水银的密度 $\rho_{Hg} = 13\,600 \text{ kg/m}^3$。

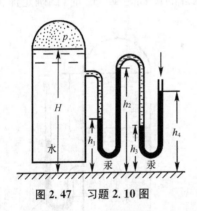

图 2.47　习题 2.10 图

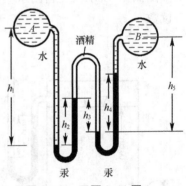

图 2.48　习题 2.11 图

2.11　如图 2.48 所示,试确定 A 与 B 两点的压力差。已知 $h_1 = 500 \text{ mm}$,$h_2 = 200 \text{ mm}$,$h_3 = 150 \text{ mm}$,$h_4 = 250 \text{ mm}$,$h_5 = 400 \text{ mm}$。酒精的密度 $\rho_1 = 800 \text{ kg/m}^3$,水银的密度 $\rho_{Hg} = 13\,600 \text{ kg/m}^3$,水的密度 $\rho_2 = 1\,000 \text{ kg/m}^3$。

2.12　用倾斜微压计来测量通风管道中的 A、B 两点的压力差 Δp,如图 2.49 所示。

(1) 若微压计中的工作液体是水,倾斜角 $\alpha = 45°$,$L = 20 \text{ cm}$,求压力差 Δp 为多少?

(2) 若倾斜微压计内为酒精($\rho = 800 \text{ kg/m}^3$),$\alpha = 30°$,风管 A、B 的压差同(1) 时,$L$ 值应为多少?

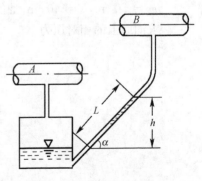

图 2.49　习题 2.12 图

2.13 有运水车以 $30\,\mathrm{km/h}$ 的速度行驶。车上装有长 $L=3.0\,\mathrm{m}$,高 $h=1.0\,\mathrm{m}$,宽 $b=2.0\,\mathrm{m}$ 的水箱。该车因遇到特殊情况开始减速,经 $100\,\mathrm{m}$ 后完全停下,此时,箱内一端的水面恰到水箱的上缘。若考虑均匀制动,求水箱内的盛水量。

2.14 如图 2.50 所示,一正方形容器,底面积为 $b\times b=(200\times 200)\,\mathrm{mm}^2$,$m_1=4\,\mathrm{kg}$。当它装水的高度 $h=150\,\mathrm{mm}$ 时,在 $m_2=25\,\mathrm{kg}$ 的载荷作用下沿平面滑动。若容器的底与平面间的摩擦系数 $C_f=0.3$,试求不使水溢出时容器的最小的高度 H 是多少?

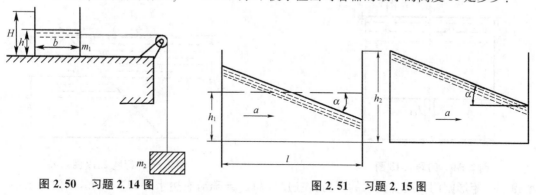

图 2.50　习题 2.14 图　　　　　　　　　　　图 2.51　习题 2.15 图

2.15 图 2.51 所示为矩形敞口盛水车,长 $l=6\,\mathrm{m}$,宽 $b=2.5\,\mathrm{m}$,高 $h=2\,\mathrm{m}$。静止时水深 $h_1=1\,\mathrm{m}$,当车以等加速度 $a=2\,\mathrm{m/s}^2$ 前进时,试求:

(1) 作用在前、后壁上的压力;

(2) 如果车内充满水,以 $a=1.5\,\mathrm{m/s}^2$ 的等加速度前进,有多少水溢出?

2.16 图 2.52 所示为一圆柱形容器,直径 $d=300\,\mathrm{mm}$,高 $H=500\,\mathrm{mm}$,容器内装水,水深 $h_1=300\,\mathrm{mm}$,使容器绕垂直轴作等角速度旋转。

(1) 试确定水正好不溢出时的转速 n_1;

(2) 求刚好露出容器底面时的转速 n_2,这时容器停止旋转,水静止后的深度 h_2 等于多少?

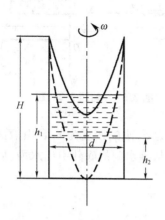

图 2.52　习题 2.16 图

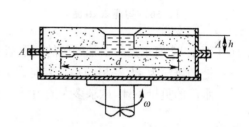

图 2.53　习题 2.17 图

2.17 如图 2.53 所示,为了提高铸件的质量,用离心铸造机铸造车轮。已知铁水密度 $\rho=7\,138\,\mathrm{kg/m}^3$,车轮尺寸 $h=250\,\mathrm{mm}$,$d=900\,\mathrm{mm}$,求转速 $n=600\,\mathrm{r/min}$ 时车轮边缘处的相对压力。

2.18　如图2.54所示,一圆柱形容器,直径 $d = 1.2\,\mathrm{m}$,充满水,并绕垂直轴等角速度旋转。在顶盖上 $r_0 = 0.43\,\mathrm{m}$ 处安装一开口测压管,管中的水位 $h = 0.5\,\mathrm{m}$。问此容器的转速 n 为多少时顶盖所受的总压力为零?

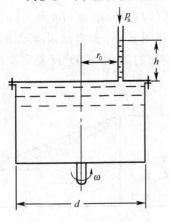

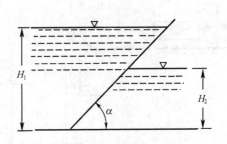

图 2.54　习题 2.18 图　　　　　　　　图 2.55　习题 2.19 图

2.19　一矩形闸门两面受到水的压力,左边水深 $H_1 = 5\,\mathrm{m}$,右边水深 $H_2 = 3\,\mathrm{m}$,闸门与水平面成 $\alpha = 45°$ 倾斜角,如图2.55所示。假设闸门的宽度 $b = 1\,\mathrm{m}$,试求作用在闸门上的总压力及其作用点。

2.20　图2.56所示为绕铰链转动的倾斜角为 $\alpha = 60°$ 的自动开启式水闸,当水闸一侧的水位 $H = 2\,\mathrm{m}$,另一侧的水位 $h = 0.4\,\mathrm{m}$ 时,闸门自动开启,试求铰链至水闸下端的距离 x。

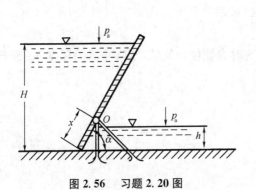

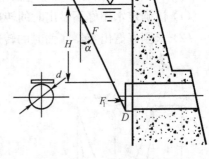

图 2.56　习题 2.20 图　　　　　　　　图 2.57　习题 2.21 图

2.21　图2.57所示是一个带铰链的圆形挡水门,其直径为 d,水的密度为 ρ,自由液面到铰链的淹深为 H。一根与垂直方向成 α 角度的绳索,从挡水门的底部引出水面。假设挡水门的重量不计,试求多大的力 F 才能启动挡水门?

2.22　图 2.58 所示为盛水的球体,直径为 $d = 2\,\mathrm{m}$,球体下部固定不动,求作用于螺栓上的力。

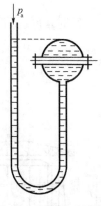
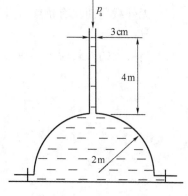

图 2.58　习题 2.22 图　　　　　　　　图 2.59　习题 2.23 图

2.23　如图 2.59 所示,半球圆顶重 $30\,\mathrm{kN}$,底面由六个等间距的螺栓锁着,顶内装满水。若压住圆顶,各个螺栓所受的力为多少?

2.24　图 2.60 所示为一直径 $d = 1.8\,\mathrm{m}$,长 $l = 1\,\mathrm{m}$ 的圆柱体,放置于 $\alpha = 60°$ 的斜面上,左侧受水压力,圆柱与斜面接触点 A 的深度 $h = 0.9\,\mathrm{m}$。求此圆柱所受的总压力。

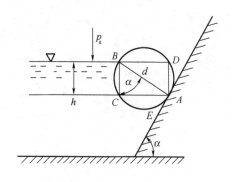
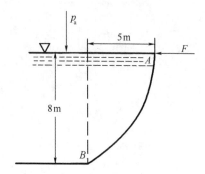

图 2.60　习题 2.24 图　　　　　　　　图 2.61　习题 2.25 图

2.25　如图 2.61 所示的抛物线形闸门,宽度为 $5\,\mathrm{m}$,铰接于 B 点上。试求维持闸门平衡所需的力 F。

2.26　如图 2.62 所示,盛水的容器底部有圆孔,用空心金属球体封闭,该球体的重量为 $G = 2.45\,\mathrm{N}$,半径 $r = 4\,\mathrm{cm}$,孔口 $d = 5\,\mathrm{cm}$,水深 $H = 20\,\mathrm{cm}$。试求提起该球体所需的最小力 F。

2.27　一块石头在空气中的重量为 $400\,\mathrm{N}$,当把它浸没在水中时,它的重量为 $222\,\mathrm{N}$,试求这块石头的体积和它的密度。

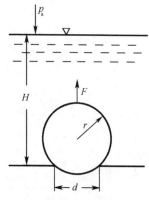

图 2.62　习题 2.26 图

2.28 如图 2.63 所示,转动桥梁支撑于直径 $d = 3.4$ m 的圆形浮筒上,浮筒漂浮于直径 $d_1 = 3.6$ m 的室内。试求:

(1) 无外载荷而只有桥梁自身的重量 $G = 29.42 \times 10^4$ N 时,浮筒沉没在水中的深度 H;

(2) 当桥梁的外载荷 $F = 9.81 \times 10^4$ N 时的沉没深度 h。

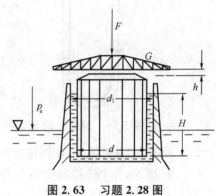

图 2.63 习题 2.28 图

3 　　流体动力学基础

　　本章研究流体运动中表征流体运动的各种物理量,如流速、压力和加速度等运动要素之间的相互关系和流体对周围物体的作用。尽管流体运动十分复杂,但是它仍然遵守自然界的普遍规律,如质量守恒定律、牛顿定律、动量和动量矩定理以及能量守恒定律等,本章将把这些定律和定理应用于流体力学中,推导出流体动力学中的几个重要的基本方程,即连续性方程、伯努里(能量)方程、动量方程和动量矩方程等,并举例说明它们在流体运动中的应用。

3.1　流场及其描述方法

　　流体流动空间内充满了无限多个连续分布的运动的流体质点,空间内每一点都有一个确定的流动参数值,如流速、压力和加速度等,这种布满流体质点的空间称为流场。由于流体是由无限多个流体质点所组成的连续介质,因此研究流体流动就是研究充满整个流场的无限多流体质点的运动。描述流场内流体运动的方法有拉格朗日法和欧拉法。拉格朗日(Lagrange)法是跟踪流场中每个质点或微团的运动,然后综合所有流体质点或微团的运动,得到整个流场的运动规律。这种方法实际上是用理论力学中质点动力学的方法来研究流体运动的,它描述的是质点的运动轨迹、速度和加速度等。

　　由于流体质点运动轨迹十分复杂,数学上也存在着求解困难,所以这种方法只限于研究流体的少数特殊情况(如波浪运动),实际工程上很少应用。

　　在多数流体力学问题中,令人感兴趣的往往是流体物理量的空间分布。例如在飞机或其他飞行器的飞行过程中,要关心的是其表面的压力分布和温度分布;当分析孔口或管嘴流动时,要关心的只是出口断面上的流速和流量;在研究气体射流时,一般主要关心的也只是工作管上的物理量(如速度、温度或浓度) 等分布情况。

　　欧拉(Euler) 法不是着眼于个别流体质点,而是着眼于整个流场的状态,从流场中各空间点出发,研究流体质点通过流场中不同空间位置处的运动情况,进而得到整个流场的运动规律。流体力学中一般采用 Euler 法研究流体的流动。Euler 法中,各运动要素都可以表示为坐标 x,y,z 和时间 t 的函数。如流体质点在 x,y,z 三个方向的速度分量、压力和密度可表示为:

$$\left.\begin{array}{l} v_x = v_x(x,y,z,t) \\ v_y = v_y(x,y,z,t) \\ v_z = v_z(x,y,z,t) \end{array}\right\} \tag{3.1}$$

$$p = p(x,y,z,t) \tag{3.2}$$

$$\rho = \rho(x,y,z,t) \tag{3.3}$$

式(3.1) 中三个速度分量对时间 t 的导数,就是加速度。x 方向的加速度为:

$$a_x = \frac{\mathrm{d}v_x}{\mathrm{d}t} = \frac{\partial v_x}{\partial t} + \frac{\partial v_x}{\partial x}\frac{\mathrm{d}x}{\mathrm{d}t} + \frac{\partial v_x}{\partial y}\frac{\mathrm{d}y}{\mathrm{d}t} + \frac{\partial v_x}{\partial z}\frac{\mathrm{d}z}{\mathrm{d}t}$$

其中,运动质点的坐标对时间的导数为该质点的速度分量,即 $\dfrac{\mathrm{d}x}{\mathrm{d}t}=v_x$,$\dfrac{\mathrm{d}y}{\mathrm{d}t}=v_y$,$\dfrac{\mathrm{d}z}{\mathrm{d}t}=v_z$,所以,加速度又可以表示为:

$$
\left.
\begin{array}{l}
a_x=\dfrac{\partial v_x}{\partial t}+v_x\dfrac{\partial v_x}{\partial x}+v_y\dfrac{\partial v_x}{\partial y}+v_z\dfrac{\partial v_x}{\partial z}\\[2mm]
a_y=\dfrac{\partial v_y}{\partial t}+v_x\dfrac{\partial v_y}{\partial x}+v_y\dfrac{\partial v_y}{\partial y}+v_z\dfrac{\partial v_y}{\partial z}\\[2mm]
a_z=\dfrac{\partial v_z}{\partial t}+v_x\dfrac{\partial v_z}{\partial x}+v_y\dfrac{\partial v_z}{\partial y}+v_z\dfrac{\partial v_z}{\partial z}
\end{array}
\right\}
\tag{3.4a}
$$

写成矢量表达式为:

$$
\boldsymbol{a}=\frac{\partial \boldsymbol{v}}{\partial t}+(\boldsymbol{v}\boldsymbol{\cdot}\nabla)\boldsymbol{v}
\tag{3.4b}
$$

式中:∇——矢量微分算子,$\nabla=\dfrac{\partial}{\partial x}\boldsymbol{i}+\dfrac{\partial}{\partial y}\boldsymbol{j}+\dfrac{\partial}{\partial z}\boldsymbol{k}$,称为哈米尔顿(Hamilton)算子;

$\boldsymbol{i}$、$\boldsymbol{j}$、$\boldsymbol{k}$——x、y、z 坐标轴上的单位矢量,$|\boldsymbol{v}|=\sqrt{v_x^2+v_y^2+v_z^2}$。

由此可见,用 Euler 法来描述流体流动时,加速度由两部分组成,第一部分是 $\dfrac{\partial \boldsymbol{v}}{\partial t}$ 项,表示在一固定点上流体质点的速度随时间的变化率,称为当地加速度;第二部分是 $(\boldsymbol{v}\boldsymbol{\cdot}\nabla)\boldsymbol{v}$ 项,表示流体质点所在空间位置的变化所引起的速度变化率,称为迁移加速度。

用 Euler 法求流体质点其他物理量随时间变化率的一般表达式为:

$$
\frac{\mathrm{d}}{\mathrm{d}t}=\frac{\partial}{\partial t}+\boldsymbol{v}\boldsymbol{\cdot}\nabla
\tag{3.5}
$$

式中:$\dfrac{\mathrm{d}}{\mathrm{d}t}$——全导数;

$\dfrac{\partial}{\partial t}$——当地导数;

$\boldsymbol{v}\boldsymbol{\cdot}\nabla$——迁移导数。

例如,对于密度有:

$$
\frac{\mathrm{d}\rho}{\mathrm{d}t}=\frac{\partial \rho}{\partial t}+(\boldsymbol{v}\boldsymbol{\cdot}\nabla)\rho
\tag{3.6a}
$$

或表示为:

$$
\frac{\mathrm{d}\rho}{\mathrm{d}t}=\frac{\partial \rho}{\partial t}+v_x\frac{\partial \rho}{\partial x}+v_y\frac{\partial \rho}{\partial y}+v_z\frac{\partial \rho}{\partial z}
\tag{3.6b}
$$

【例 3.1】 已知速度场 $v_x=2x$,$v_y=-2y$,$v_z=0$,试求流体质点的加速度及流场 $(1,1)$ 点的加速度。

解 $a_x=\dfrac{\partial v_x}{\partial t}+v_x\dfrac{\partial v_x}{\partial x}+v_y\dfrac{\partial v_x}{\partial y}+v_z\dfrac{\partial v_x}{\partial z}$

$\qquad=0+(2x)\times 2+(-2y)\times 0+0\times 0=4x$

$\quad a_y=\dfrac{\partial v_y}{\partial t}+v_x\dfrac{\partial v_y}{\partial x}+v_y\dfrac{\partial v_y}{\partial y}+v_z\dfrac{\partial v_y}{\partial z}$

$\qquad=0+(2x)\times 0+(-2y)\times(-2)+0\times 0=4y$

$\quad a_z=\dfrac{\partial v_z}{\partial t}+v_x\dfrac{\partial v_z}{\partial x}+v_y\dfrac{\partial v_z}{\partial y}+v_z\dfrac{\partial v_z}{\partial z}$

$$= 0 + (2x) \times 0 + (-2y) \times 0 + 0 \times 0 = 0$$

所以流体质点的速度 $v = 2xi - 2yj$，加速度 $a = 4xi + 4yj$，

流场中 $(1,1)$ 点的加速度 $a = 4i + 4j$。

3.2　流动的分类

流体运动是比较复杂的，人们对流体力学问题的研究，一般是从简单到复杂，从易到难。通常是采用对影响实际流动的诸多因素加以分析，根据不同的实际问题，采取抓住起主要作用的因素，在允许的精度范围内忽略次要因素，尽量把问题简化的分析方法。因此，提出了不同类型的流动和研究方法。

3.2.1　按流体性质分类

流体流动可分为理想（或无粘性）流体流动和实际流体流动；不可压缩流体流动和可压缩流体流动等。

3.2.2　按与时间的关系分类

根据流体运动要素与时间的关系，流体流动可分为定常流动与非定常流动。如图 3.1 所示的贮液容器，在其侧壁开一小孔，液体从小孔向外泄，如果使容器中的液位保持不变，那么所观察到的从孔口泄流的轨迹是不变的。这说明每一空间点上流体流动的全部要素，如速度、压力和加速度等都不随时间变化。这种运动要素不随时间变化的流动称为定常流动或稳定流动。

如果不往容器中添加液体，容器中液面将随液体从小孔的外泄而不断下降，从孔口流出的泄流轨迹也逐渐向下

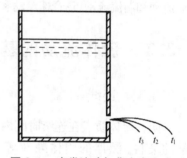

图 3.1　定常流动与非定常流动

弯曲。这说明，泄流内部流速的大小和方向随时间而变化。这种运动要素的全部或部分随时间变化的流动称为非定常流动或非稳定流动。

工程中遇到的流体流动绝大多数是非定常流动，因为非定常流动的参数随时间变化，所以分析和计算十分复杂。流体流动的研究中，一般把运动要素随时间变化不大的非定常流动尽可能简化为定常流动。如孔口泄流，当容器直径很大，出流孔很小时，液面下降及泄流轨迹变化都很缓慢，在一较短时间内，可以近似地认为是定常流动，或称为准定常流动。

定常流动与非定常流动的确定还与坐标系的选择有关。例如，船在静止的水中等速直线行驶，若坐标系固定在岸上，则船两侧的水流流动是非定常流动；若坐标系固定在船上，则船两侧的水流流动是定常流动。

如果湍流的主流速度和压力等参数的时间平均值不随时间变化，即湍流脉动在一个恒定的平均值附近变化，则湍流流动也可以看做是定常流动。

3.2.3　按与空间的关系分类

根据流体运动所处的流场情况，流动可分为一维、二维和三维流动（或称一元、二元和三

元流动)。

一般流动都是在三维空间内的流动,运动要素是三个坐标的函数。例如在直角坐标系中,如果速度、压力等参数是 x、y、z 三个坐标的函数,则这种流动就是三维流动或三元流动,依此类推,运动要素是两个坐标的函数的流动称为二维流动,运动要素是一个坐标的函数的流动称为一维流动,显然,坐标个数越少,问题越简单。因此,工程中,在保证一定精度的条件下,尽可能将三维流动简化为二维流动,甚至一维流动来求解。

如图 3.2 所示的带锥度的圆管内的粘性流体的流动,流体质点的速度 u 既是半径 r 的函数,又是沿轴线距离 x 的函数,即

$$u = u(r,x)$$

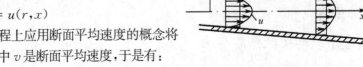

显然这是二维流动问题。工程上应用断面平均速度的概念将其简化为一维流动。图 3.2 中 v 是断面平均速度,于是有:

$$v = v(x) \qquad (3.7)$$

图 3.2　带锥度的粘性流体的流动

3.2.4　按运动状态分类

根据流体的运动状态,流体流动可以分为旋转(或有旋)流动和不旋转(或无旋)流动、层流流动和湍流流动、亚音速流动和超音速流动等等。这些概念将在以后的章节中加以论述。

3.3　流体流动的基本术语和概念

3.3.1　迹线

同一流体质点在连续时间内的运动轨迹称为迹线。通过一些特殊的流动质点(如不易扩散的染料、漂浮的固体颗粒等),可以看出流体是作直线运动还是曲线运动。迹线是 Lagrange 法对流动的描绘。

3.3.2　流线

流线是同一时刻流场中一系列流体质点的流动方向曲线,即在流场中想象画出的一条曲线,在某一瞬时,该曲线上的任意一点的速度(对于湍流是指时间平均速度)矢量总是在该点与曲线相切,或曲线上任意一点处流体质点的速度方向与该点的切线方向一致。因此,流线可以形象地描绘出流场内的流体质点的流动状态,包括流动方向和流速的大小,流速大小可以由流线的疏密得到反映。流线稀疏的断面,流速低,流线稠密的断面,流速高。流线是 Euler 法对流动的描绘,如图 3.3 所示。

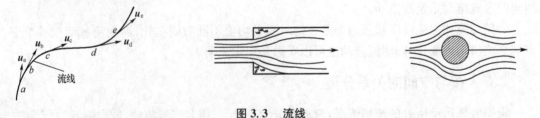

图 3.3　流线

同一时刻,通过流场内任何空间点都有一条流线,流线的组合可以描绘出整个流场在该时刻的流动图形。图 3.4 所示为油槽中拍得的照片,它显示了绕翼型流动的流线分布。

图 3.4　绕翼型流动的流线

流线可以用方程表示,流场中的一条流线,在流线上任取一点 $a(x, y, z)$,则该点的速度矢量在 x、y、z 坐标轴上的分量分别为 u_x、u_y、u_z。速度矢量与坐标轴夹角的方向余弦为:

$$\cos(\overset{\frown}{u, x}) = \frac{u_x}{u}, \qquad \cos(\overset{\frown}{u, y}) = \frac{u_y}{u}, \qquad \cos(\overset{\frown}{u, z}) = \frac{u_z}{u}$$

该点处流线微元长度 ds 的切线与坐标轴夹角的方向余弦为:

$$\cos(\overset{\frown}{ds, x}) = \frac{dx}{ds}, \qquad \cos(\overset{\frown}{ds, y}) = \frac{dy}{ds}, \qquad \cos(\overset{\frown}{ds, z}) = \frac{dz}{ds}$$

由于流线上 a 点的切线与 a 点的速度矢量相重合,所以对应的方向余弦相等,即

$$\frac{u_x}{u} = \frac{dx}{ds}, \qquad \frac{u_y}{u} = \frac{dy}{ds}, \qquad \frac{u_z}{u} = \frac{dz}{ds}$$

由此可以得到流线的微分方程为:

$$\frac{dx}{u_x(x, y, z, t)} = \frac{dy}{u_y(x, y, z, t)} = \frac{dz}{u_z(x, y, z, t)} \tag{3.8}$$

式中,t 是时间变量。

流线具有以下两个性质:

(1) 理想流体和层流流动的定常流动中,流线与迹线重合。定常流动中流线不随时间变化,因此,任意一个流体质点必定沿某一确定的流线运动,流线和迹线相重合。在非定常流动时,流线在不同时刻可能有不同的形状,因此流线不一定始终与迹线相重合。湍流流动中流线和迹线不重合。

(2) 一般情况下,流线是一条光滑的曲线,流线不能相交和转折。因为流场中,任意一个空间点处流体质点只能有一个流动方向,所以在任一时刻,通过某一空间点只能有一条流线。只有在速度为零(驻点)或为无穷大(奇点)的那些点,流线才可以相交,因为这些点上不存在同一点上不同流动方向的问题。

3.3.3　流管、流束和总流

流管是在流动空间中取出的一个微小的封闭曲线,只要此曲线本身不是流线,则经过该封闭曲线上每一点作流线,所构成的管状表面就称为流管,如图 3.5 所示。因为流管上各点处的流速都与通过该点的流线相切,所以流体质点不能穿过流管表面流入或流出,流体在流管中的流动就像在固体管道中流动一样。

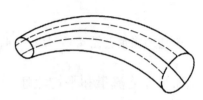

图 3.5　流管和流束

流管内部的流体称为流束。断面无穷小的流束称为微元流束,微元流束的极限为流线,对于微元流束,可以认为其断面上各点的运动要素相等。

总流是固体边界内所有微元流束的总和。

3.3.4　过流断面及水力要素

在有限断面的流束中,与每条流线相垂直的横截面称为该流束的过流断面或有效断面。当流线为相互平行的直线时,过流断面为平面(见图3.6中$a-a$);当流线不是相互平行的直线时,过流断面是曲面(见图3.6中$b-b$)。过流断面面积用A表示。

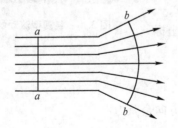
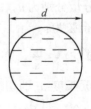

图 3.6　过流断面

湿周是在总流的过流断面上,流体与固体边界接触部分的周长,用χ表示,如图3.7所示。

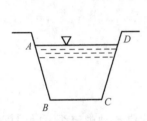
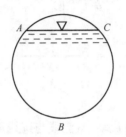
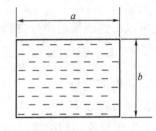

图 3.7　湿周

过流断面面积A与湿周χ之比称为水力半径,用R_h表示,$R_h = \dfrac{A}{\chi}$。水力半径与一般圆断面的半径是完全不同的概念,不能混淆。如半径为r的圆管内充满流体,其水力半径为:

$$R_h = \frac{\pi r^2}{2\pi r} = \frac{r}{2} \tag{3.9}$$

显然,水力半径R_h不等于圆管半径r。

在非圆断面的管道或渠道的水力计算中,将引入当量直径的概念。当量直径d_e定义为四倍的水力半径,即

$$d_e = 4R_h \tag{3.10}$$

圆管道的当量直径$d_e = 4R_h = 4\left(\dfrac{r}{2}\right) = 2r = d$,等于圆管直径。

3.3.5　流量和平均流速

单位时间内通过过流断面的流体量称为流量,通常用流体的体积或质量来计量,分别称为体积流量$q_V(\mathrm{m^3/s})$和质量流量$q_m(\mathrm{kg/s})$,其中$q_m = \rho q_V$。假定过流断面流速分布如图3.8所示。在断面上取微元面积$\mathrm{d}A$,u为$\mathrm{d}A$上的流速,因为断面A为过流断

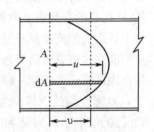

图 3.8　断面平均流速

面，u 方向必为 dA 的法向，则 dA 断面上全部质点单位时间的位移将为 u。而流入体积为 udA，以 dq_V 表示，

$$dq_V = udA$$

而单位时间流过全部断面 A 的流体体积 q_V 是 dq_V 在全部断面上的积分，所以，通过过流断面 A 的体积流量为：

$$q_V = \iint_A u\,dA \tag{3.11}$$

式中：dA——微元面积；

u——微元过流断面上流体质点的速度。

用流过过流断面的体积流量除以过流断面面积可以得到断面处的平均流速 v，即

$$v = \frac{q_V}{A} \tag{3.12}$$

在工程计算中，一般用平均流速，如管道内流体流速一般指平均流速，且

$$v = \frac{q_V}{\pi d^2/4} = \frac{4q_V}{\pi d^2}$$

3.3.6 稳定流动的类型

1）均匀流与非均匀流

流速的大小和方向沿流线不变的稳定流为均匀流。均匀流中的流线必然是相互平行的直线。反之，速度向量随空间位置而变化的稳定流称为非均匀流。非均匀流中的流线不再是相互平行的直线。

2）缓变流与急变流

工程中存在的流动大多数都不是均匀流，在非均匀流中，按流线沿流向变化的缓急程度又可分为缓变流和急变流两类：流线的曲率和流线间的夹角都很小的流动称为缓变流，即该流动流线近乎是平行直线，如图 3.9 所示。与此相反，流线具有很大的曲率，或者流线间的夹角较大的流动，称为急变流。

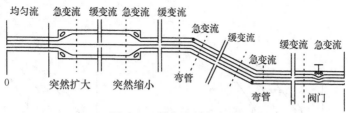

图 3.9　缓变流与急变流

【**例 3.2**】　35 ℃ 空气在 250 kPa 的绝对压力下以 9 m/s 的平均流速流过直径为 250 mm 的通风管道，求空气的质量流量。

解　查得空气的气体常数 $R = 287\ (\text{N} \cdot \text{m})/(\text{kg} \cdot \text{K})$

由气体状态方程：

$$\rho = \frac{p}{RT} = \frac{250 \times 10^3}{287 \times (273 + 35)} = 2.828\ \text{kg/m}^3$$

则空气质量流量为：

$$q_m = \rho A v = \rho \frac{\pi}{4} d^2 v = 2.828 \times \frac{\pi}{4} \times 0.25^2 \times 9 = 1.249\, \text{kg/s}$$

3.4　系统与控制体

系统和控制体是分析流体流动和参数变化的重要概念和手段,因此,必须首先明确系统和控制体的概念。

3.4.1　系统与控制体的概念

系统是一团流体质点的集合。在流体运动中,系统的表面形状和体积常常是不断变化的,而系统所包含的流体质点是不变的,即系统所含有的流体质量不会增加,也不会减少,系统内质量是守恒的。系统的特点:(1)系统的边界随系统内质点一起运动,系统内的质点始终包含在系统内,系统边界的形状和所围体积的大小,可随时间变化。(2)系统与外界无质量的交换,但可以有力的相互作用及能量(热和功)交换。

控制体是指流场中某一确定的空间区域,这个区域的周界称为控制面。与系统不同,控制体不是一个封闭的空间,而只是一个"框架",控制体表面可以有流体出入。控制体的形状是根据流动情况和边界位置任意选定的,一旦选定之后,控制体的形状和位置相对于所选定的坐标系来说是固定不变的。控制体的特点:(1)控制体的边界(控制面)相对坐标系是固定不变的。(2)在控制面上可以有质量和能量交换。(3)在控制面上受到控制体以外流体或固体施加在控制体内流体上的力。

3.4.2　系统内的某种物理量对时间的全导数公式

如图3.10所示,在一流场中任取一控制体,用实线表示其周界。在 t 时刻此控制体的周界与所研究的流体系统的周界相重合,图中虚线表示流体系统。设 N 表示在 t 时刻系统内流体所具有的某种物理量(如质量、动量等)的总量,η 表示单位质量流体所具有的这种物理量,$N = \iiint\limits_V \eta \rho \mathrm{d}V$。

图 3.10　流场中的系统与控制体

在 t 时刻系统(虚线表示)所占空间体积为 Ⅱ,由于流场中流体的运动,经过 δt 时间后,即在 $t + \delta t$ 时刻,系统所占有的空间体积为 Ⅲ + Ⅱ′,控制体(实线表示)的体积 Ⅱ = Ⅰ + Ⅱ′,Ⅱ′ 是系统在 $t + \delta t$ 时刻与 t 时刻所占有的空间相重合的部分。在 t 时刻系统内的流体所具有的某种物理量对时间的全导数为:

$$\frac{\mathrm{d}N}{\mathrm{d}t} = \frac{\mathrm{d}}{\mathrm{d}t}\iiint_V \eta\rho\mathrm{d}V = \lim_{\delta t\to 0}\frac{\left(\iiint_{V'}\eta\rho\mathrm{d}V\right)_{t+\delta t} - \left(\iiint_V \eta\rho\mathrm{d}V\right)_t}{\delta t} \tag{3.13}$$

式中,V' 为系统在 $t+\delta t$ 时刻的体积,$V' = \mathrm{III} + \mathrm{II}'$,$V$ 是系统在 t 时刻的体积,$V = \mathrm{II} = \mathrm{I} + \mathrm{II}'$,则式(3.13) 可写成:

$$\frac{\mathrm{d}N}{\mathrm{d}t} = \lim_{\delta t\to 0}\frac{\left(\iiint_{\mathrm{II}'}\eta\rho\mathrm{d}V\right)_{t+\delta t} + \left(\iiint_{\mathrm{III}}\eta\rho\mathrm{d}V\right)_{t+\delta t} - \left(\iiint_{\mathrm{II}}\eta\rho\mathrm{d}V\right)_t}{\delta t}$$

$$= \lim_{\delta t\to 0}\frac{\left(\iiint_{\mathrm{II}}\eta\rho\mathrm{d}V\right)_{t+\delta t} + \left(\iiint_{\mathrm{III}}\eta\rho\mathrm{d}V\right)_{t+\delta t} - \left(\iiint_{\mathrm{II}}\eta\rho\mathrm{d}V\right)_t + \left(\iiint_{\mathrm{I}}\eta\rho\mathrm{d}V\right)_{t+\delta t} - \left(\iiint_{\mathrm{I}}\eta\rho\mathrm{d}V\right)_{t+\delta t}}{\delta t}$$

即

$$\frac{\mathrm{d}N}{\mathrm{d}t} = \lim_{\delta t\to 0}\left[\frac{\left(\iiint_{\mathrm{II}}\eta\rho\mathrm{d}V\right)_{t+\delta t} - \left(\iiint_{\mathrm{II}}\eta\rho\mathrm{d}V\right)_t}{\delta t} + \frac{\left(\iiint_{\mathrm{III}}\eta\rho\mathrm{d}V\right)_{t+\delta t}}{\delta t} - \frac{\left(\iiint_{\mathrm{I}}\eta\rho\mathrm{d}V\right)_{t+\delta t}}{\delta t}\right] \tag{3.14}$$

因为在 t 时刻系统与控制体重合。若控制体体积用 CV 表示,则有 $\mathrm{II} = V(t) = CV$。因此式(3.14) 右端第一项表示控制体内某种物理量的时间变化率为:

$$\lim_{\delta t\to 0}\frac{\left(\iiint_{\mathrm{II}}\eta\rho\mathrm{d}V\right)_{t+\delta t} - \left(\iiint_{\mathrm{II}}\eta\rho\mathrm{d}V\right)_t}{\delta t} = \frac{\partial}{\partial t}\iiint_{\mathrm{II}}\eta\rho\mathrm{d}V = \frac{\partial}{\partial t}\iiint_{CV}\eta\rho\mathrm{d}V \tag{3.15}$$

式(3.14) 右端第二、第三项分别表示单位时间内流出和流入控制体 II 的流体所具有的某种物理量,因此可以用同样时间内在流体所通过的控制面上流出的这种物理量的面积分来表示,单位时间内流出控制体的这种物理量为:

$$\lim_{\delta t\to 0}\frac{\left(\iiint_{\mathrm{III}}\eta\rho\mathrm{d}V\right)_{t+\delta t}}{\delta t} = \iint_{CS_{\mathrm{out}}}\eta\rho u\cos\alpha\mathrm{d}A = \iint_{CS_{\mathrm{out}}}\eta\rho u_n\mathrm{d}A \tag{3.16}$$

式中,CS_{out} 表示控制面中流出部分的面积;u_n 为沿控制面上微元面积外法线方向的速度。同理,单位时间内流入控制体的这种物理量为

$$\lim_{\delta t\to 0}\frac{\left(\iiint_{\mathrm{I}}\eta\rho\mathrm{d}V\right)_{t+\delta t}}{\delta t} = \iint_{CS_{\mathrm{in}}}\eta\rho u\cos\alpha\mathrm{d}A = \iint_{CS_{\mathrm{in}}}\eta\rho u_n\mathrm{d}A \tag{3.17}$$

式中,CS_{in} 表示控制面中流入部分的面积。将式(3.15)、式(3.16)、式(3.17) 代入式(3.14),得

$$\frac{\mathrm{d}N}{\mathrm{d}t} = \frac{\partial}{\partial t}\iiint_{CV}\eta\rho\mathrm{d}V + \iint_{CS_{\mathrm{out}}}\eta\rho u_n\mathrm{d}A - \iint_{CS_{\mathrm{in}}}\eta\rho u_n\mathrm{d}A \tag{3.18}$$

式(3.18) 即为系统所具有的某种物理量的总量对时间的全导数,它由两部分组成,一部分相当于当地导数,等于控制体内的这种物理量的总量的时间变化率;另一部分相当于迁移导数,等于单位时间内通过静止的控制面流出和流入的这种物理量的差值。这些物理量可以是标量(如质量、能量等),也可以是矢量(动量、动量矩等)。

在定常流动条件下,$\frac{\partial}{\partial t}\iiint\limits_{CV}\eta\rho dV = 0$,则有:

$$\frac{dN}{dt} = \iint\limits_{CS_{out}}\eta\rho u_n dA - \iint\limits_{CS_{in}}\eta\rho u_n dA \qquad (3.19)$$

式(3.19)表明在定常流动条件下,整个系统内流体所具有的某种物理量的变化等于单位时间内通过控制面的净通量,即某种物理量的变化只与通过控制面的流动情况有关,而与系统内部流动情况无关。

3.5　一维流动的连续性方程

工程中,一般认为流体是连续介质,即在流场内流体质点连续地充满整个空间,在流动过程中,流体质点互相衔接,不出现空隙。根据质量守恒定律可以推导出流体流动的连续性方程。

在选定的控制体内的流动系统的流体质量是不会发生变化的,如果设系统内的质量为 m,则由质量守恒定律有:

$$\frac{dm}{dt} = 0$$

系统内流体质量对时间的导数可用式(3.18)求得,此时,代入公式得:

$$\frac{\partial}{\partial t}\iiint\limits_{CV}\rho dV + \left(\iint\limits_{CS_{out}}\rho u_n dA - \iint\limits_{CS_{in}}\rho u_n dA\right) = 0$$

在定常流动的条件下,$\frac{\partial}{\partial t}\iiint\limits_{CV}\rho dV = 0$,故

$$\iint\limits_{CS_{out}}\rho u_n dA - \iint\limits_{CS_{in}}\rho u_n dA = 0 \qquad (3.20)$$

它表明,在定常流动条件下,通过控制面的流体质量通量为零。

对于一维流动,取如图 3.11 所示的控制体,由于没有流体流过管道壁面,所以有:

$$\iint\limits_{A_1}\rho u_{n1} dA_1 = \iint\limits_{A_2}\rho u_{n2} dA_2 \qquad (3.21)$$

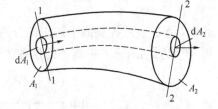

图 3.11　控制体

若断面 1 和断面 2 处的流体密度分别为 ρ_1 和 ρ_2,根据平均速度的定义,可以将式(3.21)写成:

$$\rho_1 v_1 A_1 = \rho_2 v_2 A_2 = q_m \qquad (3.22)$$

对于不可压缩流体,式(3.22)可简化为:

$$v_1 A_1 = v_2 A_2 = q_V \qquad (3.23)$$

式(3.22)和式(3.23)就是一维流动连续性方程。式(3.23)表明,不可压缩流体在管内流动时,管径越大,断面上的平均流速越小;反之,管径越小,断面上的平均流速越大。

【例 3.3】 图 3.12 所示的管段，$d_1 = 2.5\,\text{cm}$，$d_2 = 5\,\text{cm}$，$d_3 = 10\,\text{cm}$。

(1) 当流量为 4 L/s 时，求各管段的平均流速。

(2) 旋动阀门，使流量增加至 8 L/s 或使流量减少至 2 L/s 时，平均流速如何变化？

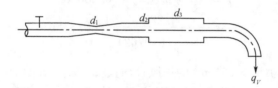

图 3.12 例 3.3 图

解 (1) 根据连续性方程：

$$q_V = v_1 A_1 = v_2 A_2 = v_3 A_3,$$

$$v_1 = \frac{q_V}{A_1} = \frac{4 \times 10^{-3}}{\frac{\pi}{4} \times (2.5 \times 10^{-2})^2} = 8.16\,\text{m/s}$$

$$v_2 = v_1 \frac{A_1}{A_2} = v_1 \left(\frac{d_1}{d_2}\right)^2 = 8.16 \times \left(\frac{2.5}{5}\right)^2 = 2.04\,\text{m/s}$$

$$v_3 = v_1 \left(\frac{d_1}{d_3}\right)^2 = 8.16 \times \left(\frac{2.5}{10}\right)^2 = 0.51\,\text{m/s}$$

(2) 各断面流速比例保持不变，流量增加至 8 L 时，即流量增加为 2 倍，则各段流速亦增加至 2 倍。即

$$v_1 = 16.32\,\text{m/s},\ v_2 = 4.08\,\text{m/s},\ v_3 = 1.02\,\text{m/s}$$

流量减小至 2 L 时，即流量减小至 1/2，各流速亦为原值的 1/2。即

$$v_1 = 4.08\,\text{m/s},\ v_2 = 1.02\,\text{m/s},\ v_3 = 0.255\,\text{m/s}$$

【例 3.4】 水以 2 m/s 的速度分别在直径为 25 mm 和 50 mm 的管道内流动，如果这两根管道再连接到直径为 75 mm 的第三根管道上并组成三通道，求水在第三根管道内的流速。

解 根据质量守恒定律或连续性方程：

$$q_{m1} + q_{m2} = q_{m3} \quad \text{或} \quad (\rho v A)_1 + (\rho v A)_2 = (\rho v A)_3$$

$$v_3 = v_1 \left(\frac{A_1}{A_3}\right) + v_2 \left(\frac{A_2}{A_3}\right) = v_1 \left(\frac{d_1}{d_2}\right)^2 + v_2 \left(\frac{d_2}{d_3}\right)^2$$

所以

$$v_3 = 2 \times \left(\frac{25}{75}\right)^2 + 2 \times \left(\frac{50}{75}\right)^2 = 1.111\,\text{m/s}$$

【例 3.5】 图 3.13 的氨气压缩机用直径 $d_1 = 76.2\,\text{mm}$ 的管子吸入密度 $\rho_1 = 4\,\text{kg/m}^3$ 的氨气，经压缩后，由直径 $d_2 = 38.1\,\text{mm}$ 的管子以 $v_2 = 10\,\text{m/s}$ 的速度流出，此时密度增至 $\rho_2 = 20\,\text{km/m}^3$。

求(1) 质量流量；

(2) 流入流速 v_1。

解 (1) 可压缩流体的质量流量为：

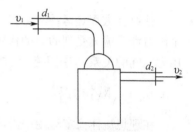

图 3.13 气流经过压缩机

$$q_m = \rho q_V = \rho_2 v_2 A_2 = 20 \times 10 \times \frac{\pi}{4} \times (0.038\,1)^2 = 0.228\ \text{kg/s}$$

（2）根据连续性方程：

$$\rho_1 v_1 A_1 = \rho_2 v_2 A_2 = 0.288\ \text{kg/s}$$

$$v_1 = \frac{0.228}{4 \times \frac{\pi}{4}(0.0762)^2} = 9.83\ \text{m/s}$$

【例 3.6】　断面为$(50 \times 50)\,\text{cm}^2$的送风管，通过$a$、$b$、$c$、$d$四个$(40 \times 40)\,\text{cm}^2$的送风口向室内输送空气(见图 3.14)。送风口气流平均速度均为 5 m/s，求通过送风管 1—1，2—2，3—3 各断面的流速和流量。

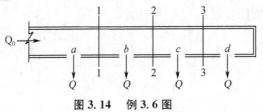

图 3.14　例 3.6 图

解　每一送风口流量：

$$q_V = 0.4 \times 0.4 \times 5 = 0.8\ \text{m}^3/\text{s}$$

分别以 1—1、2—2、3—3 各断面以右的全部管段作为质量平衡收支运算的空间，写连续性方程。

$$q_{V_1} = 3q_V = 3 \times 0.8 = 2.4\ \text{m}^3/\text{s}$$
$$q_{V_2} = 2q_V = 2 \times 0.8 = 1.6\ \text{m}^3/\text{s}$$
$$q_{V_3} = q_V = 1 \times 0.8 = 0.8\ \text{m}^3/\text{s}$$

各断面流速：

$$v_1 = \frac{2.4}{0.5 \times 0.5} = 9.6\ \text{m/s}$$

$$v_2 = \frac{1.6}{0.5 \times 0.5} = 6.4\ \text{m/s}$$

$$v_3 = \frac{0.8}{0.5 \times 0.5} = 3.2\ \text{m/s}$$

3.6　理想流体一维稳定流动伯努里能量方程

连续性方程是运动学方程，它只给出了沿一元流动长度方向上断面流速的变化规律，完全没有涉及流体受到的力的作用。为了进一步分析流场的动力学特性，找出流体的运动与作用力之间的关系，应用牛顿第二定律来导出理想流体一维稳定流动的能量方程。

3.6.1　欧拉方程

在理想流体稳定流动中沿流线选一微小圆柱体为控制体，如图 3.15 所示，其断面面积为 $\text{d}A$，长为 $\text{d}s$，两端面与轴线垂直，其侧面母线与轴线相平行。作用于微小控制体上沿 s 方向的力只有两端压力和质量力在 s 方向的分力 f_s（f 为单位质量力）。

应用牛顿第二定律 $\sum F = ma$ ，可得：

$$pdA - (p + dp)dA + \rho dAdsf_s = \rho dAdsa$$

化简得：

$$-\frac{dp}{\rho ds} + f_s = a \qquad (3.24)$$

因为

$$a = \frac{du}{dt} = \frac{\partial u}{\partial t} + u\frac{\partial u}{\partial s} \qquad (3.25)$$

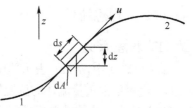

图 3.15　流体微团受力分析

且当质量力只有重力时，f_s 为：

$$f_s = -g\frac{dz}{ds} \qquad (3.26)$$

将式(3.25)、式(3.26)代入式(3.24)，得：

$$\frac{dp}{\rho ds} + g\frac{dz}{ds} + \frac{\partial u}{\partial t} + u\frac{\partial u}{\partial s} = 0 \qquad (3.27)$$

这就是理想流体一元非定常流动的运动微分方程或称欧拉方程。

在定常流动条件下，$\frac{\partial u}{\partial t} = 0$，并且 u 只是轴向距离 s 的函数，可将偏导数写成全导数，从而得到理想流体一元定常流动的欧拉方程：

$$gdz + \frac{dp}{\rho} + udu = 0 \qquad (3.28)$$

由于微元流管的极限是流线，所以上述形式的欧拉方程是沿任意一根流线成立的。

3.6.2　伯努里方程

将式(3.28)沿流线积分，得：

$$gz + \int\frac{dp}{\rho} + \frac{u^2}{2} = C$$

对不可压缩流体，ρ 为常数，可以得到：

$$gz + \frac{p}{\rho} + \frac{u^2}{2} = C \qquad (3.29a)$$

$$\rho gz + p + \frac{1}{2}\rho u^2 = C \qquad (3.29b)$$

$$z + \frac{p}{\rho g} + \frac{u^2}{2g} = C \qquad (3.29c)$$

式(3.29)是瑞士数学家伯努里(Bernoulli)在1738年首先提出来的，所以称为流体微元流束的伯努里方程，是流体力学中一个非常著名的方程。

从式(3.29)可以看出，不可压缩理想流体在重力场中作定常流动时，沿流线流体的位势能、压力势能和动能之和为常数。因此，伯努里方程也称为能量方程。式(3.29a)、式(3.29b)、式(3.29c)分别表示单位质量流体、单位体积流体、单位重量流体的能量方程。式(3.29)的应用条件是不可压缩理想流体在重力场中作定常流动的同一条流线上的各点。

对于同一流线上的1点和2点可写成：

$$z_1 + \frac{p_1}{\rho g} + \frac{u_1^2}{2g} = z_2 + \frac{p_2}{\rho g} + \frac{u_2^2}{2g} \qquad (3.30)$$

3.6.3　理想流体一维稳定流动能量方程的物理意义和几何意义

1）物理意义

式(3.29c)中，$u^2/2g$ 表示单位重量流体的动能，z 和 $p/\rho g$ 的物理意义已在第 2 章中说明过，z 代表单位重量流体的位置势能，$p/\rho g$ 代表单位重量流体的压力势能。动能和势能的总和为单位重量流体的总机械能。所以伯努里方程的物理意义是：不可压缩理想流体在重力场中作定常流动时，同一条流线上各点的单位重量流体的总机械能是守恒的，但是动能、位置势能和压力势能是可以相互转换的，这就是能量守恒与转换定律在流体动力学中应用的表达形式。

2）几何意义

式(3.29c)中各项的单位都是米(m)，具有长度量纲 $[L]$，表示某种高度，可以用几何线段来表示，流体力学上称为水头。即 $u^2/2g$ 称为速度水头，z 称为位置水头，$p/\rho g$ 称为压力水头，三项之和称为总水头(H)，$z+p/\rho g$ 为测压管水头(H_p)。伯努里方程的几何意义可以表述为：不可压缩理想流体在重力场中作定常流动时，同一条流线上的各点的单位重量流体的位置水头、压力水头和速度水头之和为常数，即总水头线为一平行于基准线的水平线，如图 3.16 所示。

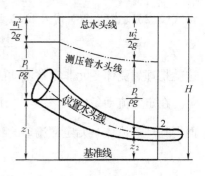

图 3.16　水头线

3.6.4　理想流体相对运动的伯努里方程

式(3.29)是在只有重力作用的条件下推导出的。如果流体在一个固体边界所限制的通道内流动，而固体边界本身也在转动，如水轮机、水泵和风机等，这种运动是相对运动，这时作用于流体上的质量力除重力外，还有叶轮转动而引起的离心力。

设有一水泵的叶轮如图 3.17 所示，叶轮以等角速度 ω 旋转。流体从半径为 r_1 的圆周进入叶轮，从半径为 r_2 的圆周离开叶轮。若流动为稳定流动，在图 3.17 中任一流线上取一质点 A，该点处半径为 r，相对于叶轮的速度为 w，这时，A 点除受重力外，还受离心力的作用，单位质量流体受到的离心力为 $\omega^2 r$，它在 x、y 方向的分力分别为 $f_x=\omega^2 x$、$f_y=\omega^2 y$，z 方向的质量力为重力，其单位质量的重力为 $f_z=-g$。将坐标固定于旋转叶轮上，质量力为：

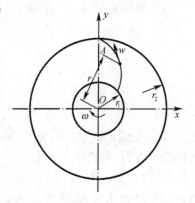

图 3.17　旋转叶轮

$$f_s = f_x \frac{\mathrm{d}x}{\mathrm{d}s} + f_y \frac{\mathrm{d}y}{\mathrm{d}s} + f_z \frac{\mathrm{d}z}{\mathrm{d}s}$$

$$= \omega^2 x \frac{\mathrm{d}x}{\mathrm{d}s} + \omega^2 y \frac{\mathrm{d}y}{\mathrm{d}s} - g \frac{\mathrm{d}z}{\mathrm{d}s}$$

根据牛顿第二定律，可以得到与式(3.28)相对应的相对运动微分方程：

$$-\omega^2 x\mathrm{d}x - \omega^2 y\mathrm{d}y + g\mathrm{d}z + \frac{\mathrm{d}p}{\rho} + w\mathrm{d}w = 0$$

积分得：

$$-\frac{\omega^2 r^2}{2} + gz + \frac{p}{\rho} + \frac{w^2}{2} = C$$

或

$$-\frac{\omega^2 r^2}{2g} + z + \frac{p}{\rho g} + \frac{w^2}{2g} = C \tag{3.31}$$

式(3.31)就是相对运动的伯努里方程,适用于不可压缩理想流体作定常相对运动的同一条流线上的各点。

3.7 沿流线主法线方向的压力和速度变化

伯努里方程表达了沿流线的压力和速度的变化规律,现在讨论垂直于流线方向的压力和速度的变化。如图 3.18 所示,在稳定流动中,在流线上 M 点处选一微小圆柱体为控制体,使柱轴与 M 点处流线的主法线相重合,柱体的两个端面与柱轴相垂直,面积为 δA,柱体长为 δr,M 点的曲率半径为 r。作用于微小控制体上沿 r 方向的力只有两端压力和单位质量流体的质量力在 r 方向的分力 f_r。应用牛顿第二定律 $\sum F_r = ma_r$,可以得到：

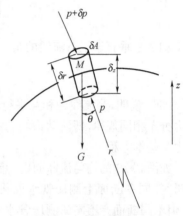

$$p\delta A - (p+\delta p)\delta A + \rho\delta A\delta r f_r = -\rho\delta A\delta r \frac{u^2}{r}$$

当作用在流体上的质量力只有重力时,$f_r = -g\dfrac{\partial z}{\partial r}$,

图 3.18 沿弯曲流线流体微团主法线方向的受力分析

代入上式并取极限,得：

$$\frac{\partial}{\partial r}\left(z + \frac{p}{\rho g}\right) = \frac{u^2}{gr} \tag{3.32}$$

另一方面,在伯努里常数对所有流线具有同一值的条件下,伯努里常数沿 r 方向不变,因此它对 r 的导数等于零,即

$$\frac{\partial}{\partial r}\left(gz + \frac{p}{\rho} + \frac{u^2}{2}\right) = 0$$

或

$$\frac{\partial}{\partial r}\left(z + \frac{p}{\rho g}\right) = -\frac{u}{g}\frac{\partial u}{\partial r} \tag{3.33}$$

由式(3.32)、式(3.33)得：

$$\frac{\partial u}{\partial r} + \frac{u}{r} = 0$$

积分得：

$$u = \frac{C}{r} \tag{3.34}$$

式中,C 是积分常数,一般来讲它是沿流线方向不同位置的函数。

可见,在弯曲流线的主法线方向上,速度随距曲率中心的距离的减小而增大,因此,在弯曲管道中,内侧的速度大,外侧的速度小。

如果流线位于水平面上,或者重力变化的影响可以忽略不计,则沿流线方向的压力梯度可由式(3.32)得到:

$$\frac{\partial p}{\rho \partial r} = \frac{u^2}{r}$$

将式(3.34)代入上式并积分,得:

$$p = C_1 - \rho \frac{C^2}{2r^2} \tag{3.35}$$

式中,C_1 也是积分常数。由此可见,在弯曲流线主法线方向上压力随距曲率中心的距离的增大而增加,所以在弯曲管道的流动中,内侧压力小,外侧压力大。

对于流线为相互平行的直线的流动,即 $r \to \infty$ 时,由式(3.32)可以得到:

$$\frac{\partial}{\partial r}\left(z + \frac{p}{\rho g}\right) = 0$$

设 1 和 2 是垂直于平行流线的某一断面上的任意两点,则有:

$$z_1 + \frac{p_1}{\rho g} = z_2 + \frac{p_2}{\rho g} \tag{3.36}$$

式(3.36)说明,当流线为相互平行的直线时,沿垂直于流线方向的压力分布具有与流体静压力分布相同规律。即流动为均匀流或渐变流或缓变流时,过流断面上压力分布服从于流体静力学基本方程。

如图 3.19 的均匀流断面上,想象地插上若干测压管。同一断面上测压管水面将在同一水平面上,但不同断面有不同的测压管水头(比较图中断面 1 和断面 2)。这是因为粘性阻力做负功,使下游断面的水头减低了。

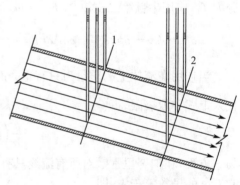

许多流动情况虽然不是严格的均匀流,但接近于均匀流,这种流动称为渐变流动。渐变流的流线近乎平行直线,流速沿流向变化所形成的惯性小,可忽略不计。过流断面可认为是平面,在过流断面上,压力分布也可认为服从于流体静力学规律。也就是说,渐变流可近似地按均匀流处理。

图 3.19　均匀流过流断面的压强分布

【例 3.7】　水在水平长管中流动,在管壁 B 点安置测压管(见图 3.20)。测压管中水面 C 相对于管中点 A 的高度是 30 cm,求 A 点的压力。

解　在测压管内,从 C 到 B,整个水柱是静止的,压强服从于流体静力学规律。从 B 到 A,水虽是流动的,但 B、A 两点同在一渐变流过流断面,因此,A、C 两点压差,也可以用静力学公式来求:

$$p_A = \rho g h = 9\,807 \times 0.3 = 2\,942 \text{ N/m}^2$$

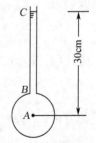

图 3.20　测压管

【例 3.8】　水在倾斜管中流动,用 U 形水银压力计测定
A 点压力。压力计所指示的读数如图 3.21,求 A 点压强。

解　因 A、B 两点在均匀流同一过流断面上,其压力分
布应服从流体静力学分布。U 形管中流体也是静止的,所以从
A 点经 B 点到 C 点,压力均按流体静压力分布。因此,可以从
C 点开始直接推得 A 点压力:

$$p_A = 0 + 0.3 \times \rho_{Hg} g - 0.6 \times \rho g$$

$$p_A = 0.3 \times 9\,807 \times 13.6 - 0.6 \times 9\,807 = 34.23 \text{ kN/m}^2$$

这里要指出,在图中用流体静力学方程不能求出管壁上　**图 3.21　均匀流断面的压强测定**
E、D 两点的压强,尽管这两点和 A 点在同一水平面上,它们的压力不等于 A 点压力。因为测
压管和 B 点相接,利用它只能测定和 B 点同在一过流断面上任一点的压力,而不能测定其他
点的压力。也就是说,流体静力学关系,只存在于每一个渐变流断面上,而不能推广到不在同
一断面的空间。因为流动的粘性阻力作用,图中 D 点在 A 点的下游断面上,压力将低于 A
点;E 点在 A 点的上游断面,压力将高于 A 点。

3.8　粘性流体总流的伯努里方程

3.8.1　粘性流体微元流束的伯努里方程

对于粘性流体,由于粘性力的存在,流体内部要产生摩擦力,流体运动时将因为克服摩
擦阻力而消耗部分机械能,所以沿流线微元流体的总机械能将逐渐减少,即

$$z_1 + \frac{p_1}{\rho g} + \frac{u_1^2}{2g} = z_2 + \frac{p_2}{\rho g} + \frac{u_2^2}{2g} + h_w' \tag{3.37}$$

式(3.37)为粘性流体微元流束的伯努里方程,式中 h_w' 为单位重量流体自位置 1 到位置 2 时
所消耗的总机械能,称为流体的能量损失。

3.8.2　粘性流体总流的伯努里方程

如图 3.22 所示,取两个缓变流断面 1 和 2 为控制面,面积分别为 A_1 和 A_2。对于稳定流
动,单位时间内通过微元流束的流体重量为 $\rho g \, dq_V$(或 $\rho g u \, dA$),所以,在断面 1 和 2 之间,该
微元流束的能量关系为:

$$\left(z_1 + \frac{p_1}{\rho g} + \frac{u_1^2}{2g}\right)\rho g \, dq_V = \left(z_2 + \frac{p_2}{\rho g} + \frac{u_2^2}{2g}\right)\rho g \, dq_V + h_w' \rho g \, dq_V$$

因为总流是由各微元组成的,所以通过上式积分,可以得到单位时间内通过断面 1 和 2 之间
的总流的能量关系式为:

$$\iint_{A_1}\left(z_1 + \frac{p_1}{\rho g} + \frac{u_1^2}{2g}\right)\rho g u_1 \, dA_1 = \iint_{A_2}\left(z_2 + \frac{p_2}{\rho g} + \frac{u_2^2}{2g}\right)\rho g u_2 \, dA_2 + \int_{q_V} h_w' \rho g \, dq_V$$

除以 $\rho g q_V$,可得单位重量流体通过断面 1 和 2 之间的总流的能量关系式为:

$$\frac{1}{q_V}\iint_{A_1}\left(z_1 + \frac{p_1}{\rho g} + \frac{u_1^2}{2g}\right)u_1 \, dA_1 = \frac{1}{q_V}\iint_{A_2}\left(z_2 + \frac{p_2}{\rho g} + \frac{u_2^2}{2g}\right)u_2 \, dA_2 + \frac{1}{q_V}\int_{q_V} h_w' \, dq_V \tag{3.38}$$

由于缓变流断面的流线是接近于相互平行的直线,由式(3.36),$z+\dfrac{p}{\rho g}=C$,所以:

$$\frac{1}{q_V}\iint\limits_A\left(z+\frac{p}{\rho g}\right)u\,\mathrm{d}A=z+\frac{p}{\rho g}$$

动能项的积分为:

$$\frac{1}{q_V}\iint\limits_A\left(\frac{u^2}{2g}\right)u\,\mathrm{d}A=\frac{1}{A}\iint\limits_A\left(\frac{u}{v}\right)^3\mathrm{d}A\left(\frac{v^2}{2g}\right)=\alpha\left(\frac{v^2}{2g}\right)$$

式中,α 为动能修正系数:

$$\alpha=\frac{1}{A}\iint\limits_A\left(\frac{u}{v}\right)^3\mathrm{d}A \tag{3.39}$$

α 值恒大于1,并与过流断面上的流速分布有关。断面上的流速分布越不均匀,α 值也就越大。流动的紊乱程度越高,α 值就越接近于1。通常情况下,工业管道内的流动,$\alpha=1.01\sim1.10$,因此,流动计算中,一般近似地取 $\alpha=1$,并用 v 代表管内流动的平均流速。

在两个缓变流断面1和2之间,总流的单位重量流体的平均能量损失为:

$$h_{w1-2}=\frac{1}{q_V}\int_{q_V}h_w{}'\,\mathrm{d}q_V$$

将以上各项积分结果代入式(3.38),得:

$$z_1+\frac{p_1}{\rho g}+\frac{\alpha_1 v_1^2}{2g}=z_2+\frac{p_2}{\rho g}+\frac{\alpha_2 v_2^2}{2g}+h_{w1-2} \tag{3.40}$$

式(3.40)就是不可压缩粘性流体总流的伯努里方程。它适用于在重力作用下不可压缩粘性流体定常流动任意两个缓变流断面,而且不必顾及在这两个缓变流断面之间有无急变流的存在。由式(3.40)可以看出,同粘性流体沿微元流束的情形一样,为了克服粘性摩擦阻力,总流的机械能也是逐渐减小的,实际流体流动的总水头线是逐渐降低的,如图3.22所示。

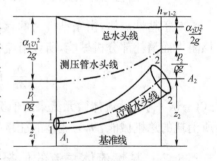

图 3.22　总流的水头线

如果在1和2两断面之间有流体机械的作用,如泵与风机或水轮机,并造成能量的输入或输出,则需要在方程的两边分别增加或减去流体机械输入或输出的能量 h_M。流体机械做功 P 可以表示为:

$$P=M\omega=Fv=(\Delta p A)v=q_V\Delta p=\rho g q_V h_M \tag{3.41}$$

式中:F——流体作用在流体机械上或流体机械作用在流体上的力;

　　　v——流体流动速度;

　　　M——相对于流体机械转轴的力矩;

　　　ω——流体或流体机械的旋转角速度。

3.8.3　恒定气体流动的伯努里方程

气体流动中水头的概念是不合适的,一般用压头来表示。由式(3.40)得到单位体积流体的能量方程为:

$$\rho g z_1+p_1+\frac{\rho v_1^2}{2}=\rho g z_2+p_2+\frac{\rho v_2^2}{2}+p_{w1-2} \tag{3.42}$$

式中，p_1 和 p_2 是断面处的气体绝对压力。因为实际测量中测得的断面处的气体压力都是相对压力，所以 $p_1 = p_{g1} + p_{a1}$ 和 $p_2 = p_{g2} + p_{a2}$ 代入式(3.42)，并且因为 $p_{a2} = p_{a1} - \rho_a g(z_2 - z_1)$，式中 ρ_a 是空气密度，得到了恒定气流流动的能量方程为：

$$p_{g1} + (\rho_a - \rho)g(z_2 - z_1) + \frac{\rho v_1^2}{2} = p_{g2} + \frac{\rho v_2^2}{2} + p_{w1-2} \tag{3.43}$$

方程中各项的单位都是压力，具有压力的量纲。必须说明：使用该方程式时，p_{g1} 和 p_{g2} 是断面 1 和 2 处的相对压力(表压力)，一般称为静压。在写能量方程式时，必须沿流动方向的顺序选取断面，即 1 断面一定要取在上游断面。式中，$\rho v_1^2/2$ 和 $\rho v_2^2/2$ 是断面 1 和 2 处与气流速度大小有关的压力，称为动压。$(\rho_a - \rho)g(z_2 - z_1)$ 是与 1 和 2 两断面位置高度有关的压力，称为位压。位压是相对于断面 2 气体浮力的作用，即断面 2 处位压为 0，任意断面处位压为 $(\rho_a - \rho)g(z_2 - z)$。当气体密度与空气密度接近或相等时，$(\rho_a - \rho) \approx 0$，或者当 1 和 2 两个断面位置高度差比较小时，$(z_2 - z_1) \approx 0$，位压为 0，恒定气流能量方程又可以简化为：

$$p_{g1} + \frac{\rho v_1^2}{2} = p_{g2} + \frac{\rho v_2^2}{2} + p_{w1-2} \tag{3.44}$$

恒定气流能量方程中，静压与位压之和称为势压 p_s，$p_s = p + (\rho_a - \rho)g(z_2 - z)$。静压和动压之和称为全压 p_q，$p_q = p + \rho v^2/2$。静压、动压和位压三项之和称为总压 p_z，$p_z = p + \rho v^2/2 + (\rho_a - \rho)g(z_2 - z)$。

3.9　伯努里方程的应用

伯努里方程建立了流动过程中两个断面之间的能量关系，与连续性方程联用，可以确定任意断面处的速度或压力。伯努里方程在应用过程中应注意以下两点。

(1) 确定两个断面。一般以包含待求的未知参数和尽可能多的已知参数为断面。特别注意与其他断面相比面积比较大的断面(如液面)，其速度很小有时可以忽略，同时，自由液面和射流出口面的压力等于大气压，液体受到的相对压力为 0。

(2) 选择基准面。一般以流动的最低点或两个断面中位置低的断面为基准面。

【例 3.9】　采用如图 3.23 所示的集流器测量离心风机的流量。已知风机吸入管道的直径 $d = 350\,\text{mm}$，插入水槽中的玻璃管内水升高 $h = 100\,\text{mm}$，空气的密度 $\rho = 1.2\,\text{kg/m}^3$，水的密度为 $\rho' = 1\,000\,\text{kg/m}^3$，不考虑损失，求空气的流量。

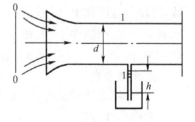

图 3.23　例 3.9 图

解　取吸水玻璃管处为过流断面 1—1，在吸入口前的一定距离，空气未受干扰处，取过流断面 0—0，其空气压力为大气压 p_a，空气流速近似为 0，$v_0 \approx 0$。取管轴线为基准线，且 $h_{w0-1} = 0$，则列出 0—0 和 1—1 两个缓变流断面之间的能量方程为：

$$0 + \frac{p_a}{\rho g} + 0 = 0 + \frac{p_1}{\rho g} + \frac{v_1^2}{2g}$$

而 $p_1 = p_a - \rho' g h$，所以：

$$v_1 = \sqrt{2g \frac{p_a - p_1}{\rho g}} = \sqrt{2g \frac{p_a - (p_a - \rho' g h)}{\rho g}}$$

$$= \sqrt{2gh \frac{\rho}{\rho}} = \sqrt{2 \times 9.807 \times 0.1 \times \frac{1\,000}{1.2}} = 40.43 \text{ m/s}$$

$$q_V = v_1 \frac{\pi}{4} d^2 = 40.42 \times \frac{\pi}{4} \times 0.35^2 = 3.89 \text{ m}^3/\text{s}$$

【例 3.10】 抽气器结构如图 3.24,由收缩喷嘴 A、渐扩管 B 和一个工作室 K 组成,工作室上有管路连接于需要抽吸的设备上或容器上(如水泵、凝汽器等),试分析抽气器得到的真空值。

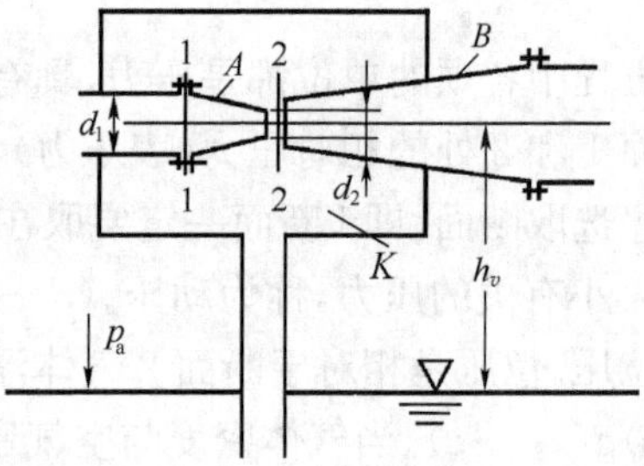

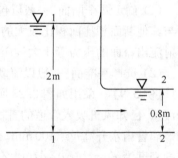

图 3.24　例 3.10 图

解　抽气器是利用喷嘴处的高速流动产生真空,从而将容器中的气体抽走,混合后流向渐扩管并排出,抽气器形成的真空值可根据能量方程求得,取喷嘴进口为 1—1 断面,出口为 2—2 断面,基准面为管路中心,忽略阻力损失,列上述两个断面的能量方程为:

$$\frac{p_1}{\rho g} + \frac{v_1^2}{2g} = \frac{p_2}{\rho g} + \frac{v_2^2}{2g}$$

或

$$-\frac{p_2}{\rho g} = \frac{v_2^2 - v_1^2}{2g} - \frac{p_1}{\rho g}$$

将 $v_1 = \dfrac{4q_V}{\pi d_1^2}$ 和 $v_2 = \dfrac{4q_V}{\pi d_2^2}$ 代入上式并整理,得抽气器形成的真空值为:

$$h_v = \frac{8q_V^2}{g \pi^2} \left(\frac{1}{d_2^4} - \frac{1}{d_1^4} \right) - \frac{p_1 - p_a}{\rho g}$$

【例 3.11】 如图 3.25 所示,求单位宽度二维槽道内水的流量,忽略能量损失。

解　选择槽道底面为基准面,确定两个渐变流断面为 1—1 和 2—2。因为渐变流断面上各点的 $\left(z + \dfrac{p}{\rho g}\right)$ 为常数,所以可选断面上任一点表示 z 和 p 值,为方便计算,选水面上一点。则断面 1—1 处 $p_1 = 0$,$z_1 = 2.0$ m 和断面 2—2 处 $p_2 = 0$,$z_2 = 0.8$ m。忽略能量损失,$h_{w1-2} = 0$。

列能量方程:

$$0 + 2.0 + v_1^2/2g = 0 + 0.8 + v_2^2/2g + 0$$

由连续性方程:

$$(2 \times 1)v_1 = (0.8 \times 1)v_2$$

解得:

$$v_1 = 2.12 \text{ m/s}, v_2 = 5.29 \text{ m/s}, v_1^2/2g = 0.229 \text{ m}, v_2^2/2g = 1.429 \text{ m}$$

流量为:

$$q_V = A_1 v_1 = 2 \times 1 \times 2.12 = 4.24 \text{ m}^3/\text{s}$$

图 3.25　例 3.11 图

【例 3.12】 消防输水系统如图 3.26(a)，喷嘴出口直径为 75 mm，出口高度为 12.5 m，水池液面高度为 10 m，水泵高度为 5 m。如果水泵扬程为 24 m，直径为 150 mm 的管道内能量损失为 $5v_1^2/2g$，直径为 100 mm 的管道内能量损失为 $12v_2^2/2g$，求：(1) 水泵入口处压力水头；(2) 水泵功率；(3) 喷嘴功率；(4) 画测压管水头和总水头线。

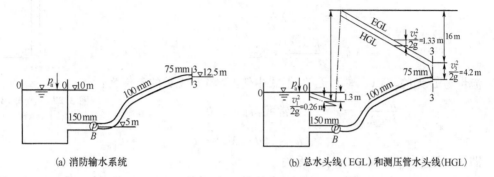

(a) 消防输水系统　　　　　　　　(b) 总水头线(EGL)和测压管水头线(HGL)

图 3.26　例 3.12 图

解　设直径为 150 mm 和 100 mm 管道内及喷嘴出口速度分别为 v_1、v_2 和 v_3。由连续性方程，有：

$$v_1 = v_3(d_3/d_1)^2 = v_3 \times (75/150)^2 = 0.25v_3$$
$$v_2 = v_3(d_3/d_2)^2 = v_3 \times (75/100)^2 = 0.563v_3$$

确定水池液面为 0—0 断面，喷嘴出口为 3—3 断面，以液面为基准面，水泵能量输入 $h_M = 24$ m，列 0—0 和 3—3 断面的能量方程有：

$$\left(\frac{p_0}{\rho g} + z_0 + \frac{v_0^2}{2g}\right) + h_M = \left(\frac{p_3}{\rho g} + z_3 + \frac{v_3^2}{2g}\right) + h_{w0-3}$$

$$0 + 0 + 0 + 24 = 0 + (12.5 - 10) + \frac{v_3^2}{2g} + 5\frac{v_1^2}{2g} + 12\frac{v_2^2}{2g}$$

求得：

$$v_3^2/2g = 4.2 \text{ m}, v_3 = 9.08 \text{ m/s}, v_1 = 2.27 \text{ m/s}, v_2 = 5.11 \text{ m/s}$$
$$v_1^2/2g = 0.26 \text{ m}, v_2^2/2g = 1.33 \text{ m}$$

$$q_V = v_3 A_3 = v_3 \times \frac{\pi}{4}d_3^2 = 9.08 \times \pi/4 \times 0.075^2 = 0.04 \text{ m}^3/\text{s}$$

150 mm 管道内能量损失为 $5v_1^2/2g = 1.3$ m

100 mm 管道内能量损失为 $12v_2^2/2g = 16.0$ m

(1) 水泵入口处压力水头：

$$p_B/\rho g = z_0 - z_B - 5v_1^2/2g - v_1^2/2g = 10 - 5 - 1.3 - 0.26 = 3.44 \text{ m}$$

(2) 水泵功率：

$$P_B = \rho g q_V h_M = 1000 \times 9.807 \times 0.04 \times 24 = 9.415 \text{ kW}$$

(3) 喷嘴功率，喷嘴做功为压力水头和速度水头的共同作用，所以有：

$$P_p = \rho g q_V(H_3 - z_3) = \rho g q_V(v_3^2/2g) = 1000 \times 9.807 \times 0.04 \times 4.2 = 1.648 \text{ kW}$$

(4) 画出测压管水头线(HGL)和总水头线(EGL)如图 3.26(b)所示。

【例 3.13】 如图所示，水箱中的水通过直径为 d，长度为 L，沿程阻力系数为 λ 的铅直管向大气中泄水。求 h 为多大时，流量 Q 与 L 无关? 忽略局部阻力。

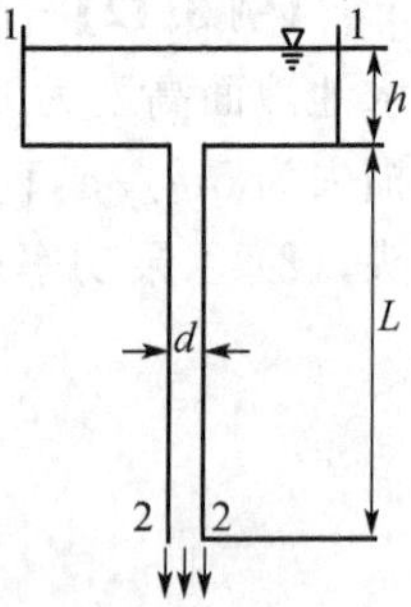

解 如图取水箱表面和管道出口为 1、2 断面，则：

$$h+L = \frac{V_2^2}{2g} + \lambda \frac{L}{d} \cdot \frac{V_2^2}{2g}$$

$$V_2^2 = \frac{h+L}{d+\lambda L} \cdot 2gd$$

流量与 L 无关，即 V_2 与 L 无关，上式中使 V_2 与 L 无关的条件为：

$$\frac{h+L}{d+\lambda L} = c, \quad c \text{ 为常数，且 } c>0$$

则

$$h = c(d+\lambda L) - L$$

即 h 满足上式时，流量 Q 与 L 无关。

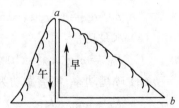

图 3.27 例 3.13 图

【例 3.14】 空气从炉膛入口进入，在炉膛内与燃料燃烧后变成烟气，烟气通过水平烟道经烟囱排放到大气中，如果烟气密度为 0.6 kg/m^3，烟道内压力损失为 $8\rho v^2/2$，烟囱内压力损失为 $26\rho v^2/2$，求烟囱出口处的烟气速度 v 和烟道与烟囱底部接头处的烟气静压。其中，炉膛入口标高为 0 m，烟道标高为 5 m，烟囱出口标高为 40 m，空气密度为 1.2 kg/m^3。

解 以炉膛入口前和烟囱出口为 1—1 和 2—2 两个断面，由恒定气流能量方程：

$$p_1 + (\rho_a - \rho)g(z_2 - z_1) + \frac{\rho v_1^2}{2} = p_2 + \frac{\rho v_2^2}{2} + p_{w1-2}$$

$$0 + (1.2 - 0.6) \times 9.807 \times (40-0) + 0 = 0 + \frac{\rho v^2}{2} + 8\frac{\rho v^2}{2} + 26\frac{\rho v^2}{2}$$

$$\frac{\rho v^2}{2} = 6.725 \text{ N/m}^2$$

烟囱出口处烟气速度：

$$v = \sqrt{2 \times 6.725/0.6} = 4.735 \text{ m/s}$$

列烟道出口和烟囱出口两个断面的能量方程，得：

$$p + (1.2 - 0.6) \times 9.807 \times (40-5) + \frac{\rho v^2}{2} = 0 + \frac{\rho v^2}{2} + 26\frac{\rho v^2}{2}$$

所以，烟道出口处烟气静压：

$$p = -31.07 \text{ N/m}^2$$

烟道出口与烟囱底部接头处烟气静压为负值，说明烟囱具有抽吸作用。

【例 3.15】 如图 3.28 所示，矿井竖井和横向坑道相连，竖井高为 200 m，坑道长 300 m，坑道和竖井内气温保持为 $t = 15 \text{ ℃}$。密度 $\rho = 1.22 \text{ kg/m}^3$，坑道外气温在清晨为 $t = 5 \text{ ℃}$，$\rho_m = 1.29 \text{ kg/m}^3$，中午为 $t = 20 \text{ ℃}$，$\rho_n = 1.20 \text{ kg/m}^3$。问早、午空气的气流流向及气流速度的大小? 假定总的损失为 $9\frac{\rho v^2}{2}$。

解 早晨，空气外重内轻，故气流向上流动。在 b 出口外大气中选取一断面，并对该断面与 a 出口断面写能量方程（设

图 3.28 例 3.15 图

此时坑道内气流速度为 v)：

$$(\rho_m - \rho)g \times 200 = \frac{\rho v^2}{2} + 9\frac{\rho v^2}{2}$$

代入数据,得：

$$(1.29 - 1.22)g \times 200 = \frac{10}{2} \times 1.22v^2$$

解出：

$$v = 4.74 \text{ m/s}$$

中午,空气内重外轻,坑道内空气向下流动,在 a 出口外大气中选取一断面,并对该断面与 b 出口断面写能量方程(设此时坑道内气流速度为 v')：

$$g(\rho_n - \rho)(-200) = \frac{\rho v'^2}{2} + 9\frac{\rho v'^2}{2}$$

代入数据,得：

$$g \times 0.02 \times 200 = \frac{10}{2} \times 1.22v'^2$$

解出：

$$v' = 2.53 \text{ m/s}$$

【例 3.16】 喷雾器如图所示,主筒直径 $D = 50 \text{ mm}$,收缩段直径 $d = 3 \text{ mm}$,连接收缩段和盛水容器的直管的直径 $d_1 = 2 \text{ mm}$。主筒的活塞以速度 $v_0 = 0.2 \text{ m/s}$ 运动,收缩段与盛水容器的液面高差 $H = 40 \text{ mm}$,已知空气密度 $\rho = 1.25 \text{ kg/m}^3$,试求水的喷出量。

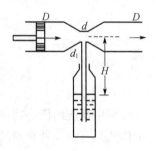

图 3.29   例 3.16 图

解 出口空气速度 $v = 0.2 \text{ m/s}$

将收缩段与出口分别取为 1、2 断面,

则

$$v_1 d_1^2 = v_2 d_2^2$$

$$v_1 \times 3^2 = 0.2 \times 50^2$$

则

$$v_1 = 55.56 \text{ m/s}$$

1、2 断面间的能量方程为：

$$\frac{\rho v_1^2}{2} + p_1 = \frac{\rho v_2^2}{2} + p_2$$

喷雾器出流至大气,$p_2 = 0$,

$$\frac{1.25 \times 55.56^2}{2} + p_1 = \frac{1.25 \times 0.2^2}{2}$$

即

$$p_1 = -1\,929 \text{ Pa}$$

盛水容器液面与水管出口取为 3、4 断面,能量方程为：

$$0 = \frac{p_4}{\rho g} + \frac{v_4^2}{2g} + z_4$$

$$p_4 = p_1 = -1\,929 \text{ Pa}$$

$$0 = \frac{-1\,929}{1\,000 \times 9.81} + \frac{v_4^2}{2 \times 9.81} + 0.04$$

$$v_4 = 1.75 \text{ m/s}$$

即喷雾器的喷水量为：

$$q_v = v_4 \cdot A_4 = 1.75 \times \frac{\pi}{4} \times 0.002^2 = 5.51 \times 10^{-6} \ \text{m}^3/\text{s} = 5.51 \ \text{mL/s}$$

3.10　动量方程与动量矩方程

应用连续性方程和伯努里方程可以解决许多实际问题。但是在工程实际中,还常常遇到计算运动流体与固体壁面之间相互作用力或力矩的问题,如计算弯管中流动的流体对管壁的作用力、燃气发动机的推力、叶轮机械中流道内流体对叶片的作用力和力矩等,这就需要应用运动流体的动量方程和动量矩方程来分析。

3.10.1　动量方程

根据实际流动情况取控制体,它的边界为控制面,其中的流体为系统。根据牛顿第二定律或理论力学中质点系的动量定理,质点系动量对时间的导数等于作用在该质点系上各外力的矢量和,即

$$\frac{\mathrm{d}}{\mathrm{d}t}\left(\sum m\boldsymbol{u}\right) = \sum \boldsymbol{F} \tag{3.45a}$$

或

$$\frac{\mathrm{d}}{\mathrm{d}t}\iiint_V \rho\boldsymbol{u}\,\mathrm{d}V = \sum \boldsymbol{F} \tag{3.45b}$$

利用系统内任一物理量的总和对时间求全导数的公式(3.18)来推导动量方程。系统内流体所具有的某种物理量的总和 N 为动量,即

$$\boldsymbol{N} = \iiint_V \rho\boldsymbol{u}\,\mathrm{d}V$$

单位质量流体的动量为:

$$\boldsymbol{\eta} = \frac{m\boldsymbol{u}}{m} = \boldsymbol{u}$$

代入式(3.18)得:

$$\frac{\mathrm{d}}{\mathrm{d}t}\iiint_V \rho\boldsymbol{u}\,\mathrm{d}V = \frac{\partial}{\partial t}\iiint_{CV} \rho\boldsymbol{u}\,\mathrm{d}V + \iint_{CS_{\text{out}}} \boldsymbol{u}\rho u_n\,\mathrm{d}A - \iint_{CS_{\text{in}}} \boldsymbol{u}\rho u_n\,\mathrm{d}A$$

在定常流动条件下,上式右端第一项为零,所以有:

$$\frac{\mathrm{d}}{\mathrm{d}t}\iiint_V \rho\boldsymbol{u}\,\mathrm{d}V = \iint_{CS_{\text{out}}} \boldsymbol{u}\rho u_n\,\mathrm{d}A - \iint_{CS_{\text{in}}} \boldsymbol{u}\rho u_n\,\mathrm{d}A$$

代入式(3.45b)得:

$$\iint_{CS_{\text{out}}} \boldsymbol{u}\rho u_n\,\mathrm{d}A - \iint_{CS_{\text{in}}} \boldsymbol{u}\rho u_n\,\mathrm{d}A = \sum \boldsymbol{F} \tag{3.46a}$$

式(3.46a)还可以写成:

$$\iint_{q_{V2}} \boldsymbol{u}\rho\,\mathrm{d}q_V - \iint_{q_{V1}} \boldsymbol{u}\rho\,\mathrm{d}q_V = \sum \boldsymbol{F} \tag{3.46b}$$

因为,断面上速度 u 分布不均匀,所以引入动量修正系数 β:

$$\iint_A \rho u^2 \mathrm{d}A = \beta \rho v^2 A = \beta \rho q_V v$$

则

$$\beta = \frac{1}{A} \iint_A \left(\frac{u}{v}\right)^2 \mathrm{d}A \tag{3.47}$$

与动能修正系数相类似,工业管道内的流体流动,$\beta = 1.01 \sim 1.10$,在流动计算问题中,一般近似地取 $\beta = 1$,并用 v 代表管内流动的平均流速。因此有:

$$\beta_2 \rho q_{V_2} \boldsymbol{v}_2 - \beta_1 \rho q_{V_1} \boldsymbol{v}_1 = \sum \boldsymbol{F} \tag{3.48a}$$

式(3.48a)在 x, y, z 坐标系下,当 $q_{V_1} = q_{V_2} = q_V$ 时,其投影值可以表示为:

$$\left. \begin{aligned} \rho q_V (\beta_2 v_{2x} - \beta_1 v_{1x}) &= \sum F_x \\ \rho q_V (\beta_2 v_{2y} - \beta_1 v_{1y}) &= \sum F_y \\ \rho q_V (\beta_2 v_{2z} - \beta_1 v_{1z}) &= \sum F_z \end{aligned} \right\} \tag{3.48b}$$

式(3.46)和式(3.48)就是不可压缩流体定常流动的动量方程。

3.10.2 动量矩方程

根据理论力学中质点系的动量矩定理,系统内流体对某点的动量矩对时间的导数应等于作用于系统的外力对同一点力矩的矢量和,即

$$\frac{\mathrm{d}}{\mathrm{d}t} \iiint_V \rho(\boldsymbol{r} \times \boldsymbol{u}) \mathrm{d}V = \sum \boldsymbol{r}_i \times \boldsymbol{F}_i \tag{3.49}$$

这里仍然用式(3.18)来求系统内任一物理量的总和对时间的全导数,系统内流体所具有的某种物理量的总和 N 为动量矩,即

$$\boldsymbol{N} = \iiint_V \rho(\boldsymbol{r} \times \boldsymbol{u}) \mathrm{d}V$$

单位质量流体的动量矩为:

$$\boldsymbol{\eta} = \boldsymbol{r} \times \boldsymbol{u}$$

代入式(3.18)得:

$$\frac{\mathrm{d}}{\mathrm{d}t} \iiint_V \rho(\boldsymbol{r} \times \boldsymbol{u}) \mathrm{d}V = \frac{\partial}{\partial t} \iiint_{CV} \rho(\boldsymbol{r} \times \boldsymbol{u}) \mathrm{d}V + \iint_{CS_{out}} (\boldsymbol{r} \times \boldsymbol{u}) \rho u_n \mathrm{d}A - \iint_{CS_{in}} (\boldsymbol{r} \times \boldsymbol{u}) \rho u_n \mathrm{d}A$$

在定常流动条件下,上式右端第一项为零,即

$$\frac{\mathrm{d}}{\mathrm{d}t} \iiint_V \rho(\boldsymbol{r} \times \boldsymbol{u}) \mathrm{d}V = \iint_{CS_{out}} (\boldsymbol{r} \times \boldsymbol{u}) \rho u_n \mathrm{d}A - \iint_{CS_{in}} (\boldsymbol{r} \times \boldsymbol{u}) \rho u_n \mathrm{d}A$$

将上式代入式(3.49)得:

$$\iint_{CS_{out}} (\boldsymbol{r} \times \boldsymbol{u}) \rho u_n \mathrm{d}A - \iint_{CS_{in}} (\boldsymbol{r} \times \boldsymbol{u}) \rho u_n \mathrm{d}A = \sum \boldsymbol{r}_i \times \boldsymbol{F}_i \tag{3.50a}$$

或

$$\sum (\beta \rho q_V \boldsymbol{r} \times \boldsymbol{v})_{out} - \sum (\beta \rho q_V \boldsymbol{r} \times \boldsymbol{v})_{in} = \sum \boldsymbol{r}_i \times \boldsymbol{F}_i \tag{3.50b}$$

式(3.50b)就是定常流动条件下的流体流动的动量矩方程。

动量方程和动量矩方程都是矢量方程,所以在使用时一定要注意应该首先选择一个合

适的坐标系,然后确定控制体并分析控制体内流体的受力,注意受力是指流体受到的所有的力,最后求各项的投影值并代入方程进行计算。

【例3.17】 如图3.30所示,在水平面上的45°弯管,入口直径 $d_1 = 600$ mm,出口直径 $d_2 = 300$ mm,入口表压力 $p_1 = 1.4 \times 10^5$ Pa,流量 $q_V = 0.425$ m³/s,忽略阻力损失,试求水流对弯管的作用力。

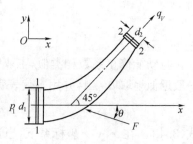

解 建立如图3.30所示的坐标系,取管中1-1、2-2断面之间的水流为控制体。分析弯管内水流的受力。① 弯管对水流的作用力 F。② 弯管进口断面左侧流体的压力 $p_1 A_1$,方向水平向右指向1断面。③ 弯管出口断面右侧流体的压力 $p_2 A_2$,方向向左下指向2断面。④ 因为放置

图 3.30   例 3.17 图

在水平面上,重力在流动方向上没有分力作用。由流量求得,

$$v_1 = \frac{4q_V}{\pi d_1^2} = \frac{4 \times 0.425}{\pi \times 0.6^2} = 1.5 \text{ m/s}$$

$$v_2 = \frac{4q_V}{\pi d_2^2} = \frac{4 \times 0.425}{\pi \times 0.3^2} = 6 \text{ m/s}$$

根据能量方程:

$$z_1 + \frac{p_1}{\rho g} + \frac{v_1^2}{2g} = z_2 + \frac{p_2}{\rho g} + \frac{v_2^2}{2g}$$

将 $z_1 = z_2$ 和已知数值代入,求得2—2截面的压力为:

$$p_2 = 123\,125 \text{ Pa}$$

根据 $\sum F_x = \rho q_V (v_{2x} - v_{1x})$,可得:

x 方向:

$$F_x + p_1 \frac{\pi}{4} d_1^2 - p_2 \frac{\pi}{4} d_2^2 \cos 45° = \rho q_V (v_2 \cos 45° - v_1)$$

$$F_x = -32\,264 \text{ N}$$

根据 $\sum F_y = \rho q_V (v_{2y} - v_{1y})$,可得:

y 方向:

$$F_y - p_2 \frac{\pi}{4} d_2^2 \sin 45° = \rho q_V (v_2 \sin 45° - 0)$$

$$F_y = 7\,957.2 \text{ N}$$

因为水流对弯管的作用力 R 与弯管对水流的作用力 F 是作用力与反作用力关系,所以 R 与 F 大小相等,方向相反。水流对弯管的作用力的大小为:

$$R_x = 32\,264 \text{ N}, \quad R_y = -7\,957.2 \text{ N}$$

$$R = \sqrt{R_x^2 + R_y^2} = 33\,230 \text{ N}$$

方向是与 x 轴成 θ 角:

$$\theta = \arctan \frac{R_y}{R_x} = \arctan \frac{-7\,957.2}{32\,264} = 13.85°$$

【例 3. 18】　　流体经喷嘴流到静止的同种流体中的流动称为淹没射流,从喷嘴流出的流体将与周围流体混合,射流速度随离开喷口距离的增加而降低。如图 3.31,若水从直径 30 mm 的孔口以 1 m/s 速度出流到水池中,求距孔口 1 m 处射流直径为 100 mm 的断面上的射流速度。

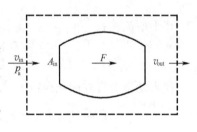

图 3. 31　淹没射流

　　解　　取控制体如图中虚线所示,由动量方程式(3.46a)

$$\iint_{CS_{out}} u\rho u_n \mathrm{d}A - \iint_{CS_{in}} u\rho u_n \mathrm{d}A = \sum F$$

　　因为流体出流到大气中,控制体内流体没有受到压力等作用,$\sum F = 0$。则有:

$$\rho_2 A_2 v_2^2 - \rho_1 A_1 v_1^2 = 0 \quad 或 \quad \rho_1 q_{V1} A_1 = \rho_2 q_{V2} A_2$$

有

$$v_2 = v_1 \sqrt{\frac{\rho_1 A_1}{\rho_2 A_2}}$$

所以距孔口 1 m 处射流直径为 100 mm 的断面上的射流速度为:

$$v_2 = v_1 \sqrt{\frac{\rho_1 A_1}{\rho_2 A_2}} = v_1 \frac{d_1}{d_2} = 1.0 \times \frac{30}{100} = 0.3 \text{ m/s}$$

【例 3. 19】　　喷气发动机吸入并压缩空气后空气与燃料燃烧,燃烧后产生的高温和高压燃气经喷嘴加速后排放到低压大气中,所以,气流经过发动机的动量变化对发动机产生了推力。如图 3.32 所示,喷气发动机安装在飞机上,飞机以 250 m/s 恒定速度飞行,吸入空气密度为 0.4 kg/m³,吸入口面积为 1.0 m²,燃料进入发动机的质量流量为 2 kg/s,燃烧后喷出的燃气直接射流到大气中,射流速度为 500 m/s,求作用在发动机上的推力。

图 3. 32　　例 3. 19 图

　　解　　取控制体如图中虚线所示,由动量方程(3.46):

$$\iint_{CS_{out}} u\rho u_n \mathrm{d}A - \iint_{CS_{in}} u\rho u_n \mathrm{d}A = \sum F$$

控制体内气流只受到发动机力的作用,该力与作用在发动机上的推力大小相等、方向相反。

$$(q_m v)_{out} - (q_m v)_{in} = F$$

空气进口质量流量为:

$$q_{m,in} = \rho_a v_{in} A_{in} = 0.4 \times 250 \times 1.0 = 100 \text{ kg/s}$$

喷射燃气的质量流量为:

$$q_{m,out} = q_{m,in} + q_{m,f} = 100 + 2 = 102 \text{ kg/s}$$

流过发动机的气流动量变化对发动机产生的推力为:

$$F = (q_m v)_{out} - (q_m v)_{in} = 102 \times 500 - 100 \times 250 = 26 \text{ kN}$$

【例 3.20】 溢流坝宽度为 B(垂直于纸面),上游和下游水深分别为 h_1 和 h_2,不计水头损失,试推导坝体受到的水平推力 F 的表达式。假设水流流速沿深度方向呈均匀分布。

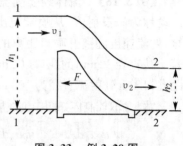

图 3.33 例 3.20 图

解 如图3.33所示,以截面1—1和截面2—2之间的流动空间为控制体。假如这两个截面处在渐变流中,压强服从静压分布。对于该控制体来说,其控制面1—1受到左方水体的总压力为 $\frac{1}{2}\rho g h_1^2 B$,方向自左向右。同理,控制面2—2受到的总压力为 $\frac{1}{2}\rho g h_2^2 B$,方向自右向左。

设坝体对水流的作用力为 F。动量方程为:

$$-F + \frac{1}{2}\rho g(h_1^2 - h_2^2)B = \rho q_V(v_2 - v_1)$$

由连续性方程和沿液面流线的伯努利方程:

$$q_V = v_1 h_1 B = v_2 h_2 B$$

及

$$h_1 + \frac{v_1^2}{2g} = h_2 + \frac{v_2^2}{2g}$$

得下游流速:

$$v_2 = \sqrt{\frac{2g(h_1 - h_2)}{1 - (h_2/h_1)^2}}$$

代入动量方程并简化得:

$$F = \frac{1}{2}\rho g(h_1^2 - h_2^2)B - \rho q_v(v_2 - v_1)$$

$$= \frac{\rho g B(h_1 - h_2)^3}{2(h_1 + h_2)}$$

【例 3.21】 图3.34所示叶片以 v_e 沿 x 方向匀速运动,截面积为 A_0 的一股水流沿叶片切向以 $v_0 = 120\,\mathrm{m/s}$ 射入叶片,并沿叶片流动,最后从叶片出口处流出。已知 $A_0 = 0.001\,\mathrm{m}^2$,$v_e = 60\,\mathrm{m/s}$,出口速度方向与水平线的夹角为 $\theta = 10°$,设水流经过叶片时截面积不变,求水流对叶片的反作用力及对叶片所做的功。

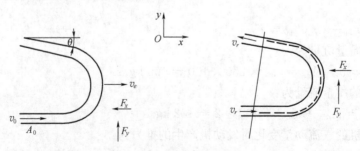

图 3.34 例 3.21 图

解 将坐标系 xOy 建立在叶片上,对这个坐标系来说,流动是定常的,取图中虚线所示的控制面。因水流经过叶片时截面积不变，所以流速的大小不变，为 $v_r = v_0 - v_e$，只是方向变化。

设 F_x、F_y 为叶片对流体的作用力，R_x、R_y 为水流对叶片的反作用力。

应用动量方程得：

$$-F_x = \rho v_r A_0 (-v_r \cos\theta - v_r) = -\rho(v_0 - v_e)^2 A_0 (\cos\theta + 1)$$
$$= 1\,000 \times (120 - 60)^2 \times 0.001 \times (\cos10° + 1) = 7\,145.3\ \text{N}$$

$$F_y = \rho v_r A_0 (v_r \sin\theta - 0) = \rho(v_0 - v_e)^2 A_0 \sin10°$$
$$= 1\,000 \times (120 - 60)^2 \times 0.001 \times \sin10° = 625.1\ \text{N}$$

流体对叶片的反作用力 $R_x = -F_x = 7\,145.3\ \text{N}$，方向为 x 轴正方向；$R_y = -F_y = -625.1\ \text{N}$，方向为 y 轴负方向。

对叶片所做的功率为：

$$P = F_x v_e = 7\,145.3 \times 60 = 428.7\ \text{kW}$$

【例3.22】 图3.35所示是一个在平面内的喷水器。水从中心进入，然后由转臂两端的喷嘴喷出。喷嘴与臂成 $\alpha = 45°$ 的夹角。转臂两边相等，长度各为 $l = 200$ mm，喷嘴出口直径 $d = 10$ mm。水从喷嘴的出流速度 $v = 4$ m/s。设水的密度为 $1\,000$ kg/m^3。不计质量力和能量损失，试求：(1) 保持转臂不动所需的外力矩 M；(2) 旋转时的角速度 ω。

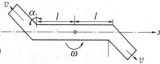

图3.35 例3.22图

解 (1) 将坐标系建立在喷水器上，原点在喷水器的中心。取喷水器管内臂和出口截面为控制面。从参考坐标上看喷水器的流动是定常的。因不计质量力和能量损失，并且哥氏惯性力和牵连惯性力对中心的力矩为零，所以合外力矩为零，即 $\boldsymbol{F}_i \times \boldsymbol{r}_i = 0$，则定常流动的动量矩方程变为：

$$\iint\limits_{cs} (\boldsymbol{r} \times \boldsymbol{u}) \rho u_n \mathrm{d}A = 0$$

转臂不转动，则所需外力矩应为流出流体的动量矩与流入流体的动量矩之差，则

$$M = 2v\cos\alpha \rho q_V - 0 = 2v\cos\alpha \rho \frac{\pi}{4} \mathrm{d}^2 v$$

$$= \frac{\pi}{2} \times 4^2 \times 0.01^2 \times 1\,000 \times 0.2 \times \cos45°$$

$$= 0.355\ \text{N} \cdot \text{m}$$

(2) 喷水器管内流速在惯性坐标系下的绝对速度为 $v\cos\alpha - \omega l$，因合外力矩为零，则：

$$2(v\cos\alpha - \omega l) l \rho q_V = 0$$

或

$$v\cos\alpha - \omega l = 0$$

得旋转角速度为：

$$\omega = \frac{v\cos\alpha}{l} = \frac{4 \times \cos45°}{0.2} = 14.14\ \text{s}^{-1}$$

【例 3. 23】 下部水箱重 224 N,其中盛水重 897 N,如果此箱放在秤台上,受如图的恒定流作用,问秤的读数是多少?

解 将上部水箱表面与出流到下部水箱表面处取为 1、2 断面,能量方程为:

$$7.8 = \frac{v_2^2}{2g}$$

$$v_2 = 12.37 \text{ m/s}$$

将下部水箱表面与下部出口取为 2、4 断面,能量方程为:

$$1.8 = \frac{v_4^2}{2g}$$

$$v_4 = 5.95 \text{ m/s}$$

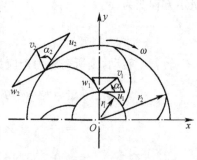

图 3. 36 例 3. 23 图

水的出流量为:

$$q_m = \rho q_v = 1\,000 \times 5.95 \times \frac{\pi}{4} \times 0.2^2 = 187 \text{ kg/s}$$

该流量也为下部水箱的进水量。

将下部水箱内水取为控制体,则 z 方向的动量方程为:

$$\rho q_v(v_4 - v_2) = G_{\text{水}} + F$$

$$187(5.95 - 12.37) = 897 + F$$

$$F = -2\,098 \text{ N}$$

即水箱内水受到水箱对其向上的 2 098 N 的力,水对水箱产生向下的 2 098 N 的力。

则秤的读数为:

$$2\,098 + 224 = 2\,322 \text{ N}$$

【例 3. 24】 如图 3.37 所示,流体机械中叶轮内流体速度由流体随叶轮旋转的圆周速度 $u(u = \omega r)$ 和流体沿叶片通道的相对速度 w 组成,合成的绝对速度为 v,与圆周切线的夹角称为工作角,用 α 表示。试推导叶轮对流体做功的功率。

解 取叶轮内圆和外圆之间的环形空间作控制体,当叶轮上叶片无限多,流体为理想流体时,由动量矩方程式(3.48)为:

图 3. 37 例 3. 24 图

$$\sum (\beta \rho q_V \boldsymbol{r} \times \boldsymbol{u})_{\text{out}} - \sum (\beta \rho q_V \boldsymbol{r} \times \boldsymbol{u})_{\text{in}} = \sum \boldsymbol{r}_i \times \boldsymbol{F}_i$$

得到叶片对流体作用的对叶轮转轴的力矩 M 为:

$$M = \sum r_i F_i = \rho q_V(v_2 r_2 \cos\alpha_2 - v_1 r_1 \cos\alpha_1)$$

由式(3.40a)得到,叶轮对流体所做功的功率为:

$$P = M\omega = \rho q_V(v_2 \omega r_2 \cos\alpha_2 - v_1 \omega r_1 \cos\alpha_1)$$

即

$$P = \rho q_V(v_2 u_2 \cos\alpha_2 - v_1 u_1 \cos\alpha_1)$$

由式(3.40b)得到,理想条件下叶轮对流体做功的单位重量流体的能量水头为:

$$h_M = (v_2 u_2 \cos\alpha_2 - v_1 u_1 \cos\alpha_1)/g$$

此式也称为叶轮机械的欧拉方程。

对于水泵，h_M 为水泵的扬程，对于水轮机，h_M 则为流体对叶轮的做功量。

本章小结

3.1 描述流场内流体运动的方法有拉格朗日法和欧拉法。流动研究中，一般采用欧拉法。欧拉法求流体质点物理量随时间变化率可以表示为 $\dfrac{\mathrm{d}}{\mathrm{d}t}=\dfrac{\partial}{\partial t}+\boldsymbol{v}\cdot\nabla$，即由随时间变化的当地变化率和随位置变化的迁移变化率两部分组成。

3.2 流体流动可以分成理想（或无粘性）流体流动与实际流体流动；不可压缩流体流动与可压缩流体流动；定常流动与非定常流动或稳定流动与非稳定流动；一维流动、二维流动与三维流动或一元、二元与三元流动；均匀流动、缓变流动与急变流动；旋转（或有旋）流动与不旋转（或无旋）流动；层流流动与湍流流动；亚音速流动与超音速流动等不同状态的流动。

3.3 迹线是同一流体质点在连续时间内的运动轨迹，流线是同一时刻流场中一系列流体质点的流动方向曲线。流线是一条光滑的曲线，流线不相交也不转折，理想流体和层流流动的定常流动中，流线与迹线重合。由流线构成的管状表面称为流管，流管内部的流体称为流束，固体边界内所有微元流束的总和称为总流，与每条流线相垂直的横截面称为过流断面。非圆管道的水力半径 R_h 定义为过流断面面积 A 与湿周 χ 之比，$R_h=A/\chi$，当量直径 d_e 等于 4 倍的水力半径，即 $d_e=4R_h$。

3.4 系统是一团流体质点的集合，系统所含有的流体质量不会增加，也不会减少，系统质量是守恒的。控制体只是一个"框架"，不是一个封闭的空间，控制体表面可以有流体出入。系统所具有的某种物理量的总量对时间的全导数可以表示为：

$$\frac{\mathrm{d}N}{\mathrm{d}t}=\frac{\partial}{\partial t}\iiint\limits_{CV}\eta\rho\mathrm{d}V+\iint\limits_{CS_{\text{out}}}\eta\rho u_n\mathrm{d}A-\iint\limits_{CS_{\text{in}}}\eta\rho u_n\mathrm{d}A$$

它由两部分组成，一部分相当于当地导数，等于控制体内这种物理量的总量的时间变化率，另一部分相当于迁移导数，它是单位时间内通过静止的控制面流出和流入的这种物理量的差值。系统所具有的物理量可以是标量（如质量、能量等），也可以是矢量（动量、动量矩等）。

3.5 一维流动连续性方程为 $\rho_1 v_1 A_1=\rho_2 v_2 A_2=q_m$ 或 $v_1 A_1=v_2 A_2=q_V$。

3.6 理想流体一维定常流动的欧拉方程为 $g\mathrm{d}z+\dfrac{\mathrm{d}p}{\rho}+u\mathrm{d}u=0$，该式沿任意一根流线都成立。

3.7 理想流体微元流束的伯努里方程为 $z_1+\dfrac{p_1}{\rho g}+\dfrac{u_1^2}{2g}=z_2+\dfrac{p_2}{\rho g}+\dfrac{u_2^2}{2g}$，不可压缩粘性流体总流的伯努里方程为：

$$z_1+\frac{p_1}{\rho g}+\frac{\alpha_1 v_1^2}{2g}=z_2+\frac{p_2}{\rho g}+\frac{\alpha_2 v_2^2}{2g}+h_{w1-2}$$

1 和 2 分别是指两个缓变流断面，一般选择包含待求的未知参数和尽可能多的已知参数为断面，并以流动的最低点或两个断面中位置低的断面为基准面。

3.8 伯努里方程的物理意义为：z、$p/\rho g$ 和 $v^2/2g$ 分别表示了单位重量流体的位置势能、压力势能和动能,三项之和为总机械能,其物理意义是理想流体流动过程中总能量是守恒的,但是位置势能、压力势能和动能是可以相互转换的,实际流体的流动将有能量损失。伯努里方程的几何意义为:z、$p/\rho g$ 和 $v^2/2g$ 分别称为单位重量流体的位置水头、压力水头和速度水头,三项之和称为总水头,其几何意义是理想流体流动过程中各点的位置水头,压力水头和速度水头之和为常数,即理想流体的总水头线为一平行于基准线的水平线,实际流体流动的总水头线是下降的。

3.9　弯曲流动中,速度随距曲率中心距离的减小而增大,$u = C/r$;压力随距曲率中心距离的增大而增加,$p = C_1 - \rho C^2/2r^2$。在均匀流和缓变流断面上,压力分布服从于流体静力学规律。

3.10　流体机械做功可以表示为 $P = Fv = M\omega = (\Delta p A)v = q_V \Delta p = \rho g q_V h_M$

3.11　恒定气流流动的能量方程为:

$$p_{g1} + (\rho_a - \rho)g(z_2 - z_1) + \frac{\rho v_1^2}{2} = p_{g2} + \frac{\rho v_2^2}{2} + p_{w1-2}$$

3.12　定常流动的动量方程为:

$$\iint\limits_{CS_{out}} \boldsymbol{u}\rho u_n \mathrm{d}A - \iint\limits_{CS_{in}} \boldsymbol{u}\rho u_n \mathrm{d}A = \sum \boldsymbol{F}$$

或

$$\left.\begin{array}{l} \rho q_V(\beta_2 v_{2x} - \beta_1 v_{1x}) = \sum F_x \\[2mm] \rho q_V(\beta_2 v_{2y} - \beta_1 v_{1y}) = \sum F_y \\[2mm] \rho q_V(\beta_2 v_{2z} - \beta_1 v_{1z}) = \sum F_z \end{array}\right\}$$

3.13　定常流动条件下的动量矩方程为:

$$\iint\limits_{CS_{out}} (\boldsymbol{r} \times \boldsymbol{u})\rho u_n \mathrm{d}A - \iint\limits_{CS_{in}} (\boldsymbol{r} \times \boldsymbol{u})\rho u_n \mathrm{d}A = \sum \boldsymbol{r}_i \times \boldsymbol{F}_i$$

习　题

3.1　已知流场的速度分布为:

$$\boldsymbol{u} = (4x^2 + 2y + xy)\boldsymbol{i} + (3x - y^3 + z)\boldsymbol{j}$$

(1) 求点$(2,2,3)$的加速度。

(2) 是几维流动?

(3) 是稳定流动还是非稳定流动?

3.2　已知流场的速度分布为:

$$\boldsymbol{u} = x^2 y\boldsymbol{i} - 3y\boldsymbol{j} + 2z^2\boldsymbol{k}$$

(1) 求点$(3,1,2)$的加速度。

(2) 是几维流动?

3.3　已知平面流动的速度分布规律为:

$$\boldsymbol{u} = -\frac{\Gamma}{2\pi}\frac{y}{x^2 + y^2}\boldsymbol{i} + \frac{\Gamma}{2\pi}\frac{x}{x^2 + y^2}\boldsymbol{j}$$

式中，Γ 为常数。求流线方程并画出若干条流线。

3.4 截面为 $300\,\mathrm{mm}\times400\,\mathrm{mm}$ 的矩形风道，风量为 $2\,700\,\mathrm{m^3/h}$，求平均流速。如风道出口截面收缩为 $150\,\mathrm{mm}\times400\,\mathrm{mm}$ 求该截面的平均流速。

3.5 渐缩喷嘴进口直径为 $50\,\mathrm{mm}$，出口直径为 $10\,\mathrm{mm}$。若进口流速为 $3\,\mathrm{m/s}$，求喷嘴出口流速为多少？

3.6 一长为 $5\,\mathrm{cm}$ 的锥形喷嘴，其两端内径分别为 $8\,\mathrm{cm}$ 和 $2\,\mathrm{cm}$，流量为 $0.01\,\mathrm{m^3/s}$，流体无粘性且不可压缩。试导出沿喷嘴轴向的速度表达式。

3.7 异径分流三通管如图 3.38 所示，直径 $d_1=200\,\mathrm{mm}$，$d_2=150\,\mathrm{mm}$。若三通管中各段水流的平均流速均为 $3\,\mathrm{m/s}$。试确定总流量 q_V 及直径 d。

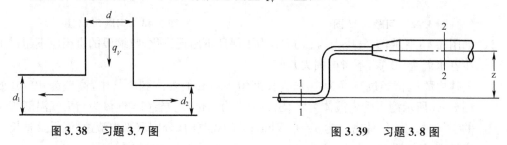

图 3.38　习题 3.7 图　　　　图 3.39　习题 3.8 图

3.8 水流过一段转弯变径管，如图 3.39 所示，已知小管径 $d_1=200\,\mathrm{mm}$，截面压力 $p_1=70\,\mathrm{kPa}$，大管直径 $d_2=400\,\mathrm{mm}$，压力 $p_2=40\,\mathrm{kPa}$，流速 $v_2=1\,\mathrm{m/s}$。两截面中心高度差 $z=1\,\mathrm{m}$，求管中流量及水流方向。

3.9 如图 3.40 所示，一直立圆管直径 $d_1=10\,\mathrm{mm}$，一端装有出口直径 $d_2=5\,\mathrm{mm}$ 的喷嘴，喷嘴中心距离圆管 1－1 截面高度 $H=3.6\,\mathrm{m}$。从喷嘴中排入大气的水流速度 $v_2=18\,\mathrm{m/s}$，不计流动损失，计算 1－1 处所需要的相对压力。

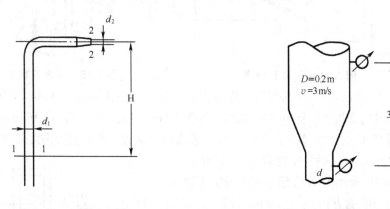

图 3.40　习题 3.9 图　　　　图 3.41　习题 3.10 图

3.10 如图 3.41 所示，水沿管线下流，若压力表的读数相同，求需要的小管径 d，不计损失。

3.11　如图 3.42 所示,轴流风机的直径为 $d = 2\,\mathrm{m}$,水银柱测压计的读数为 $\Delta h = 20\,\mathrm{mm}$,空气的密度为 $1.25\,\mathrm{kg/m^3}$,试求气流的流速和流量。(不计损失)

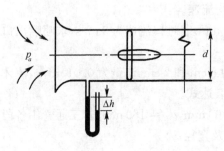

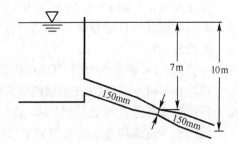

图 3.42　习题 3.11 图　　　　　　　　　图 3.43　习题 3.12 图

3.12　如图 3.43 所示,大气压力为 97 kPa,为了保证不出现汽化,收缩段的直径应不超过多少?(水温为 40 ℃,不考虑损失)

3.13　气体由静压箱经过直径为 10 cm,长度为 100 m 的管流到大气中,高差为 40 m,如图 3.44 所示测压管内液体为水。压力损失为 $9\rho v^2/2$。当:(1) 气体为与大气温度相同的空气时;(2) 气体密度为 $\rho = 0.8\,\mathrm{kg/m^3}$ 的煤气时,分别求管中流速、流量及管长一半处 B 点的压力。

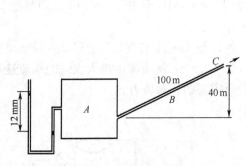

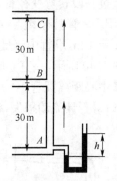

图 3.44　习题 3.13 图　　　　　　　　　图 3.45　习题 3.14 图

3.14　如图 3.45 所示,高层楼房煤气立管 B,C 两个供气点各供应 $q_V = 0.02\,\mathrm{m^3/s}$ 煤气量。假设煤气的密度为 $\rho = 0.6\,\mathrm{kg/m^3}$,管径为 50 mm,压力损失 AB 段为 $3\rho v_1^2/2$,BC 段为 $4\rho v_2^2/2$,C 点要求保持余压为 300 Pa,求 A 点 U 型管中酒精液面高度差。(酒精的密度为 $806\,\mathrm{kg/m^3}$、空气密度为 $1.2\,\mathrm{kg/m^3}$)

3.15　如图 3.46 所示的管路流动系统中,管径 $d = 150$ mm,出口喷嘴直径 $d_1 = 50$ mm。求 A、B、C、D 各点的相对压力和通过管道的流量。

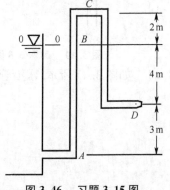

图 3.46　习题 3.15 图

3.16　水箱下部开孔面积为 A_0,箱中恒定水位高度为 h,水箱断面甚大,其中流速可以忽略,如图 3.47 所示,求由孔口流出的水流断面与其位置 x 的关系。

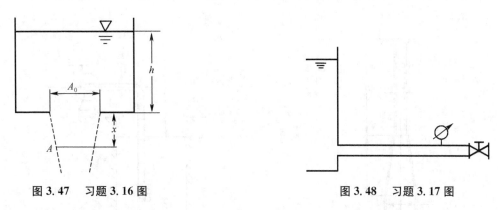

图 3.47　习题 3.16 图　　　　　　　　图 3.48　习题 3.17 图

3.17　如图 3.48 所示,闸门关闭时的压力表的读数为 $49\,kPa$,闸门打开后,压力表的读数为 $0.98\,kPa$,由管进口到闸门的水头损失为 $1\,m$,求管中的平均流速。

3.18　喷嘴进口的相对压力为 $19.6\,kPa$,流速 $v_1 = 2.4\,m/s$,喷嘴长度 $l = 0.4\,m$,出口直径 $d_2 = 50\,mm$,如图 3.49 所示,不计损失,求喷嘴出口水的流速 v_2、喷嘴进口直径 d_1 及喷嘴下方 $H = 0.6\,m$ 处水流的直径 d_3。

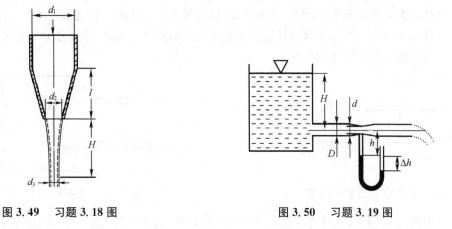

图 3.49　习题 3.18 图　　　　　　　图 3.50　习题 3.19 图

3.19　有一水箱,水由水平管道中流出,如图 3.50 所示。管道直径 $D = 50\,mm$,管道上收缩处差压计中 $h = 9.8\,kPa$,$\Delta h = 40\,kPa$,$d = 25\,mm$。阻力损失不计,试求水箱中水面的高度 H。

3.20 救火水龙头带终端有收缩形喷嘴,如图 3.51 所示。已知喷嘴进口处的直径 $d_1 = 75\text{ mm}$,长度 $l = 600\text{ mm}$,喷水量为 $q_V = 10\text{ L/s}$,喷射高度为 $H = 15\text{ m}$,若喷嘴的阻力损失 $h_w = 0.5\text{ mH}_2\text{O}$。空气阻力不计,求喷嘴进口的相对压力和出口处的直径 d_2。

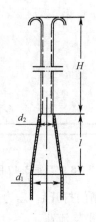

图 3.51 习题 3.20 图

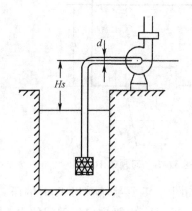

图 3.52 习题 3.21 图

3.21 如图 3.52 所示,离心式水泵借一内径 $d = 150\text{ mm}$ 的吸水管以 $q_V = 60\text{ m}^3/\text{h}$ 的流量从一敞口水槽中吸水,并将水送至压力水箱。假设装在水泵与水管接头上的真空计指示出现负压值为 39 997 Pa。水力损失不计,试求水泵的吸水高度 H_S。

3.22 高压管末端的喷嘴如图 3.53 所示,出口直径 $d = 100\text{ mm}$,管端直径 $D = 400\text{ mm}$,流量 $q_V = 0.4\text{ m}^3/\text{s}$,喷嘴和管以法兰盘连接,共用 12 个螺栓,不计水和管嘴的重量,求每个螺栓受力为多少?

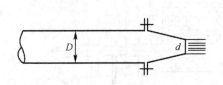

图 3.53 习题 3.22 图

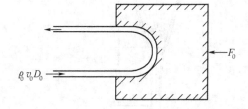

图 3.54 习题 3.23 图

3.23 如图 3.54 所示,导叶将入射水束作 180° 的转弯,若最大的支撑力是 F_0,试求最高水速。

3.24 如图 3.55 所示,水流稳定地通过一收缩弯管,已知 $p_1 = 300\text{ kPa}$,$d_1 = 300\text{ mm}$,$v_1 = 2\text{ m/s}$,$d_2 = 100\text{ mm}$,试求螺栓所需承受的力。不计水和弯管的重量。

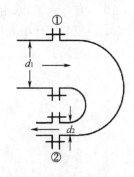

图 3.55 习题 3.24 图

3.25　水流经由一分叉喷嘴排入大气中($p_a = 101\,\text{kPa}$)如图 3.56 所示。导管面积分别为 $A_1 = 0.01\,\text{m}^2$，$A_2 = A_3 = 0.005\,\text{m}^2$，流量为 $q_{V2} = q_{V3} = 150\,\text{m}^3/\text{h}$，而入口压力为 $p_1 = 140\,\text{kPa}$，试求作用在截面 1 螺栓上的力。

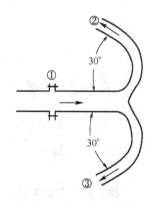 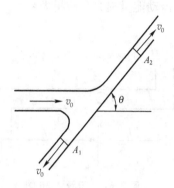

图 3.56　习题 3.25 图　　　　　　　　图 3.57　习题 3.26 图

3.26　如图 3.57 所示，一股射流以速度 v_0 水平射到倾斜光滑平板上，体积流量为 q_{V0}。求沿板面向两侧的分流流量 q_{V1} 与 q_{V2} 的表达式，以及流体对板面的作用力。(忽略流体撞击损失和重力影响。)

3.27　如图 3.58 所示，平板向着射流以等速 v 运动，推导出平板运动所需功率的表达式。

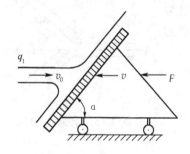 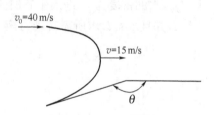

图 3.58　习题 3.27 图　　　　　　　　图 3.59　习题 3.28 图

3.28　如图 3.59 所示的水射流，截面积为 A，以不变的流速 v_0，水平切向冲击着以等速度 v 在水平方向作直线运动的叶片。叶片的转角为 θ。求运动的叶片受到水射流的作用力和功率。(忽略质量力和能量损失)

3.29　如图 3.60 所示，水由水箱 1 经圆滑无阻力的孔口水平射出冲击到一平板上，平板封盖着另一水箱 2 的孔口，水箱 1 中水位高为 h_1，水箱 2 中水位高为 h_2，两孔口中心重合，而且 $d_1 = d_2/2$，当 h_1 为已知时，求 h_2 高度。

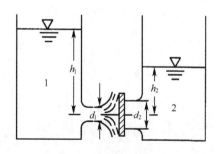

图 3.60　习题 3.29 图

3.30　如图3.61所示为水平放置的喷水器,水从转动中心进入,经转臂两端的喷嘴喷出。喷嘴截面 $A_1 = A_2 = 0.06\ \text{cm}^2$。喷嘴1和2到转动中心的臂长分别为 $l_1 = 200\ \text{mm}$ 和 $l_2 = 300\ \text{mm}$。喷嘴的流量 $q_{V1} = q_{V2} = 0.6\ \text{L/s}$。求喷水器的转速 n。(不计摩擦阻力、流动能量损失和质量力)

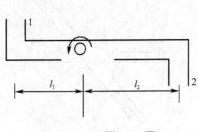

图 3.61　习题 3.30 图

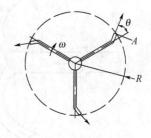

图 3.62　习题 3.31 图

3.31　旋转式喷水器由三个均匀分布在水平平面上的旋转喷嘴组成(见图3.62),总供水量为 q_V,喷嘴出口截面积为 A,旋臂长为 R,喷嘴出口速度方向与旋臂的夹角为 θ。试求:(1) 旋臂的旋转角速度 ω;(2) 如果使已经有 ω 角速度的旋臂停止,需要施加多大的外力矩。(不计摩擦阻力)

3.32　水由一端流入对称叉管,如图3.63所示,叉管以主管中心线为轴转动,转速为 ω,叉管角度为 α,水流量为 q_V,水的密度为 ρ,进入主管时无转动量,叉管内径为 d,并且 $d \ll l$,求所需转动力矩。

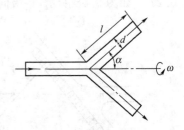

图 3.63　习题 3.32 图

4 量纲分析与相似原理

　　流体流动的复杂性决定了不能够用纯粹的理论分析来描述流体的流动,必须借助于试验。实验研究对流体力学的发展具有十分重大的意义。在流体力学中有不少问题目前尚不能通过数学求解,因为在有些情况下,可能是对过程的全部现象了解得还不够,难以用微分方程描述;而另一些情况则是微分方程组的求解困难。在这种情况下,只能依靠实践,直接通过实验手段寻找这些流动过程的规律性。随着科学技术的发展,实验越来越复杂。出于经济上的考虑和技术上的限制,对实物进行实验会遇到很大困难或很难实现。因此,有很多问题都是在实验室条件下进行模型实验研究的。量纲分析和相似性原理是组织试验、减少试验次数和综合试验数据并将试验数据应用到实际工程设计中的有效方法。根据相似性原理,可以用常规流体,如水和空气进行试验并将试验结果应用到非常规流体如氢气、蒸汽和油中,可以以最小的费用将小尺度模型上获得的试验数据应用到完全尺度的实物原型中。模型试验已经普遍应用于水工结构与水力机械的研究中,如河流、港口以及防洪堤的模型。飞机、火箭与导弹,在设计上最有用的资料是来自风洞中的试验。同样,船舶设计前,也需要在造波器的槽中进行模型试验。对于模型实验研究,必须解决如何制造模型,如何安排实验,以及如何把模型实验的结果换算到实物上去等一系列问题。流体的力学相似理论,对如何布置实验以得到正确结果,可以提供指示或答案。而总结实验结果也只是对于力学相似的流动才有可能。在流体力学的研究范围内,构成力学相似的两个流动,通常一个是指实际的流动现象,称为原型;另一个是指在实验室中进行重演或预演的流动现象,称为模型。这里,简单简述和实验有关的一些理论性的基本知识。其中,包括作为模型实验依据的相似性理论,阐述原型和模型相互关系的模型律,以及有助于选择实验参数的量纲分析方法。

4.1　单位和量纲

　　工程中的物理量一般都具有单位,如管道直径 d 的单位可以是 mm、cm、m 及 km 等,可以表示为 200 mm、20 cm、0.2 m 及 0.000 2 km 等。流量 q_v 的单位可以是 cm³/s、m³/s 和 m³/h 等,表示为 50 cm³/s、50×10⁻⁶ m³/s 和 0.18 m³/h 等。可见单位不同,其数据也有所不同。目前一般采用国际标准单位(SI 单位),即以上提到的 d 和 q_v 分别表示为 0.2 m 和 5×10⁻⁵ m³/s。以上单位具有类型特征,一般定义物理量量度的类型为量纲,如直径的单位都表示一种长度,具有长度的量纲。量纲可以分基本量纲和导出量纲,流体力学中的基本量纲是长度、质量和时间,分别以符号 $[L]$、$[M]$ 和 $[T]$ 表示,也可以取长度 $[L]$、时间 $[T]$ 和力 $[F]$ 作为基本量纲,与温度有关的问题还要增加温度的量纲 $[\Theta]$ 为基本量纲。其他参数一般由基本量纲组成,称为导出量纲。如直径 d 具有长度量纲 $[L]$,流量 q_v 由基本量纲组成,其量纲为 $[L^3T^{-1}]$,加速度 a 量纲为 $[LT^{-2}]$,则力 F 的量纲由牛顿第二定律 $F = ma$ 可以得到 $[M] \cdot [LT^{-2}]$,即 $[MLT^{-2}]$。流体力学中其他常用的物理量、表示符号、SI 单位和量纲分别为:

面积	A	m^2	$[L^2]$
体积	V	m^3	$[L^3]$
密度	ρ	kg/m^3	$[ML^{-3}]$
压力	p	N/m^2	$[ML^{-1}T^{-2}]$
速度	v	m/s	$[LT^{-1}]$
粘度	μ	N · s/m^2	$[ML^{-1}T^{-1}]$
运动粘度	ν	m^2/s	$[L^2T^{-1}]$
表面张力	σ	N/m	$[MT^{-2}]$

工程中描述物理现象的方程的量纲必然是一致的,即方程中每一项都具有相同的量纲,称为量纲一致性原理。如单位重量流体的伯努里方程每一项都具有长度的量纲,牛顿第二定律 $\boldsymbol{F} = m\boldsymbol{a}$,方程两边的量纲是一致的,方程左边力的量纲是 $[MLT^{-2}]$,而方程右边的量纲也是 $[MLT^{-2}]$。量纲一致性原理是检验方程推导和工程计算是否正确的十分有用的工具。

4.2　相似性原理

两个同一类的物理现象其相应物理量成一定比例,则称两个现象相似。确定两个现象是否相似的理论称为相似理论。组织模型试验和将试验结果应用到原型中一般按照力学相似性原理进行,力学相似性原理包括几何相似、运动相似和动力相似。

4.2.1　几何相似

几何相似是指模型和原型具有相同的形状但大小不同。如果分别以下标 m 和 p 表示模型和原型,则模型和原型各相应部位的线性长度 l 成比例,且有同一比例常数。模型与原型对应的夹角相等,在图 4.1 所示的两管流中,模型管流和原型管流几何相似,要求两渐扩管空间几何相似,必须相应线段夹角相同,相应的线段长度保持一定的比例:

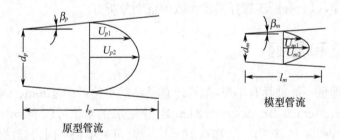

图 4.1　模型管流与原型管流

长度比率:

$$k_l = \frac{l_m}{l_p} = \frac{d_m}{d_p} \tag{4.1}$$

$$\beta_m = \beta_p \tag{4.2}$$

模型与原型对应的面积和体积也分别成一定比例,并且与长度比率的关系为:

面积比率:

$$k_A = \frac{A_m}{A_p} = \frac{l_m^2}{l_p^2} = k_l^2 \qquad (4.3)$$

体积比率:

$$k_V = \frac{V_m}{V_p} = \frac{l_m^3}{l_p^3} = k_l^3 \qquad (4.4)$$

几何相似是力学相似的基础和前提。

4.2.2　运动相似

运动相似是指模型与原型流动中对应点处的速度方向相同,大小成比例,并且具有同一比率。运动相似还要求对应时间间隔成比例并具有同一比率。因此,相应时刻流场和流线也相似。

速度比率:

$$k_v = \frac{v_m}{v_p} \qquad (4.5)$$

时间比率:

$$k_t = \frac{t_m}{t_p} = \frac{l_m/v_m}{l_p/v_p} = \frac{k_l}{k_v} \qquad (4.6)$$

加速度比率:

$$k_a = \frac{a_m}{a_p} = \frac{v_m/t_m}{v_p/t_p} = \frac{k_v}{k_t} = \frac{k_v^2}{k_l} \qquad (4.7)$$

体积流量比率:

$$k_{q_V} = \frac{q_{V,m}}{q_{V,p}} = \frac{l_m^3/t_m}{l_p^3/t_p} = \frac{k_l^3}{k_t} = k_l^2 k_v \qquad (4.8)$$

因此,只要确定了模型与原型的长度比率和速度比率,便可由它们确定其他运动学量的比率。运动相似还需要注意模型和原型具有相同的流态,即同处于层流状态或同处于湍流状态。运动相似是力学相似的目的。

4.2.3　动力相似

动力相似是指模型和原型受到相同性质力的作用,并且这些力成比例并具有同一比率。

$$\frac{F_{pm}}{F_{pp}} = \frac{F_{\tau m}}{F_{\tau p}} = \frac{F_{gm}}{F_{gp}} = \frac{F_{im}}{F_{ip}} = \frac{F_{Em}}{F_{Ep}} = \frac{F_{\sigma n}}{F_{\sigma p}} = \cdots = k_F \qquad (4.9)$$

式中,F_p、F_τ、F_g、F_i、F_E、F_σ 分别为总压力、粘性力、重力、惯性力、弹性力和表面张力;k_F 为力的比率。

由牛顿第二定律 $\boldsymbol{F} = m\boldsymbol{a}$,得:

密度比率:

$$k_\rho = \frac{\rho_m}{\rho_p} = \frac{F_{im}/(a_m V_m)}{F_{ip}/(a_p V_p)} = \frac{k_F}{k_a k_v} = \frac{k_F}{k_l^2 k_v^2} \qquad (4.10)$$

力的比率:

$$k_F = k_\rho k_l^2 k_v^2 \qquad (4.11)$$

因此,只要确定了模型与原型的长度比率、速度比率和密度比率,就可以确定动力学参数的比率。动力相似是力学相似的保证。此外,模型与原型相似还需要注意初始条件和边界条件的相似。

4.3   相似准则数

动力相似中,各种力可以表示为:

粘性力:

$$F_\tau = \mu\left(\frac{\mathrm{d}u}{\mathrm{d}y}\right)A \sim \mu\left(\frac{v}{l}\right)l^2 \sim \mu v l$$

压力:

$$F_p = (\Delta p)A \sim (\Delta p)l^2$$

重力:

$$F_g = mg \sim \rho\, l^3 g$$

惯性力:

$$F_i = ma \sim \rho\, l^3\,\frac{l}{T^2} \sim \rho\, l^4 T^{-2} \sim \rho v^2 l^2$$

弹性力:

$$F_E = E_v A \sim E_v l^2$$

表面张力:

$$F_\sigma = \sigma l$$

根据动力相似,式(4.9)可以重新组合并得到一系列无量纲的组合参数,称为相似准则数。

4.3.1   欧拉(Eu) 数

由总压力和惯性力的关系,有:

$$\left(\frac{F_p}{F_i}\right)_p = \left(\frac{F_p}{F_i}\right)_m$$

$$\left(\frac{(\Delta p)l^2}{\rho v^2 l^2}\right)_p = \left(\frac{(\Delta p)l^2}{\rho v^2 l^2}\right)_m$$

$$\left(\frac{\Delta p}{\rho v^2}\right)_p = \left(\frac{\Delta p}{\rho v^2}\right)_m$$

$$Eu_p = Eu_m \tag{4.12}$$

$Eu = \Delta p/\rho v^2$ 称为欧拉(L. Euler) 数,是总压力与惯性力的比值,即两流动在压力作用下相似时,欧拉数必相等。

4.3.2   弗汝德(Fr) 数

由重力和惯性力的关系,得到:

$$\left(\frac{F_i}{F_g}\right)_p = \left(\frac{F_i}{F_g}\right)_m$$

$$\left(\frac{\rho v^2 l^2}{\rho l^3 g}\right)_p = \left(\frac{\rho v^2 l^2}{\rho l^3 g}\right)_m \tag{4.13}$$

$$\left(\frac{v}{\sqrt{gl}}\right)_p^2 = \left(\frac{v}{\sqrt{gl}}\right)_m^2$$

$$Fr_p^2 = Fr_m^2$$

$Fr = v/\sqrt{gl}$ 称为弗汝德(W. Froude)数,是惯性力与重力的比值,即两流动在重力作用下相似时,它们的弗汝德数相等。

4.3.3　雷诺(Re)数

由惯性力和粘性力的关系,得到:

$$\left(\frac{F_i}{F_\tau}\right)_p = \left(\frac{F_i}{F_\tau}\right)_m$$

$$\left(\frac{\rho v^2 l^2}{\mu v l}\right)_p = \left(\frac{\rho v^2 l^2}{\mu v l}\right)_m \tag{4.14}$$

$$\left(\frac{\rho v l}{\mu}\right)_p = \left(\frac{\rho v l}{\mu}\right)_m$$

$$Re_p = Re_m$$

$Re = \rho v l/\mu$ 称为雷诺(O. Reynolds)数,是惯性力与粘性力的比值,即两流动受到粘性力作用并相似时,它们的雷诺数必相等。

4.3.4　马赫(Ma)数

由惯性力和弹性力的关系,得到:

$$\left(\frac{F_i}{F_E}\right)_p = \left(\frac{F_i}{F_E}\right)_m$$

$$\left(\frac{\rho v^2 l^2}{E_v l^2}\right)_p = \left(\frac{\rho v^2 l^2}{E_v l^2}\right)_m$$

$$\left(\frac{v}{\sqrt{E_v/\rho}}\right)_p^2 = \left(\frac{v}{\sqrt{E_v/\rho}}\right)_m^2 \tag{4.15}$$

$$Ma_p^2 = Ma_m^2$$

$Ma = v/\sqrt{E_v/\rho}$ 称为马赫(L. Mach)数,是惯性力与弹性力的比值,即两流动受弹性力作用并相似时,马赫数相等。

4.3.5　韦伯(We)数

由惯性力和表面张力的关系,得到:

$$\left(\frac{F_i}{F_\sigma}\right)_p = \left(\frac{F_i}{F_\sigma}\right)_m$$

$$\left(\frac{\rho v^2 l^2}{\sigma l}\right)_p = \left(\frac{\rho v^2 l^2}{\sigma l}\right)_m \tag{4.16}$$

$$\left(\frac{v}{\sqrt{\sigma/\rho l}}\right)_p^2 = \left(\frac{v}{\sqrt{\sigma/\rho l}}\right)_m^2$$

$$We_p^2 = We_m^2$$

$We = v/\sqrt{\sigma/\rho l}$ 称为韦伯(M. Weber)数,是惯性力与表面张力的比值,即两流动主要受到表面张力的作用并相似时,韦伯数必然相等。

因此,动力相似的条件,即模型流动与原型流动应该受到相同性质的力的作用,这些力应该成比例并具有同一比率,最终可以表示为上述所有的相似准则数都必须相等。即在满足模型和原型几何相似的前提下,保证所有的相似准则数相等就基本上实现了模型和原型的力学相似。但是在实际工程中,要同时满足以上各个相似准则数都相等是很困难的,即完全相似条件很难满足。在解决实际的工程问题时,应根据具体情况和试验目的,分清主次,忽略一些次要因素,采用近似模型试验。

4.4 近似模型试验

在安排模型实验前进行模型设计时,怎样根据原型的定性物理量确定模型的定性量值呢?譬如确定模型管流中的平均流速,以便决定实验所需的流量。这主要是根据准则数相等来确定的。但问题是在模型几何尺寸和流动介质等发生变化,不同于原型值时,事实上很难保证所有的准则数都分别相等。例如,在不可压缩流体中,两流动相似,要求模型和原型流动的欧拉数、雷诺数和弗汝德数分别相等。其中欧拉数可以由弗汝德数和雷诺数确定,所以只要弗汝德数和雷诺数相等,就能达到动力相似。

但是,雷诺数和弗诺得数中都出现了定性长度和定性速度。因此,雷诺数和弗诺得数相等,就要求原型和模型在长度和速度的比例上要保持一定的关系。

例如,对于雷诺数相等的式(4.14):
$$Re_p = Re_m$$
即
$$\left(\frac{\rho v l}{\mu}\right)_p = \left(\frac{\rho v l}{\mu}\right)_m$$

则长度和速度的比例关系,
$$\frac{v_m}{v_p} = \frac{\nu_m}{\nu_p}\bigg/\frac{l_m}{l_p}$$
即
$$k_v = \frac{k_\nu}{k_l}$$

在多数情况下,模型和原型采用同一种类流体,则:
$$k_v = \frac{1}{k_l} \tag{4.17}$$

雷诺数相等,表示粘性力相似。原型和模型流动雷诺数相等这个相似条件,称为雷诺模型律。按照上述比例关系调整原型流动和模型流动的流速比例和长度比例,就是根据雷诺模型律进行设计。

另一方面,对于弗汝德数相等的式(4.13):
$$Fr_p = Fr_m$$
也就是
$$\frac{v_p^2}{g_p l_p} = \frac{v_m^2}{g_m l_m}$$
由于
$$g_p = g_m$$
则长度和速度的比例关系,
$$\frac{l_m}{l_p} = \left(\frac{v_m}{v_p}\right)^2$$

$$k_l = k_v^2$$

即 $$k_v = \sqrt{k_l} \tag{4.18}$$

原型和模型流动弗汝德数相等的这个相似条件,称为弗汝德模型律。按照上述比例关系调整原型流动和模型流动的长度比例和速度比例,就是根据弗汝德模型律进行设计。

从雷诺模型律和弗汝德模型律的对比可以看出,要同时满足两模型律来设计模型基本上是不可能的。因为这要求速度比率对于长度比率既是例数关系,又是平方根关系,这显然是不可能的。若调整运动粘滞系数比率 k_v,使同时满足式(4.17)和式(4.18),则

$$k_v = k_l^{\frac{3}{2}}$$

要求在模型流动中,采用一定粘度的流体,这在实际上也是很不容易实现的。

由此可见,定性准则数越多,模型试验的设计越困难,有时甚至根本无法进行。为此,在实际模型试验中,可以根据流动特点,采用抓住主要矛盾的近似模型试验的方法。

如在水利工程、明渠无压流动、波浪对船体的作用、水流对码头和桥墩的作用,以及喷口射流等流动中,重力是处于主要地位的力,粘性力作用不显著,甚至不起作用。这样,就可以忽略雷诺准则,只考虑弗汝德准则,即保证弗汝德数相等。

再如在有压的粘性管流及其他有压的内部流动(流体机械、液压机械内的流动等),速度低不考虑空气压缩的飞机飞行,以及表面没有产生压力波的低速潜艇的行驶等流动中,对流动起主导作用的是粘性力,所以一般只考虑雷诺准则。

此外,在第 5 章中将要讨论到有压粘性管流中的一种特殊现象,即当雷诺数大到一定数值时,继续提高雷诺数,管内流体的紊乱程度及速度剖面几乎不再变化,流动进入阻力平方区,阻力和惯性力均与流速平方成正比,这种现象称为自动模化。因此,当模型流动与原型流动处在自动模化区时,雷诺准则失去判别相似的作用,此时,模型流动雷诺数不一定必须等于原型流动的雷诺数。模型和原型的换算可以在选定基本比率后,按力学相似的有关比率进行。

【例 4.1】 图 4.2 表示深 $h_p = 4\,\mathrm{m}$ 的水在弧形闸门下的流动。试求:

(1) 当 $k_\rho = 1, k_l = 0.1$ 时的模型上的水深 h_m;

(2) 在模型上测得流量 $q_{V,m} = 155\,\mathrm{L/s}$,收缩断面的速度 $v_m = 1.3\,\mathrm{m/s}$,作用在闸门上的力 $F_m = 50\,\mathrm{N}$,力矩 $M_m = 70\,\mathrm{N \cdot m}$ 时,求原型流动上的流量、收缩断面上的速度、作用在闸门上的力和力矩。

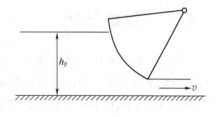

图 4.2 弧形闸门

解 闸门下的水流是在重力作用下的流动,因此模型应该是按弗汝德准则设计,$Fr = v/\sqrt{gl}$,即 $k_v = \sqrt{k_l}$。

(1) 模型水深

$$h_m = h_p k_l = 4 \times 0.1 = 0.4\,\mathrm{m}$$

(2) 原型上的流量

$$q_{V,p} = q_{V,m}/k_{q_V} = q_{V,m}/(k_l^2 k_v) = q_{V,m}/k_l^{5/2} = 0.155/0.1^{5/2} = 49\,\mathrm{m^3/s}$$

原型上的速度

$$v_p = v_m/k_v = v_m/k_l^{1/2} = 1.3/0.1^{1/2} = 4.11\,\mathrm{m/s}$$

原型上的力：
$$F_p = F_m/k_F = F_m/k_\rho k_l^3 = 50/(1 \times 0.1^3) = 5 \times 10^4 \text{ N}$$

原型上的力矩：
$$M_p = M_m/k_M = M_m/k_\rho k_l^4 = 70/(1 \times 0.1^4) = 70 \times 10^4 \text{ N} \cdot \text{m}$$

【例 4.2】　为了探索用输油管道上的一段弯管的压力降去计量油的流量，进行了水模拟试验。选取的长度比率 $k_l = 0.2$。已知输油管内径为 $d_p = 100 \text{ mm}$，油的流量 $q_{V,p} = 20 \text{ L/s}$，运动粘度 $\nu_p = 0.625 \times 10^{-6} \text{ m}^2/\text{s}$，密度 $\rho_p = 720 \text{ kg/m}^3$，水的运动粘度 $\nu_m = 1.0 \times 10^{-6} \text{ m}^2/\text{s}$，密度 $\rho_m = 998 \text{ kg/m}^3$。

(1) 为了保证流动相似，试求水的流量；

(2) 如果测得在该流量下模型弯管的压力降 $\Delta p_m = 1.177 \times 10^4 \text{ Pa}$，试求原型弯管在对应流量下的压力降。

解　这是有压管道内粘性流体的流动，使用雷诺准则，即要使流动相似必须保证雷诺数相等。
$$Re_p = \left(\frac{\upsilon d}{\nu}\right)_p = \left(\frac{\upsilon d}{\nu}\right)_m = Re_m$$

所以有：
$$k_\upsilon = \frac{k_\nu}{k_l} = \frac{(1.0 \times 10^{-6})/(0.625 \times 10^{-6})}{0.2} = 8$$
$$k_{q_V} = k_l^2 k_\upsilon = 8 \times 0.2^2 = 0.32$$
$$q_{V,m} = q_{V,p} k_{q_V} = 0.02 \times 0.32 = 0.006\,4 \text{ m}^3/\text{s} = 6.4 \text{ L/s}$$

由欧拉数相等可得：
$$\Delta p_p = \frac{\rho_p}{\rho_m} \frac{\upsilon_p^2}{\upsilon_m^2} \Delta p_m = \frac{720}{998} \times \left(\frac{1}{8}\right)^2 \times 1.117 \times 10^4 = 132.7 \text{ Pa}$$

4.5　量纲分析

量纲分析是根据描述流体流动的变量和方程量纲一致性原理，找出影响流动的物理量，再进行量纲分析和变量组合以获得描述流动的无量纲的组合参数的一种分析方法，量纲分析是流体力学研究中最重要的数学工具之一。量纲分析与相似原理紧密联系，虽然两者所采取的途径不相同，但实际上是一致的，它们的研究对象相同，所得到的结论也是一致的。

流动问题中，直接的数学解是最简单的也是最严密的方法，但是，流体力学中数学解仅限于几种简单的情况，对于大部分比较复杂的流动问题，尤其是湍流，其微分方程涉及的变量太多，方程非齐次非线性，直接采用数学解是不可能的。因此，这类问题研究中，量纲分析是经常采用的非常有用的方法，量纲分析可以得到各变量或参数间的函数关系，并可以用无量纲形式表示。

量纲分析的作用可以归纳为以下两点：

(1) 可以检查理论分析中得到的流体运动方程的量纲一致性，并可以导出以无量纲参数表示的流体力学方程，以便在近似解时进行数量级比较，或作为模型试验时力学相似的依据。

（2）在试验工作中可以降低变量个数，节约试验时间和费用，并可以利用模型相似来分析复杂的流动现象。

流体力学中常用的量纲分析方法有瑞利法（Rayleigh method）和泊金汉 π 定理（Buckingham pi theorem）。

4.5.1　瑞利法

1899 年，瑞利提出了一种量纲分析的方法，以指数方程的形式表示变量之间的关系。如果 y 是独立变量 $x_1, x_2, \cdots, x_n$ 的函数，则可以写成指数形式的函数方程为：

$$y = k x_1^{a_1} x_2^{a_2} \cdots x_n^{a_n} \tag{4.19}$$

式中，k 是无量纲常数，可由问题的物理性质或由试验测定。代入各个变量的量纲，再根据方程式两边量纲一致的原则，确定每个变量 $x_1, x_2, \cdots, x_n$ 的指数，最后将指数相同的变量组合在一起，就可以得到无量纲参数。

下面举个例子来说明瑞利法的使用。

【例 4.3】　不可压缩流体稳定流动中，有一固定不动的直径为 d 的圆球，试确定作用于球上的拉力 F_D 与球直径 d、流体流动速度 v、流体的性质密度 ρ 和粘性 μ 之间的关系。

解　拉力 F_D 可以表示成：

$$F_D = f(d, v, \rho, \mu)$$

按瑞利法，写成指数形式：

$$F_D = k(d^{a_1} v^{a_2} \rho^{a_3} \mu^{a_4})$$

将变量量纲代入指数方程中：

$$\frac{ML}{T^2} = (L)^{a_1} \left(\frac{L}{T}\right)^{a_2} \left(\frac{M}{L^3}\right)^{a_3} \left(\frac{M}{LT}\right)^{a_4}$$

因为量纲是齐次的，所以：

$$M : 1 = a_3 + a_4$$
$$L : 1 = a_1 + a_2 - 3a_3 - a_4$$
$$T : -2 = -a_2 - a_4$$

上述三个方程中有四个未知数，其中的三个未知数必须以第四个未知数表示：

$$a_3 = 1 - a_4, \quad a_2 = 2 - a_4, \quad a_1 = 2 - a_4$$

因此

$$F_D = k(d^{2-a_4} v^{2-a_4} \rho^{1-a_4} \mu^{a_4})$$

再将指数相同的变量合并：

$$F_D = k(d^2 \rho v^2) \left(\frac{vd\rho}{\mu}\right)^{-a_4}$$

式中，$\dfrac{vd\rho}{\mu} = Re$，而 a_4 是指数值。

瑞利指出，这类方程式的特殊解法可以叠加而得到更一般的解法，于是得到了一个齐次性关系式的一般形式为：

$$F_D = k(d^2 \rho v^2) \sum_{n=1}^{\infty} A_n Re^n$$

式中，系数 A_n 是无量纲常数，因为无穷级数为 Re 的一般函数，所以瑞利解也可以写成未定

函数的形式:

$$F_D = k(d^2 \rho v^2) \phi_1(Re)$$

或

$$\frac{F_D}{d^2 \rho v^2} = k\phi_1(Re)$$

上式就是一个无量纲方程,与具有四个未知数的原函数方程相比,仅包含一个独立的无量纲变量。在分析试验结果并确定变量之间的关系时,减少独立变量数是非常方便的,这也就是量纲分析的好处所在。

4.5.2　π 定理

量纲分析法中更为普遍的方法是 π 定理,是泊金汉于 1914 年提出的,用 π 代表多个变量组合的无量纲参数,所以称为 π 定理。

π 定理表述为:在一个物理过程中,如果涉及 n 个物理量,并包含有 m 个基本量纲,则这个物理过程可以用由 n 个物理量组成的 $n-m$ 个无量纲变量(即 π)来描述。这些无量纲变量表示为 $\pi_i (i = 1, 2, \cdots, n-m)$。倘若物理过程的方程式为:

$$F(x_1, x_2, \cdots, x_n) = 0 \tag{4.20}$$

则式(4.20)可写成无量纲方程为:

$$F(\pi_1, \pi_2, \cdots, \pi_{n-m}) = 0 \tag{4.21}$$

π 定理的应用可以分成以下四步:

(1) 分析并找出影响流动问题的全部主要变量。π 定理应用是否成功,关键在于能否正确地预测问题中涉及的所有的主要变量(n 个)。如果多选,则会增加分析难度和试验工作量,如果漏选,则会使分析结果不能全面反映问题的要求,导致分析和试验结果不能正确地使用。

(2) 分析所有变量的量纲,并确定其中包含的基本量纲(m 个),则可以组合成 $n-m$ 个无量纲变量。

(3) 确定 m 个重复变量,这些变量将重复地在每一个参数组合中出现。选择 m 个重复变量的条件是:① 这些重复变量本身必须包含 m 个基本量纲;② 这些重复变量本身不可能组合成无量纲参数。一般选与质量、几何结构和流体运动有关的参数作重复变量。

(4) 用带指数的重复变量与其他变量的乘积组合成 π,根据量纲一致性原理,计算各个重复变量的指数,并根据需要表示出 π 的形式。

下面举例说明量纲分析与 π 定理的应用。

【例 4.4】　用量纲分析和 π 定理分析有压管道内流体的流动。

解　第 1 步:分析流动,有压管道内流体流动的压力降 Δp 与管道直径 d、管内流动的平均速度 v、流体密度 ρ、流体粘性 μ、管壁平均粗糙度 e 和管道长度 l 等参数有关。用函数方程式可以表示为:

$$\Delta p = f(v, d, \rho, \mu, e, l)$$

因此,$n = 7$。

第 2 步:以上变量 Δp、d、v、ρ、μ、e 和 l 的量纲分别为 $[ML^{-1}T^{-2}]$、$[L]$、$[LT^{-1}]$、$[ML^{-3}]$、$[ML^{-1}T^{-1}]$、$[L]$ 和 $[L]$。其中基本量纲为 $[M]$、$[L]$ 和 $[T]$,所以 $m = 3$,并可以组合成 $n-m$

= 4 个无量纲参数,即

$$F(\pi_1,\pi_2,\pi_3,\pi_4) = 0$$

第 3 步:选择与质量、几何结构和流体运动有关的参数,密度 ρ、管道直径 d 和管内平均流速 v 作为重复变量。

第 4 步:用带指数的重复变量与其他变量的乘积组合得到 4 个 π 分别为:

$$\pi_1 = \rho^{a_1} v^{b_1} d^{c_1} \Delta p$$
$$\pi_2 = \rho^{a_2} v^{b_2} d^{c_2} \mu$$
$$\pi_3 = \rho^{a_3} v^{b_3} d^{c_3} e$$
$$\pi_4 = \rho^{a_4} v^{b_4} d^{c_4} l$$
$$\pi_1 = M^0 L^0 T^0 = (ML^{-3})^{a_1} (LT^{-1})^{b_1} (L)^{c_1} (ML^{-1}T^{-2})$$
$$M:0 = a_1 + 1$$
$$L:0 = -3a_1 + b_1 + c_1 - 1$$
$$T:0 = -b_1 - 2$$
$$a_1 = -1, \qquad b_1 = -2, \qquad c_1 = 0$$

则

$$\pi_1 = \frac{\Delta p}{\rho v^2} = Eu$$

同理

$$\pi_2 = \frac{\rho v d}{\mu} = Re, \pi_3 = \frac{e}{d}, \pi_4 = \frac{l}{d}$$

因此

$$F\left(Eu, Re, \frac{e}{d}, \frac{l}{d}\right) = 0 \text{ 或 } Eu = F_1\left(Re, \frac{e}{d}, \frac{l}{d}\right)$$

可见,通过 π 定理分析,将影响管道内流动的 7 个有量纲参数变成了 4 个无量纲的参数,其中 Eu 是 Re、(e/d) 和 (l/d) 的函数,并且 Eu 和 Re 分别是相似理论中分析得到的欧拉数和雷诺数,因此,相似理论和量纲分析是一致的。量纲分析使变量个数减少可以减小试验工作量,上式将在第 5 章中得到应用。

π 定理与瑞利法并没有太大的差异,两种方法的代数运算步骤大致相同,不过应用 π 定理进行量纲分析可以避免瑞利法中的无穷级数。

【例 4.5】 已知通过 V 型槽流量的通式是

$$Q = H^2 \sqrt{gH} \Phi\left[\frac{H\sqrt{gH}}{\nu}, \theta\right]$$

其中 H 为水头,ν 为流体的运动粘性系数,θ 为槽的夹角。由试验得出的 $90°V$ 型槽水流量的实用公式为 $Q = 1.37H^{2.47}$ m³/s。试以通式所给出的动力相似条件,证明当用水流量的实用公式来测量运动粘性系数是水的 12 倍的另一流体的流量时,其相对误差约为 5%。

解 由流量通式可知流动涉及的物理量有 Q、H、g、ν 和 θ,共 5 个,其中 θ 为独立无量纲数。

Q、H、g、ν 涉及的量纲为 $[L]$ 和 $[T]$,所以他们可以组成 2 个无量纲数,用量纲分析法可知这二个无量纲数为:$\frac{Q}{H\nu}$ 和 $\frac{\nu^2}{H^3 g}$。

计算水和另一流体的流量时,要求:

$$\frac{Q_w}{H_w \nu_w} = \frac{Q_m}{H_m \nu_m} \tag{a}$$

$$\frac{v_w^2}{H_w^3 g_w} = \frac{v_m^2}{H_m^3 g_m} \tag{b}$$

上式中的下标 w 表示水的物理量,下标 m 表示另一种流体的物理量。

(b) 式中

$$g_w = g_m$$

$$\frac{H_m}{H_w} = \left(\frac{v_m}{v_w}\right)^{2/3}$$

由(a) 式:

$$\frac{Q_m}{Q_w} = \left(\frac{v_m}{v_w}\right)\left(\frac{H_m}{H_w}\right) = \left(\frac{v_m}{v_w}\right)^{5/3} = (12)^{5/3} = 62.9$$

用水的实用公式计算流量时有:

$$\frac{Q_m'}{Q_w} = \frac{1.37H_m^{2.47}}{1.37H_w^{2.47}} = \left[\left(\frac{v_m}{v_w}\right)^{2/3}\right]^{2.47} = 59.8$$

$$\frac{Q_m'}{Q_m} = \frac{59.8}{62.9} = 0.95$$

所以用水的实用公式计算另一流体流量时相对于通用公式结果的误差为

$$\left|\frac{Q_m' - Q_m}{Q_m}\right| = 5\%$$

【例 4.6】 海洋中行驶的船体长度为 100 m,进行模型试验时采用长度比率为 1∶50,模型船体长度为 2 m,排水量为 0.05 m³,船体浸水面积为 0.9 m²,在水道内进行模型试验时,水的密度为 1 000 kg/m³,水流速为 1.1 m/s,测得总阻力为 2.66 N,计算原型船在海水内行驶的速度,海水密度为 1 030 kg/m³,船体阻力及船体行驶时的驱动功率。

解　由几何相似,原型船体的排水量为:

$$V_p = V_m/k_l^3 = 0.05/(1/50)^3 = 6\ 250\ \text{m}^3$$

原型船体浸水面积为:

$$A_{wp} = A_{wm}/k_l^2 = 0.9/(1/50)^2 = 2\ 250\ \text{m}^2$$

根据弗汝德准则,$Fr = \dfrac{v}{\sqrt{gl}}$,在相同的重力场下,原型船体在海水中行驶速度为:

$$v_p = v_m/\sqrt{k_l} = 1.1/\sqrt{1/50} = 7.778\ \text{m/s}$$

模型船体的摩擦阻力计算为(参见第 6 章):

$$Re_{lm} = \frac{v_m l_m}{\nu} = \frac{1.1 \times 2}{1 \times 10^{-6}} = 2.2 \times 10^6$$

摩擦阻力系数:

$$C_{fm} = \frac{0.455}{[\log(Re_{lm})]^{2.58}} = \frac{0.455}{[\log(2.2 \times 10^6)]^{2.58}} = 3.874 \times 10^{-3}$$

摩擦阻力:

$$F_{fm} = C_{fm}\left(\frac{1}{2}\rho V^2 A_w\right)_m = 3.874 \times 10^{-3}[0.5 \times 1\ 000 \times 1.1^2 \times 0.9] = 2.11\ \text{N}$$

船体形状阻力:

$$F_{pm} = F_m - F_{fm} = 2.66 - 2.11 = 0.55\ \text{N}$$

因为弗汝德数相等,所以模型与原型的波浪对船体形状阻力系数相等;

$$\left(\frac{F_p}{\rho g V}\right)_m = \left(\frac{F_p}{\rho g V}\right)_p$$

原型船体受到的形状阻力为:

$$F_{pp} = F_{pm}(\rho_p/\rho_m)(V_p/V_m) = 0.55 \times (1\,030/1\,000) \times (6\,250/0.05) = 7.081 \times 10^4 \text{ N}$$

原型船体受到的摩擦阻力计算为：

$$Re_{lp} = \frac{v_p l_p}{\nu} = \frac{7.778 \times 100}{1 \times 10^{-6}} = 7.778 \times 10^8$$

$$C_{fp} = \frac{0.455}{[\log(Re_{lp})]^{2.58}} = \frac{0.455}{[\log(7.778 \times 10^8)]^{2.58}} = 1.621 \times 10^{-3}$$

摩擦阻力为：

$$F_{fp} = C_{fp}\left(\frac{1}{2}\rho v^2 A_w\right)_p = 1.621 \times 10^{-3} \times [0.5 \times 1\,030 \times 7.778^2 \times 2\,250]$$

$$= 1.136 \times 10^5 \text{ N}$$

所以,原型船体受到的总阻力为：

$$F_p = F_{pp} + F_{fp} = 7.081 \times 10^4 + 1.136 \times 10^5 = 1.844 \times 10^5 \text{ N}$$

船体行驶需要的驱动功率为：

$$P_p = F_p v_p = 1.844 \times 10^5 \times 7.778 = 1.434 \times 10^6 \text{ W}$$

本 章 小 结

4.1　量纲分析和相似性原理是工程中依据物理量的量纲和方程量纲一致性原理进行量纲分析和物理量的组合的一种分析方法,目的是得到无量纲组合参数或决定流动的相似准则数,以减少变量个数,节约试验时间和费用。

4.2　物理量的量度类型称为量纲,流体力学中有三个基本量纲,分别是长度$[L]$、质量$[M]$和时间$[T]$,其他物理量量纲可以由基本量纲导出。

4.3　力学相似性原理包括几何相似、运动相似和动力相似。几何相似是指模型和原型具有相同的形状但大小不同,模型和原型各相应部位的线性长度成比例并具有同一比例常数,对应的夹角相等。运动相似是指模型与原型流动中对应点处的速度方向相同,大小成比例,并且具有同一比率。运动相似实际上是相应时刻流场和流线相似。动力相似是指模型和原型受到相同性质的力的作用,并且这些力成比例并具有同一比率。

4.4　流体力学中推导出的相似准则数有欧拉数 $Eu = \Delta p/\rho v^2$,弗汝德数 $Fr = v/\sqrt{gl}$,雷诺数 $Re = \rho vl/\mu$,马赫数 $Ma = v/\sqrt{E_v/\rho}$ 和韦伯数 $We = v/\sqrt{\sigma/\rho}$ 等。在满足模型和原型几何相似的前提下,保证所有的相似准则数相等就基本上实现了模型和原型的力学相似。

4.5　模型试验采用抓住主要矛盾的方法。当重力处于主要地位,而粘性力作用不显著时,就只考虑弗汝德准则,即保证弗汝德数相等,而忽略雷诺准则。当粘性力起主导作用时,一般考虑雷诺准则,即保证雷诺数相等。

4.6　量纲分析方法有瑞利法和泊金汉 π 定理。π 定理可以分四步。第一步分析并找出影响流动的全部主要变量(n个)。第二步分析所有变量的量纲,并确定其中包含的基本量纲(m个)。第三步确定 m 个重复变量。第四步用带指数的重复变量与其他变量的乘积组合成,根据量纲一致性原理,计算各个重复变量的指数,最终得到 $n-m$ 个无量纲组合变量。

习　题

4.1　为了求得水管中蝶阀(见图 4.3)的特性,预先在空气中作模型试验。两种阀的 α 角相同。空气 $\rho_m = 1.25\ \text{kg/m}^3$,流量 $q_{V,m} = 1.6\ \text{m}^3/\text{s}$ 试验模型的直径 $d_m = 250\ \text{mm}$,试验模型得出阀的压力损失 $\Delta p_m = 275\ \text{mmH}_2\text{O}$,作用力 $F_m = 140\ \text{N}$,作用力矩 $M_m = 3\ \text{N·m}$,实物蝶阀直径 $d_p = 2.5\ \text{m}$,实物流量 $q_{V,p} = 8\ \text{m}^3/\text{s}$。试验是根据力学相似设计的。试求:

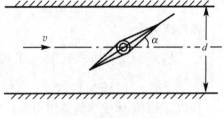

图 4.3　习题 4.1 图

　　(1) 速度比例尺 k_v、长度比例尺 k_l、密度比例尺 k_ρ;

　　(2) 实物蝶阀上的压力损失、作用力和作用力矩。

4.2　如图 4.4 所示,用模型研究溢流堰的流动,采用长度比例尺 $k_l = 1/20$。请回答:

　　(1) 已知原型堰上水头 $h_p = 4\ \text{m}$,试求模型的堰上水头;

　　(2) 测得模型上的流量 $q_{V,m} = 0.2\ \text{m}^3/\text{s}$,试求原型上的流量;

　　(3) 测得模型堰顶的真空值 $p_{V,m} = 200\ \text{Pa}$,试求原型上的堰顶真空值。

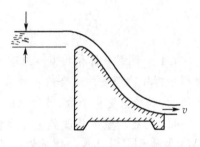

图 4.4　习题 4.2 图

4.3　在风速为 8 m/s 的条件下,在模型上测得建筑物模型背风面压力为 $-24\ \text{N/m}^2$,迎风面压力为 $40\ \text{N/m}^2$。试估计在实际风速为 10 m/s 的条件下,原型建筑物背风面和迎风面压力各为多少?

4.4　长度比例尺 $k_l = 1/40$ 的船模,当牵引速度 $v_m = 10\ \text{m/s}$,测得波浪阻力 $F_m = 1.1\ \text{N}$。如不计粘性影响,试求原型船的速度、阻力及消耗的功率。

4.5　汽车高度 $h_p = 2\ \text{m}$,速度 $v_p = 108\ \text{km/h}$,行驶环境为 20 ℃ 时的空气。模型试验的空气为 0 ℃,气流速度为 $v_m = 60\ \text{m/s}$,试求:

　　(1) 模型中汽车的高度 h_m;

　　(2) 在模型中测得正面阻力为 1 500 N,原型汽车行驶时的正面阻力为多少?

4.6　弦长为 3 m 的飞机机翼以 300 km/h 的速度,在温度为 20 ℃、压力为 $1.013 \times 10^5\ \text{Pa}$ 的静止空气中飞行,用长度比例尺为 1∶20 的模型在风洞中做试验,要求实现动力相似。

　　(1) 如果风洞中空气的温度、压力和飞行中的相同,风洞中空气的速度应为多少?

　　(2) 如果模型在水中试验,水温为 20 ℃,则速度又为多少?

4.7　一直径为 6 cm 的球体置于 20 ℃ 的水流中试验,水的流速为 3 m/s,测得阻力为 6 N。若有一直径为 2 m 的气象气球在 20 ℃、101.3 kPa 的大气中运动,在相似的情况下,气球的速度及阻力各为多少?

4.8 当水温为 20 ℃、平均速度为 4.5 m/s 时,直径为 0.3 m 水平管线某段的压力降为 68.95 kN/m²。如果用比例为 1∶6 的模型管线,以 20 ℃ 的空气为工作流体,当平均流速为 30 m/s 时,要求在相应段产生 55.2 kN/m² 的压力降。计算力学相似所要求的空气压力。

4.9 三角形水堰的 q_V 与堰上水头 H 及重力加速度 g 有关,试用量纲分析确定 $q_V = f(H,g)$ 的关系式。

4.10 气体的音速 c 随压力 p 及密度 ρ 而变,试用量纲分析确定 c 的表达式。

4.11 流体通过水平毛细管的流量 q_V 与管径 d、动力粘度 μ、压力梯度 $\Delta P/l$ 有关,试用量纲分析确定流量的表达式。

4.12 小球在不可压缩粘性流体中运动的阻力 F_D 与小球直径 d、等速运动的速度 v、流体密度 ρ 和动力粘度 μ 有关,试推导出阻力的表达式。

4.13 火箭的升力为其长度 l、速度 v、冲角 α、密度 ρ、粘性系数 μ 及空气音速 c 的函数。试推导出升力的表达式。

4.14 两个共轴圆筒,外筒固定,内筒旋转。两筒筒壁间隙充满不可压缩粘性流体。维持内筒角速度不变所需转矩与筒的长度和直径、流体的密度和粘性,以及内筒的旋转角速度有关,试推导出转矩的表达式。

5   管内不可压缩流体流动

　　管道内流体流动包括供水排水及水处理系统、供气输油管路、供热和空调系统、动力厂的汽水风烟油系统以及血液循环和呼吸系统等等。管道可以是各种断面形状和不同材料。由伯努里方程可以进行管道内流体流动计算,但是流动阻力的计算在前面章节中还没有讨论。本章首先讨论管道内层流与湍流流动,然后进行粘性摩擦沿程流动阻力和局部流动阻力的计算,最后讨论管道设计和管网内流体流量分布及阻力平衡等。

5.1   管内层流流动及粘性摩擦损失

5.1.1   层流与湍流流动

　　流体流动有两种流动规律和阻力特性显著不同的流动状态层流和湍流。1883 年,雷诺(O. Reynolds) 进行了流体在管内流动的阻力和流态实验。图 5.1(a) 为实验得到的管内水的流速和压力降的关系。在低流速下,压力降与流速成正比(A 点以下),在对数坐标上,呈线性关系,当流速增加时(B 点),数据分散,在更高的流速下(C 点以上),压力降突然增加,与流速几乎是二次方关系,直线斜率在 1.75 ～ 2.00 之间。为了深入研究这一现象,他进行了实验观察,加入有色液体,如图 5.1(b) 所示。在低流速下,有色流线保持原状,非常光滑,延伸到整个管道。在数据分散区,色线非常不稳定,在一个很短的距离内就破裂了。而在具有二次方关系的更高的流速下,色线几乎立即分散了,颜色充满了整个管道,如图 5.1(c) 所示。低流速下,流线保持原状,流体质点分层运动,相互间没有混合,称为层流。流体质点间高度混合的不规则的流动定义为湍流,湍流流动的特征是速度、压力等参数是脉动的。数据分散、

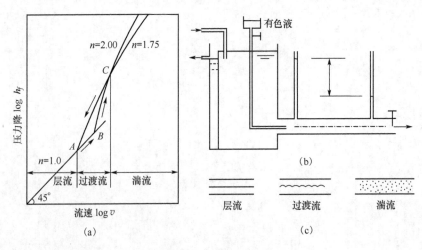

图 5.1   雷诺实验

流线不稳定是层流向湍流转变过程中的过渡区域(BCA),此时流动不稳定但还没有充分混合,称为过渡流。如果将流速由大逐渐变小,变化趋势将不沿线 CB 返回,而是沿曲线 CA。一般称 B 点为上临界点,A 点为下临界点。实验表明层流流动的能量损失水头随速度 $v^{1.0}$ 变化,而对于湍流流动,能量损失水头随速度 v^n 变化,n 大约在 $1.75 \sim 2.00$ 之间。湍流时,光滑管内流动 n 为最低值 1.75,当壁面粗糙度增加时,n 增加到最大值 2.00。

层流流动中粘性起主要作用,能量损失主要由粘性摩擦产生的。而湍流流动中,由惯性力导致的湍流脉动起主要作用,能量损失主要由脉动过程中动量交换产生的。

确定流动是层流还是湍流,速度不是惟一因素,还与管径和流体性质有关,判别依据是雷诺数,圆管道的雷诺数为:

$$Re = \frac{dv\rho}{\mu} = \frac{dv}{\nu} \tag{5.1}$$

雷诺数是无量纲参数,反映了惯性力与粘性力之比,$Re = \dfrac{dv\rho}{\mu} = \dfrac{\rho v^2}{\mu v/d} = \dfrac{\text{惯性力}}{\text{粘性力}}$。粘性力是分子间吸引力,使流动稳定,而惯性力使流体质点分离,使流动不稳定。因此雷诺数越大,惯性力越大,流动越不稳定,流动将趋向于湍流。

与上临界点(B 点)相对应的雷诺数通常是变化的,不容易确定,与防止扰动而导致湍流发生所采取的措施有关。以 B 点确定保持层流时的 Re 一般在 4 000 左右,有的试验最高 Re 可以达到 50 000。通常以下临界点(A 点)雷诺数作为判别流动状态的临界雷诺数。

$$Re_{\text{crit}} = 2\,100 \tag{5.2}$$

当 Re 低于 2 100 时,直管道内不再是湍流流动,因为任何扰动都会被粘性所消耗掉。即当 $Re < 2\,100$ 时,流动为层流;稳定的湍流一般是 $Re > 4\,000$;而当 $2\,100 < Re < 4\,000$ 时,流动为过渡流。

工程中如水和空气之类的流体流动通常都为湍流,只是对于粘性特别大的油才有可能出现层流流动。例如水温为 15 ℃,在管道直径 d 为 25 mm 流动时,保持层流流动的临界(最大)流速 $v_{\text{crit}} = 0.091$ m/s。当流速 $v = 0.91$ m/s 时,保持层流流动的临界(最大)管径 $d_{\text{crit}} = 2.5$ mm。工程中水在管内的流动一般很少遇到如此小的流速或管道直径。

【例 5.1】　炼制油($\rho = 850$ kg/m³,$\nu = 1.8 \times 10^{-5}$ m²/s)在直径为 100 mm 的管道内流动,流量为 2.5 L/s,试判断该流动是层流还是湍流?

解　$v = \dfrac{4q_V}{\pi d^2} = \dfrac{4 \times 0.002\,5}{\pi \times 0.1^2} = 0.318\,4$ m/s

$Re = \dfrac{dv}{\nu} = \dfrac{0.10 \times 0.318\,4}{1.8 \times 10^{-5}} = 1\,768.9$

因为 $Re < Re_{\text{crit}} = 2\,100$,所以,流动为层流。

5.1.2　等截面管道内沿程能量损失

在过流断面面积为 A 的等截面管道内,取控制体如图 5.2 所示,1 和 2 分别代表两个断面,断面处的压力分别为 p_1 和 p_2,断面间距为 l,对于稳定流动,控制体受力平衡($\sum F = ma = 0$),因此在流动方向上有:

$$p_1 A - p_2 A - \rho g l A \sin\alpha - \tau(\chi l) = 0 \tag{5.3}$$

式中:τ—— 控制体圆周表面的平均切应力;

χ—— 流体与固体壁面相接触部分的边界长度。

因为,$\sin\alpha = (z_2 - z_1)/l$,式(5.3)除以 ρgA,得到:

$$\frac{p_1}{\rho g} - \frac{p_2}{\rho g} - z_2 + z_1 = \tau \frac{\chi l}{\rho gA} \tag{5.4}$$

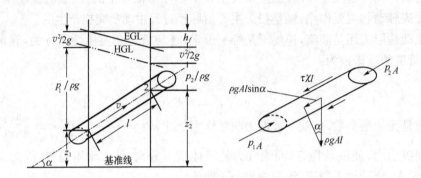

图 5.2　管道内流体微元受力分析

(EGL 为总水头线,HGL 为测压管水头线)

由伯努里方程,由于粘性摩擦产生的损失水头为:

$$h_f = \left(z_1 + \frac{p_1}{\rho g}\right) - \left(z_2 + \frac{p_2}{\rho g}\right) \tag{5.5}$$

由式(5.4)和式(5.5)得,沿管长 l,由于粘性摩擦作用而产生的能量损失水头为:

$$h_f = \tau \frac{\chi l}{\rho gA} \tag{5.6}$$

管道内粘性摩擦一般沿管长均匀发生,能量损失水头与管长成正比,称为沿程水头损失,一般表示为:

$$h_f = \lambda \frac{l}{d} \frac{v^2}{2g} \tag{5.7}$$

式(5.7)也称为达西方程(Darcy Equation)。

当管道内流动的是气体时,沿程能量损失一般用压强损失 p_f 表示,即

$$p_f = \lambda \frac{l}{d} \frac{\rho v^2}{2}$$

式中,λ 为沿程摩擦阻力系数。

单位管道长度上的能量损失是总水头线(EGL)的斜率,也称能量梯度或水力坡度,表示为:

$$S = \frac{h_f}{l} = \frac{\lambda}{d} \frac{v^2}{2g} \tag{5.8}$$

对于非圆管道,以当量直径 d_e 代替相关计算式中的管道直径 d,则流动计算可以适用于任意形状的过流断面(流通断面面积 A 仍以实际面积计算)。

5.1.3　圆管道内切应力分布

如图 5.3 所示,流体在半径为 r 的流管内流动,$A = \pi r^2$,$\chi = 2\pi r$,流管壁面处切应力为 τ,由式(5.6) 得:

$$h_f = \tau \frac{\chi l}{\rho g A} = \tau \frac{2\pi r l}{\rho g \pi r^2} = \frac{2\tau l}{r\rho g} \tag{5.9}$$

τ 为半径 r 处的切应力,由式(5.5) 可知,h_f 在任意 r 处相等,所以有:

$$\tau = \tau_0 \frac{r}{r_0} \tag{5.10}$$

τ_0 为管壁处切应力。式(5.10) 表明,切应力在径向是线性分布的,在轴中心处为 0,壁面处最大为 τ_0。切应力线性分布规律对层流和湍流都适用。由式(5.7)、式(5.9) 和式(5.10) 可以得到:

$$\tau_0 = \frac{\lambda}{4} \rho \frac{v^2}{2} \tag{5.11}$$

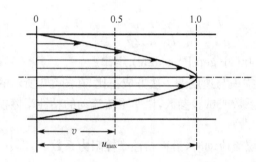 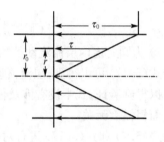

图 5.3　圆管道内层流速度及切应力分布

5.1.4　圆管道内层流流动及粘性摩擦损失

层流流动 $\tau = \mu du/dy$,u 是断面上的速度分布函数。定义 $y = r_0 - r$,所以有 $\tau = -\mu du/dr$,"—" 号表示速度 u 随 r 增加而减少。

由于

$$h_f = \frac{2\tau l}{r\rho g} = \mu \frac{du}{dy} \frac{2l}{r\rho g} = -\mu \frac{du}{dr} \frac{2l}{r\rho g}$$

得到:

$$du = -\frac{h_f \rho g}{2\mu l} r dr$$

由于 $r = 0$,$u = u_{max}$,积分上式至 $r = r$,$u = u$。

$$\int_{u_{max}}^{u} du = \int_0^r -\frac{h_f \rho g}{2\mu l} r dr$$

$$u = u_{max} - \frac{h_f \rho g}{4\mu l} r^2 = u_{max} - k r^2$$

式中,$k = h_f \rho g/(4\mu l)$。

可见,圆管道内层流流动时,断面上的速度分布是抛物线型。

壁面处 $r = r_0$，由无滑移边界条件有，$u = 0$，则 $k = u_{max}/r_0^2$。

$$u = u_{max} - \frac{u_{max}}{r_0^2}r^2 = u_{max}\left(1 - \frac{r^2}{r_0^2}\right) \tag{5.12}$$

$$u_{max} = kr_0^2 = \frac{h_f \rho g}{4\mu l}r_0^2 = \frac{h_f \rho g}{16\mu l}d^2 \tag{5.13}$$

半径 r 处微元圆环的面积 $\mathrm{d}A = 2\pi r \mathrm{d}r$，通过该圆环的流量为 $\mathrm{d}q_V = u\mathrm{d}A$。该式从 $r = 0$ 积分到 $r = r_0$，可以求得断面流量：

$$q_V = \int_A u\mathrm{d}A = \int_0^{r_0} u2\pi r\mathrm{d}r = \frac{\pi h_f \rho g r_0^4}{8\mu l} \tag{5.14}$$

断面平均流速：

$$v = \frac{q_V}{A} = \frac{q_V}{\pi r_0^2} = \frac{h_f \rho g}{8\mu l}r_0^2 = \frac{h_f \rho g}{32\mu l}d^2 \tag{5.15}$$

由式(5.13)和式(5.15)，有：

$$v = 0.5u_{max} \tag{5.16}$$

由式(5.15)，有：

$$h_f = 32\frac{\mu}{\rho g}\frac{l}{d^2}v = 32\frac{\nu}{g d^2}lv = \frac{64\nu}{dv}\frac{l}{d}\frac{v^2}{2g} \tag{5.17}$$

式(5.17)为圆管道内层流流动的哈根-泊肃叶(Hagen-Poiseuille)定律。

由式(5.17)可以得到，层流流动时水头损失与速度的一次方成正比，在图5.1所示的实验中可以得到验证。式中没有涉及任何经验系数或试验参数，说明层流流动的粘性摩擦损失与管壁面粗糙度无关。

由式(5.7)和式(5.17)进行对比，得到层流流动时，沿程粘性摩擦阻力系数，

$$\lambda = \frac{64\nu}{dv} = \frac{64}{Re} \tag{5.18}$$

因此，对于 Re 小于 $2\,100$ 的层流流动，可以由式(5.7)和式(5.18)计算得到粘性摩擦水头损失(见图5.4)。

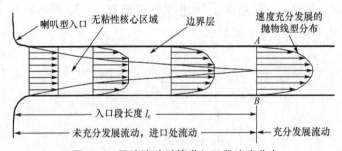

图5.4　层流流动时管道入口段速度分布

由式(5.12)和式(5.16)可以得到第3章中讨论到的层流流动时的动能修正系数 α 和动量修正系数 β 分别为 2 和 4/3.

【例5.2】　冷冻机润滑油在管径为 10 mm，管长为 5 m 的圆管内流动，测得流量为 80 cm³/s，管道阻力损失为 30 m 油柱，求油的运动粘度系数。

解　管内流速：

$$v = \frac{q_V}{A} = \frac{4q_V}{\pi d^2} = \frac{4 \times 80 \times 10^{-6}}{\pi \times (10 \times 10^{-3})^2} = 1.02 \text{ m/s}$$

假设流动为层流,由式(5.7),得:

$$\lambda = \frac{2gdh_f}{lv^2} = \frac{2 \times 9.81 \times 0.01 \times 30}{5 \times 1.02^2} = 1.13$$

润滑油在细管内流动,则由式(5.18)得,$\lambda = \frac{64}{Re}$,$Re = 64/\lambda = 64/1.13 = 56.6 < Re_{\text{crit}} = $

2 100,流动为层流假设成立。由 $Re = \frac{vd}{\nu}$,得油的运动粘度系数为:

$$\nu = \frac{vd}{Re} = \frac{1.02 \times 0.01}{56.6} = 1.82 \times 10^{-4} \text{ m}^2/\text{s}$$

5.1.5　层流流动入口段长度

在管道入口处,如果流体进入管道时没有任何初始扰动,在管道进口处所有流体质点速度相等,除了与壁面接触处由无滑移边界条件速度为0外,入口处断面上速度均匀,如图5.4所示。当流体进入管道后,壁面处的粘性摩擦将使壁面处流体质点速度降低,但是,因为流量是恒定的,所以管道中心处流体质点速度增加,直到最终形成抛物线型分布。理论上,需要无限长距离,但是,定义当管道断面上流体质点速度刚刚形成抛物线型分布时的管道长度为入口段长度 l_e,理论和试验得到的层流流动时管道入口段长度为:

$$\frac{l_e}{d} = 0.058Re \tag{5.19a}$$

对于临界 $Re = 2\,000$ 时,入口段长度为管道直径的116倍,对于 Re 小于2 000的其他层流流动,入口段长度相应的有所减小。

在入口段内的流动是不稳定的,即速度分布是变化的。入口段内,中心流动没有受到壁面粘性的影响,可以看做无粘性核心区域,流动是均匀的。无粘性中心区域之外称为近壁面的边界层。边界层内的粘性作用将壁面处的剪切力影响传递到流体内部流动中。在 AB 断面处,边界层发展到充满了整个管道断面,此处,层流速度分布达到了完全的抛物线型分布。在 AB 断面以后,在直管道内,速度分布将不再变化,流动称为稳定流动(层流)或充分发展流动(层流)。直管道内充分发展流动的流场将不再变化。但是,在弯头或其他管道附件处,流场因为受到扰动而发生变形,此后将需要另外的一定长度的直管段才能使流动重新恢复到稳定流动。通常工程中的管道附件相距较远,管道内流动都是充分发展流动。但是当管道附件相距较近时,稳定流动则不容易实现。

若管内流动为湍流,由于流体质点的横向脉动,圆管入口段长度变短,圆管入口段长度为:

$$\frac{l_e}{d} = 4.4Re^{1/6} \tag{5.19b}$$

【例5.3】　如例5.1所示,确定管道中心处流速、$r = 20$ mm 处的流速、粘性摩擦系数、管壁面处切应力和单位管长上水头损失。

解　由例题5.1确定流动是层流,

管道轴线处最大流速 u_{max}:

$$u_{max} = 2v = 0.636\ 8\ \text{m/s}$$

壁面处 $r = r_0 = 50\ \text{mm}$,流速 $u = 0$,因此,由 $u = u_{max} - kr^2$ 得,$0 = 0.636\ 8 - k(0.05)^2$,$k = 254.72\ \text{m} \cdot \text{s}$。

$r = 20\ \text{mm}$ 处,流速 $u_{20mm} = 0.636\ 8 - 254.72 \times 0.02^2 = 0.534\ 9\ \text{m/s}$

粘性摩擦系数:

$$\lambda = \frac{64}{Re} = \frac{64}{1\ 768.9} = 0.036\ 18$$

壁面处切应力:

$$\tau_0 = \frac{\lambda}{4}\rho\frac{v^2}{2} = \frac{0.036\ 18}{4} \times 850 \times \frac{0.318\ 4^2}{2}$$
$$= 0.389\ 7\ \text{kg/(m} \cdot \text{s}^2) = 0.389\ 7\ \text{N/m}^2$$

单位管长上水头损失或能量梯度:

$$S = \frac{h_f}{l} = \lambda\frac{1}{d}\frac{v^2}{2g} = 0.036\ 18 \times \frac{1}{0.10} \times \frac{0.318\ 4^2}{2 \times 9.81} = 0.001\ 869$$

【例 5.4】 设某圆管流动的流速分布为 $u = A + Br + Cr^2$,其中 r 为径向坐标。若管道轴线上的流速为 u_{max},管道半径为 r_0,试求系数 A、B、C,并判明该圆管流动的流态。

解 r 坐标原点置于圆管轴线上,则:

$r = 0$ 时,

$$u = u_{max}$$

代入速度函数有:

$$A = u_{max}$$

由圆管流动特点,可知 $r = 0$ 时,$\dfrac{\text{d}u}{\text{d}r} = 0$,则

$$B + 2C \times 0 = 0$$

则
$$B = 0$$

$r = r_0$ 时,$u = 0$,则:

$$0 = u_{max} + Cr_0^2$$

得
$$C = -\frac{u_{max}}{r_0^2}$$

故
$$\begin{cases} A = u_{max} \\ B = 0 \\ C = -\dfrac{u_{max}}{r_0^2} \end{cases}$$

速度分布为:

$$u = u_{max}\left(1 - \left(\frac{r}{r_0}\right)^2\right)$$

与圆管层流时的速度分布完全相同,因此流态为层流。

5.2 湍流流动及沿程摩擦阻力计算

5.2.1 湍流旋涡粘度与混合长度理论

层流流动时流体质点沿一直线流动,而湍流流动时流体质点沿不规则的路径流动。湍流流动中,流场中某点的速度在大小和方向上都是脉动的,这种脉动可以从速度测量以及压力表和大气压力计中得到反映,如图 5.5(a)。脉动是由于小的不连续的旋涡造成的,旋涡在壁面附近形成,大小和形状随时间变化。旋涡间和旋涡与主流间的相互作用导致流体质点充分混合。旋涡的能量最终在周围流体的粘性作用下耗散掉,旋涡消失,但新的旋涡会不断形成。旋涡使速度脉动非常快但不规则。

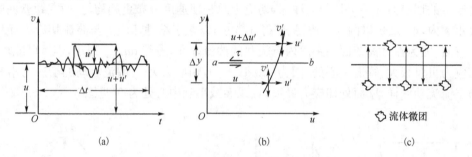

图 5.5 湍流速度脉动及动量交换

x 轴方向湍流脉动瞬时速度为 u_t,可以表示为时间平均速度 u 和脉动速度 u' 之和,即

$$u_t = u + u'$$

或

$$u_t(x,t) = u(x) + u'(x,t)$$

式中,时间平均速度 u 或 $u(x)$ 表示在某一段时间 T 内瞬时速度的平均值,又称为时均速度,$u(x) = \overline{u_t(x,t)} = \frac{1}{T}\int_t^{t+T} u_t(x,t')\mathrm{d}t'$。脉动速度 $u'(x,t)$ 的时均值为 0,即 $\overline{u'} = \overline{u'(x,t)} = \frac{1}{T}\int_t^{t+T} u'(x,t')\mathrm{d}t' = 0$。

湍流脉动造成流体中有连续不断的质点的混合和动量交换。质点混合过程中的粘性作用将消耗机械能并将其转换成热能。如图 5.5(b)、(c) 所示,速度 u 随 y 而增加,虽然流体质点整体上沿水平方向向右移动,但是因为脉动,流体质点将穿过线 ab 进行动量传递。从平均的角度讲,下层的流体质点速度比上层的流体质点速度小,其结果是从下层来的穿过线 ab 的流体质点将使较快运动的上层流体质点速度降低,反过来,从上层来的流体质点将使下层较慢运动的流体质点速度加快,其结果是在 ab 面处沿表面产生了切应力,这类似于流体分子粘性的作用,而粘性力可以用 $\tau = \mu \mathrm{d}u/\mathrm{d}y$ 表示,此式只适用于层流流动。

在湍流流动分析中,湍流脉动有与分子粘性相类似的动量传递,只是用有限质量的流体质点或微团代替分子的作用(见图 5.5(c)),通过类比分析,对于湍流流动,定义在 ab 面上由于湍流脉动产生的湍流切应力为:

$$湍流切应力 = \eta \frac{\mathrm{d}u}{\mathrm{d}y} \tag{5.20}$$

η 称为湍流流动的旋涡粘度。η 与 μ 不同,对于给定的流体来讲,在一定温度下,η 不是常数,它取决于流动的湍流程度。η 可以看成动量交换系数,表示速度大小不同的流体质点或微团由于湍流造成的动量交换,其大小可以从 0 到 μ 的几千倍。不过,η 值的物理概念比其大小更为重要。在处理湍流流动时,有时应用运动旋涡粘度 $\varepsilon = \eta/\rho$,ε 与运动粘度相类似,但是它仅是流动特性参数。

通常,湍流流动中,总切应力是层流切应力与湍流切应力之和,即

$$\tau = \mu \frac{du}{dy} + \eta \frac{du}{dy} = \rho(\nu + \varepsilon) \frac{du}{dy} \tag{5.21}$$

对于湍流流动,式中第二项比第一项大许多倍。

湍流流动中,局部水平方向速度具有正的或负的脉动速度 $u_x{}'$,简写为 u',同时还有垂直于速度 u 的正的或负的脉动速度 $u_y{}'$ 和 $u_z{}'$,如图 5.6(b) 所示。通常靠近光滑壁面处,只有层流流动产生的切应力,$\tau = \mu du/dy$。注意,切应力总是使速度分布更趋均匀。而在距壁面附近的一段距离内,如 $0.2r$ 以内,du/dy 就变得非常小,以至于粘性切应力与湍流切应力相比几乎可以忽略。因为在远离壁面的距离内有较强的湍流存在,虽然 du/dy 很小,但 η 可能很大,湍流切应力可以很大。管道中心处,因为 $du/dy = 0$,切应力为 0。湍流流动的切应力沿径向分布与层流流动一样,壁面处切应力最大,且线性减小到中心处为 0(见图 5.3)。

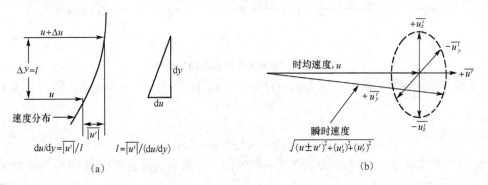

图 5.6　混合长度与瞬时速度

湍流切应力的另一种表示方式可以由混合长度理论分析得到。在图 5.6(b) 中,线 ab 下的质量为 m、水平方向时间平均速度为 u 的流体,移动到时间平均速度为 $u + \Delta u$ 的上层流体中,则其动量将增加 $m\Delta u$,相反的,如果质量为 m 流体从上层移动到下层,则其动量将减少 $m\Delta u$,所以,通过 ab 面的流体进出产生的动量交换在水平方向上产生了与 Δu 成正比的切应力。在图 5.6(a) 中,如果选择一个足够长距离 Δy,上层区域内的脉动速度 $|u'|$ 的时间平均值与 Δu 相等,即 $\Delta u = \overline{|u'|}$,则两层流体间的距离称为混合长度 $l(\Delta y = l)$。在一个短暂的时间间隔内,具有脉动速度为 $+u_y{}'$ 的流体移动到速度为 $u + u'$ 的上层,则单位时间内进入 ab 面的动量为 $\rho(u_y{}'dA)(u)$,离开 ab 面的动量为 $\rho(u_y{}'dA)(u + u')$。下层流体将趋向于使上层流体速度减慢,所以沿 ab 面产生了切向力。应用动量定理,可以得到切向力为:

$$F = \tau dA = \rho q_v(\Delta u) = \rho(u_y{}'dA)(u + u' - u) = \rho u' u_y{}' dA$$

所以,在一个比较长的时间范围内,由大量的速度脉动而造成的切应力可以表示为:

$$\tau = F/dA = -\rho \overline{u'} \, \overline{u_y{}'} \tag{5.22}$$

此处，$\overline{u'u'_y}$ 是 u' 和 u'_y 乘积的时均值。现代湍流理论中，$-\rho\overline{u'\,u'_y}$ 称为雷诺应力。"—"表示 $\overline{u'\,u'_y}$ 平均值是负的。图 5.6(b) 中，$+u'_y$ 通常与 $-u'$ 相联系，而与 $+u'$ 联系的可能不大，$-u'_y$ 也是如此，即 $+u'_y$ 与 $-u'$ 和 $-u'_y$ 与 $+u'$ 的组合比 $+u'_y$ 与 $+u'$ 和 $-u'_y$ 与 $-u'$ 的组合更普遍。虽然 u' 和 u'_y 的时均值都为 0，但是它们乘积的时均值不为 0。

普朗特(Prandtl)认为在湍流流动中，$\overline{|u'|}$ 和 $\overline{|u'_y|}$ 具有相同的数量级。引入混合长度 l 的概念，l 是与流动方向相垂直的 $\Delta u = \overline{|u'|}$ 的距离。由图 5.6(a) 可知，$\Delta u = l\,du/dy$，所以 $\overline{|u'|} = l\,du/dy$，如果 $\overline{|u'|} \propto \overline{|u'_y|}$ 并用 l 作为比例常数，则 $-\overline{u'\,u'_y}$ 随 $l^2(du/dy)^2$ 变化。因此：

$$\tau = -\rho\overline{u'u'_y} = \rho l^2\left(\frac{du}{dy}\right)^2 \tag{5.23}$$

这个方程中的所有参数都是可以测量的。因此如果在试验中确定了管道摩擦损失，就可以计算得到 τ_0 和确定任意半径处的 τ，再得到管道断面上的速度分布，由速度分布得到 du/dy 和 l，式(5.23)得到的混合长度 l 是管道半径的函数。以上分析的目的是建立湍流流动中速度分布方程并由此得到摩擦系数方程。

5.2.2　湍流流动中的粘性底层

图 5.4 中，对于层流流动，如果流体进入管道时没有扰动，管道进口处除了在壁面处受到了无滑移边界约束，在壁面处速度为 0 外，整个断面上速度均匀。但是随着流动的进行，速度分布因为边界层的发展而变化，边界层连续发展直到管道壁面上的边界层达到管道中心，形成充分发展(或稳定)的层流流动为止。

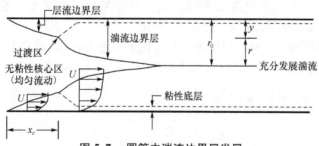

图 5.7　圆管内湍流边界层发展

如果雷诺数超过了临界雷诺数，则充分发展流动为湍流。流体刚进入管道时的流动状态与图 5.4 基本一致，在层流边界层厚度增加的时候，在某个点 x_c 处，如图 5.7 所示，边界层将发生从层流到湍流的转变。边界层为层流的长度 x_c 大约为 $5 \times 10^5 \nu/U$，由临界雷诺数确定，$Re_{x_c} = Ux_c/\nu \approx 5 \times 10^5$，式中 U 是未受到扰动的来流速度。在层流转变为湍流后，湍流边界层厚度增加更快，所以，边界层外的无粘性的核心区域的长度相对变短了。湍流流动发展远比层流流动复杂，虽然无粘性的核心区域的长度较短，但是湍流流动中，速度分布达到充分发展需要经过 4 倍的无粘性核心区域长度，而湍流流动内部结构的充分发展则需要 8 ~ 12 倍核心区域长度，并且只有当所有的参数都充分发展了，才能称为充分发展湍流流动。各种结构参数，包括入口段条件和壁面粗糙度都对湍流流动的发展产生影响，所以，没有一个确定的关系式来计算湍流流动入口段长度。但是，作为近似，速度分布通常在 25～40 倍管径长度内充分发展。后面的讨论都基于充分发展的湍流流动。

光滑壁面处由于粘性作用，在壁面附近有一个层流流动的底层。但是临近的湍流不断地引入一些随机湍流脉动来影响这一底层，所以，这一底层并不完全是真正的层流底层。因为在这一底层内粘性应力起主要作用，所以称为粘性底层。粘性底层极薄，通常只有百分之几毫米，但是，因为粘性底层内速度梯度和粘性应力（$\tau = \mu du/dy$）非常大，所以其对流动的影响是非常大的。在离壁面比较远的地方，粘性影响变得微小，而湍流应力很大。在两者之间，必然存在一个过渡区域，此处两种应力都显著。事实证明，这三个区域不能够明确地区分开，它们是相互逐渐变化的。

将层流流动和湍流流动的速度分布表示在同一张图上，两条线将出现交叉，如图 5.8 所示。可以发现，在交叉点附近没有速度的突然变化，而是在经过某种过渡后逐渐变化的。

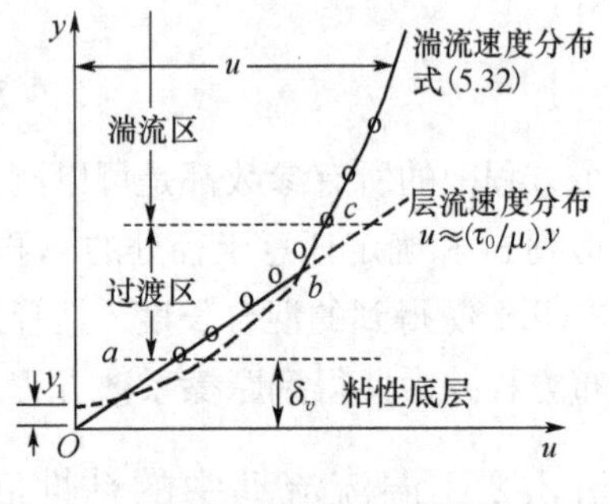

在圆管内全部为层流流动时，速度分布为抛物线型，在贴近壁面的极薄的流体层内，粘性切应力非常大，速度分布近似为线性，可以写为：

图 5.8　壁面处速度分布计算值与试验值的比较

$$u = \frac{\tau_0}{\mu}y \quad 或 \quad \frac{\tau_0}{\rho} = \frac{\nu u}{y}$$

参数 $\sqrt{\tau_0/\rho}$ 具有速度的量纲，所以称为切应力速度或摩擦速度 u_*，但是它事实上不是速度。由 $u_*^2 = \tau_0/\rho$，可以得到：

$$\frac{\nu u}{y} = u_*^2 \quad 或 \quad \frac{u}{u_*} = \frac{yu_*}{\nu}$$

上式称为壁面定律。根据试验数据，这种线性关系近似在 $0 \leqslant yu_*/\nu \leqslant 5$ 范围内成立。如果采用 y 的上限值确定粘性底层厚度 δ_ν，则 $\delta_\nu = 5\nu/u_*$。

图 5.8 中，过渡区域在 a 到 c 之间。在 c 点，y 值近似为 $70\nu/u_*$，或者 $14\delta_\nu$。超出这个范围，流动几乎全部是湍流，从而可以忽略粘性作用。

由 $\tau_0 = \dfrac{\lambda}{4}\rho\dfrac{v^2}{2}$，由切应力速度 u_* 的定义得：

$$u_* = \sqrt{\frac{\tau_0}{\rho}} = v\sqrt{\frac{\lambda}{8}} \tag{5.24}$$

上式代入 $Re_* = du_*/\nu$，当 $yu_*/\nu = 5$，并且 $y = \delta_\nu$ 时，

$$\delta_\nu = \frac{14.14\nu}{v\sqrt{\lambda}} = \frac{14.14d}{Re\sqrt{\lambda}} \tag{5.25}$$

可见，速度越高，或运动粘度越低，粘性底层越薄。对于恒定直径的管道，粘性底层厚度随雷诺数的增加而降低。

数学上没有绝对的光滑表面，但是，如果实际壁面的不规则性非常小，以至于其突出部分的影响没有超出粘性底层，流体力学上称该表面是水力光滑的。如果突出部分的影响超出了粘性底层，层流层被破坏了，则表面就不再是水力光滑的。如果表面粗糙的突出部分非常大，其影响超出了过渡层，则流动将完全变成湍流，此时流动称为充分粗糙（管）流，摩擦损失与雷诺数无关。如果粗糙突出部分仅部分地进入过渡区，则称为过渡粗糙流，流动同时受

到了粗糙和雷诺数的影响。如果 e 表示粗糙突出部分的绝对高度,如图 5.9 所示,则当 $eu_*/\nu < 5$(或者 $e < \delta_\nu$)时,表面粗糙全部在粘性底层之内,粗糙度对摩擦没有影响,管道称为水力光滑管。如果 $eu_*/\nu > 70$(或者 $e > 14\delta_\nu$)时,管道将表现为充分粗糙。当 e 在这两者之间,即 $5 \leqslant eu_*/\nu \leqslant 70$(或者 $\delta_\nu \leqslant e \leqslant 14\delta_\nu$)时,管道流动阻力处于过渡区域,既不是水力光滑的也不是充分粗糙的。工程中大多数管内流动处于过渡区域。

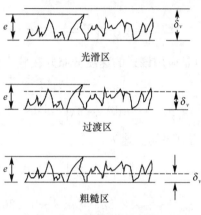

图 5.9　壁面粗糙度的影响

　　因为管道内粘性底层的厚度随雷诺数增加而减小,所以,同一根管道在低雷诺数时是水力光滑的而在高雷诺数时则可能是充分粗糙的。同时,即使是相对光滑的管道在雷诺数较高时也会变为粗糙的管道。

5.2.3　湍流流动中的速度分布

　　普朗特分析了管道内湍流流动受到近壁面处流动的影响,在壁面附近,$\tau \approx \tau_0$,假设壁面处混合长度 l 与离开壁面的距离成正比,即 $l = Ky$,试验验证了这一关系并确定 $K = 0.40$。利用这个关系式可以得到:

$$\tau \approx \tau_0 = \rho l^2 \left(\frac{\mathrm{d}u}{\mathrm{d}y}\right)^2 = \rho K^2 y^2 \left(\frac{\mathrm{d}u}{\mathrm{d}y}\right)^2 \tag{5.26}$$

或

$$\mathrm{d}u = \frac{1}{K}\sqrt{\frac{\tau_0}{\rho}}\frac{\mathrm{d}y}{y} = \frac{u_*}{K}\frac{\mathrm{d}y}{y}$$

积分并代入 $K = 0.40$,得出:

$$u = 2.5u_* \ln y + C$$

　　将 y 轴原点放在管壁,则当 $y = r_0$ 时,$u = u_{\max}$,可以确定常数 C,并得到:

$$\frac{u_{\max} - u}{u_*} = 2.5\ln\frac{r_0}{y} \tag{5.27}$$

上式称为速度差定律,将 $(u_{\max} - u)$ 定义为速度差。将 y 用 $r_0 - r$ 代替,并转换成以 10 为底的对数,可以得到:

$$u = u_{\max} - 2.5u_* \ln\frac{r_0}{r_0 - r} = u_{\max} - 5.67u_* \log\frac{r_0}{r_0 - r} \tag{5.28}$$

虽然式(5.28)在推导中假设了壁面处的条件,但是该式对接近管中心的整个湍流流动都成立。

普朗特混合长度理论分析得到的湍流流动的速度对数分布关系式(5.28),虽然在管道轴线处不满足对称条件,$du/dy \neq 0$,并且 $u = 0$ 的点不在壁面上,但是在除了紧靠轴线和管壁这两个很小区域外,式(5.28)在其他区域与试验数据吻合较好。

在粘性切应力和湍流切应力都比较重要的过渡区域,试验得到的服从对数关系的湍流速度分布为:

$$\frac{u}{u_{\max}} = 2.5\ln\left(\frac{yu_*}{\nu}\right) + 5.0 \tag{5.29}$$

虽然式(5.28)不完善,但是应用该式的速度分布并在整个管道断面上积分可以比较精确地得到流量:

$$q_v = \int_A u \, dA = 2\pi \int_0^{r_0} ur \, dr$$

除以管道面积 πr_0^2,可以得到平均流速为:

$$v = u_{\max} - 2.5u_*\left[\ln r_0 - \frac{2}{r_0^2}\int_0^{r_0} r\ln(r_0 - r)\,dr\right]$$

$$v = u_{\max} - \frac{3}{2} \times 2.5u_* = u_{\max} - 1.326v\sqrt{\lambda} \tag{5.30}$$

平均速度与最大速度之比为:

$$\frac{v}{u_{\max}} = \frac{1}{1 + 1.326\sqrt{\lambda}} \tag{5.31}$$

代入 $u_{\max}$ 和 u_*,得到:

$$u = (1 + 1.326\sqrt{\lambda})v - 2.04\sqrt{\lambda}v\log\frac{r_0}{r_0 - r} \tag{5.32}$$

由式(5.32)可以得到光滑表面和粗糙表面的平均速度和任意 λ 时湍流流动的速度分布,如图5.10所示。比较层流流动与湍流流动的速度分布,可以发现湍流流动时,管道中心处比较平坦而在靠近壁面处比较陡。湍流流动中,光滑管道内中心处的速度分布比粗糙管道内更平坦,而在层流流动中,速度分布与壁面粗糙度无关。

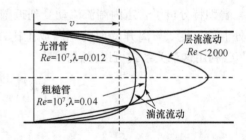

图 5.10   圆管内层流与湍流速度分布

【例5.5】   管内水流量为 $0.02\,\mathrm{m^3/s}$,管径为 $0.2\,\mathrm{m}$,水温为 $10\,^\circ\!\mathrm{C}$,测得轴线处速度为 $1.2\,\mathrm{m/s}$,求管壁切应力及粘性底层厚度和管道内的速度分布。

解   查表,$10\,^\circ\!\mathrm{C}$ 水的运动粘度系数 $\nu = 1.306 \times 10^{-6}\,\mathrm{m^2/s}$,水密度 $\rho = 999.7\,\mathrm{kg/m^3}$

管道内平均流速:

$$v = \frac{q_v}{A} = \frac{q_v}{\pi d^2/4} = \frac{4 \times 0.02}{\pi \times 0.2^2} = 0.6366\,\mathrm{m/s}$$

雷诺数 $Re = \dfrac{vd}{\nu} = \dfrac{0.6366 \times 0.2}{1.306 \times 10^{-6}} = 9.749 \times 10^4$,大于 $Re_{\mathrm{crit}} = 2100$,湍流

由式(5.31),$\lambda = \left(\dfrac{u_{\max}}{v} - 1\right)^2 / 1.326^2 = \left(\dfrac{1.2}{0.6366} - 1\right)^2 / 1.326^2 = 0.445$

由式(5.24)，$u_* = v\sqrt{\dfrac{\lambda}{8}} = 0.636\,6 \times \sqrt{\dfrac{0.445}{8}} = 0.15 \text{ m/s}$

管壁切应力为：

$$\tau_0 = \rho u^2 u_* = 999.7 \times 0.15^2 = 22.49 \text{ N/m}^2$$

由式(5.25)，粘性底层厚度为：

$$\delta_\nu = \frac{14.14d}{Re\sqrt{\lambda}} = \frac{14.14 \times 0.2}{9.749 \times 10^4 \times \sqrt{0.445}} = 0.434\,8 \times 10^{-4} \text{ m} = 0.043\,48 \text{ mm}$$

由式(5.29)，管道内速度分布为：

$$u = u_{max}[2.5\ln(yu_*/\nu) + 5.0] = 1.2 \times [2.5\ln(0.15y/(1.306 \times 10^{-6})) + 5.0]$$

$$u = 34.95\ln(y) + 6.0$$

5.2.4 沿程摩擦阻力系数计算

管道内流动摩擦损失不仅取决于粗糙突出部分的大小和形状，还与它们的分布和间距有关。工业用管道粗糙度还无法进行科学的测量和确定。1933 年德国工程师尼古拉兹(Nikurades)将经过筛选的沙粒粘附在管道壁面上得到了人工粗糙管并进行流动阻力试验。将沙粒直径 e 定义为绝对粗糙度，e/d 定义为相对粗糙度。人工粗糙管的粗糙度是均匀的，但是工业管道的粗糙度大小和分布都是不规则的。因此定义工业管道的当量粗糙度为：高雷诺数下，其余条件都相同时，如果工业管道与人工管道具有相同的 λ 值，则将人工管道的粗糙度 e 作为工业管道的当量粗糙度。当量粗糙度接近于管道的不规则粗糙突出部分的平均值。表 5.1 给出了由不同材料制成的工业管道的当量粗糙度。

表 5.1　不同材料工业管道的当量粗糙度

管道材料	当量粗糙度 e(mm)	管道材料	当量粗糙度 e(mm)
铸铁管	0.26	钢板制风管	0.15
镀锌管	0.15	塑料制风管	0.01
涂沥青铸铁管	0.12	矿渣石膏板风管	1.0
钢管	0.046	表面光滑砖风道	4.0
铜管	0.0015	矿渣混凝土板风道	1.5
玻璃管,塑料(PVC)管	≈0	胶合板风道	1.0
混凝土管	0.3～3.0	铁丝网抹灰风道	10～15

当 $\delta_\nu > e$(即 $eu_*/\nu < 5$)，或 $4\,000 < Re < 80(d/e)$ 时，粗糙全部浸没在粘性底层内，管道为光滑管。普朗特根据尼古拉兹试验数据，提出了光滑管流动的摩擦系数计算式：

$$\frac{1}{\sqrt{\lambda}} = 2.0\log\left(\frac{Re\sqrt{\lambda}}{2.51}\right) \tag{5.33}$$

由于此时为光滑管内湍流流动，因摩擦阻力与粗糙无关，因此式(5.33)中没有出现粗糙度 e。

因为式(5.33)两边都含有 λ，计算显得不方便，柯列勃洛克(Colebrook)提出了便于计算的关系式：

$$\frac{1}{\sqrt{\lambda}} = 1.8\log\left(\frac{Re}{6.9}\right) \tag{5.34}$$

式(5.34)适用于 $4\,000 \leqslant Re \leqslant 10^8$ 时光滑管内的流动。

　　勃拉修斯(Blasius)给出了当光滑管内流动 $4\,000 \leqslant Re \leqslant 10^5$ 时,摩擦系数计算式和管道内速度分布计算式为:

$$\lambda = \frac{0.316\,4}{Re^{0.25}} \tag{5.35}$$

和

$$\frac{u}{u_{\max}} = \left(\frac{y}{r_0}\right)^{1/7} \tag{5.36}$$

式中,y 是距壁面的距离,$y = r_0 - r$。式(5.36)称为湍流流动速度分布的 $1/7$ 次方定律。

　　在高雷诺数下,δ_v 变得很小,粗糙度突出到粘性底层外,$\delta_v < (1/14)e$(即,$eu_* / \nu > 70$),或 $Re > 4\,160[d/(2e)]^{0.85}$,流动为充分粗糙管流动,摩擦系数与雷诺数无关而只取决于相对粗糙度,卡曼(Karman)给出的充分粗糙管流动的摩擦系数计算式为:

$$\frac{1}{\sqrt{\lambda}} = 2.0\log\left(\frac{3.7}{e/d}\right) \tag{5.37}$$

在 $e > \delta_v > (1/14)e$,(即 $5 < eu_* / \nu < 70$),或 $80(d/e) < Re < 4\,160[d/(2e)]^{0.85}$ 之间,流动阻力既不处于光滑区也不处于充分粗糙区,而是处于过渡区域,1939 年 Colebrook 将以上两式结合,给出了过渡区域沿程摩擦系数计算式:

$$\frac{1}{\sqrt{\lambda}} = -2.0\log\left(\frac{e/d}{3.7} + \frac{2.51}{Re\sqrt{\lambda}}\right) \tag{5.38}$$

式(5.38)虽然适用于过渡区域内,但是当 $e = 0$ 时,上式成为光滑管流动计算式(5.33),当 Re 很大时,上式成为充分粗糙流动计算式(5.37)。摩擦系数计算值与试验数据误差一般在 $10\% \sim 15\%$ 之间。式(5.38)在湍流流动的设计中非常有用。1983 年,哈朗德(Haaland)给出了另外一个便于计算的过渡区域摩擦系数计算式:

$$\frac{1}{\sqrt{\lambda}} = -1.8\log\left[\left(\frac{e/d}{3.7}\right)^{1.11} + \frac{6.9}{Re}\right] \tag{5.39}$$

当 $4\,000 \leqslant Re \leqslant 10^8$ 时,式(5.39)与式(5.38)计算误差小于 $\pm 1.5\%$。

　　为了使得三个阻力区域摩擦系数的计算更加方便,也可以采用下面的形式更为简单的计算公式:

$$\lambda = 0.11\left(\frac{e}{d} + \frac{68}{Re}\right)^{0.25}$$

上式称为阿里特苏里(AπbTWyπb)公式,它是式(5.38)的近似公式。该式虽然可适用于全部的阻力区域,但为进一步的计算方便,当流动阻力处于光滑区时,可使用和上式等价的式(5.35)。处于完全粗糙区时,可使用下面更简单的计算式:

$$\lambda = 0.11\left(\frac{e}{d}\right)^{0.25}$$

上式称为粗糙区的希弗林松(WucppuHcoH)公式。

5.2.5　摩擦系数曲线图(莫迪 Moody 图)

　　上节提供的摩擦阻力系数的计算式,或者是公式本身计算比较复杂,或者是有使用条件的限制,这些给摩擦系数计算带来了极大的不方便,用摩擦系数计算曲线图就非常方便了。

1944 年莫迪(Moody)根据前面的计算式给出了摩擦系数曲线图,称为 Moody 图,如图 5.11 所示。莫迪图上将流动阻力分成了四个区域:层流流动区、临界区、湍流过渡区和完全湍流区。临界区流动可能是层流也可能是湍流,阻力系数值不确定。过渡区内摩擦系数同时受到了雷诺数和相对粗糙度的影响。完全湍流区又称充分粗糙管流动,摩擦系数与雷诺数无关,仅由相对粗糙度 e/d 确定,因为阻力损失与速度的二次方成正比,又称为阻力平方区。莫迪图中,右侧纵坐标是相对粗糙度 e/d,其值与曲线相对应而不是与网格对应。图中,过渡区与完全湍流区没有明确的界限,虚线用于区分过渡区与完全湍流区,其方程式为 $Re = 3\,500/(e/d)$,此式也可作为区分湍流过渡区和充分粗糙区关系式。图中过渡区最下面的曲线代表水力光滑管($e = 0$)的流动曲线,且在低 Re 时许多其他曲线与光滑管流动曲线重合。莫迪图确定的摩擦系数值与试验数据误差一般不超过 5%。

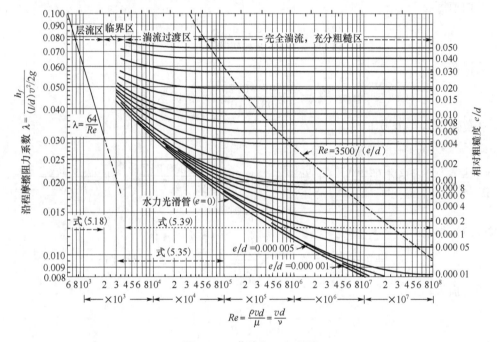

图 5.11 莫迪(Moody)图

5.3 简单管道内流动计算

简单管道指管道直径不变,也不出现管道分叉的管道。管道内流动计算一般可以分为三类:(1) 求水头损失;(2) 求流速或流量;(3) 求管径。管道内流动计算需要根据问题给定条件情况,采用不同的计算方法或计算过程。

第 1 类问题最简单,一般给定了管径和流量或流速。由管径可以得到相对粗糙度,由流量可以得到流速,再得到雷诺数,由公式或莫迪图确定摩擦系数,再得到水头损失。

第 2 类问题需要迭代试算,一般给定管径和水头损失。先假设摩擦系数,计算得到流速,再得到雷诺数,由管径得到相对粗糙度,再用公式或查莫迪图确定摩擦系数,比较摩擦系数。重新选取摩擦系数再重复计算,直到摩擦系数基本一致,再由流速确定流量。

第 3 类问题也需要迭代试算,一般给定流量和水头损失。假设摩擦系数,由水头损失和流量计算得到管径,再计算雷诺数和相对粗糙度,由公式或莫迪图确定摩擦系数。比较摩擦系数,如果计算得到的摩擦系数和假设值相差太大,则再重新假设摩擦系数,直到摩擦系数基本一致,最终得到管径。

【例 5.6】　水处理厂用泵将水输送到供水系统中,泵出口压力为 480 kPa,流量为 4.38 m³/s,水温为 20 ℃,管道为铸铁管,管道直径为 750 mm,管道水平布置,水泵出口后的管长 200 m,试计算管道阻力损失及管道出口压力,若管道使用 20 年后,壁面粗糙度为原来的 10 倍,则管道出口压力为多少?

解　此题属于第 1 类问题。

20 ℃ 水的运动粘度系数 $\nu = 1.003 \times 10^{-6}$ m²/s,密度 $\rho = 998.2$ kg/m³ 管道当量粗糙度 $e = 0.26$ mm,相对粗糙度 $e/d = 0.26/750 = 0.000\,347$。

管内速度:

$$v = \frac{q_V}{A} = \frac{4q_v}{\pi d^2} = \frac{4 \times 4.38}{\pi \times 0.75^2} = 9.92 \text{ m/s}$$

雷诺数:

$$Re = \frac{vd}{\nu} = \frac{9.92 \times 0.75}{1.003 \times 10^{-6}} = 7.42 \times 10^6$$

查莫迪图,$\lambda = 0.016$

或由式(5.39),得:

$$\frac{1}{\sqrt{\lambda}} = -1.8\log\left[\left(\frac{e/d}{3.7}\right)^{1.11} + \frac{6.9}{Re}\right] = -1.8\log\left[\left(\frac{0.000\,347}{3.7}\right)^{1.11} + \frac{6.9}{7.43 \times 10^6}\right]$$

$$\lambda = 0.016$$

由式(5.7),得:

$$h_f = \lambda \frac{l}{d} \frac{v^2}{2g} = 0.016 \times \frac{200}{0.75} \times \frac{9.92^2}{2 \times 9.81} = 21.4 \text{ m}$$

阻力损失:

$$h_f = \left(\frac{p_1}{\rho g} + z_1\right) - \left(\frac{p_2}{\rho g} + z_2\right), z_1 = z_2$$

管道阻力损失:

$$h_f = \frac{p_1}{\rho g} - \frac{p_2}{\rho g} = \frac{480}{9.789} - \frac{p_2}{9.789} = 21.4 \text{ m}$$

得到管道出口压力:

$$p_2 = 270 \text{ kPa}$$

使用 20 年后,管道壁面粗糙度 $e = 2.6$ mm,相对粗糙度 $e/d = 0.003\,47$,流量不变时,由式(5.39),得

$$\frac{1}{\sqrt{\lambda}} = -1.8\log\left[\left(\frac{e/d}{3.7}\right)^{1.11} + \frac{6.9}{Re}\right] = -1.8\log\left[\left(\frac{0.003\,47}{3.7}\right)^{1.11} + \frac{6.9}{7.43 \times 10^6}\right]$$

$$\lambda = 0.027$$

管道阻力损失:

$$h_f = 0.027 \times \frac{200}{0.75} \times \frac{9.92^2}{2 \times 9.81} = 36.0 \text{ m}$$

管道出口压力：

$$p_2 = 128 \text{ kPa}$$

计算结果表明,管道使用20年后,管道出口压力由270 kPa减小到128 kPa,下降幅度非常大,液体在管道内流动时,管道设计中一般不取9.92 m/s这样高的流速。

【例5.7】 钢板制成的风道,断面尺寸为400 mm×200 mm,管长为80 m,管内空气流量为0.8 m³/s,空气温度为20 ℃,求风道内的压强损失。

解 此题属于第1类问题。

非圆管道采用当量直径计算：

$$d_e = 4 \times \frac{\text{过流断面面积}}{\text{湿周}} = 4 \times \frac{a \times b}{2(a+b)} = \frac{2ab}{a+b} = \frac{2 \times 0.4 \times 0.2}{0.4 + 0.2} = 0.267 \text{ m}$$

20 ℃空气的运动粘滞系数 $\nu = 15.7 \times 10^{-6} \text{ m}^2/\text{s}$,密度 $\rho = 1.2 \text{ kg/m}^3$。

管内空气流动平均流速：

$$v = \frac{q_V}{A} = \frac{q_V}{a \times b} = \frac{0.8}{0.4 \times 0.2} = 10 \text{ m/s}$$

$$Re = \frac{vd_e}{\nu} = \frac{10 \times 0.267}{1.57 \times 10^{-6}} = 1.7 \times 10^5$$

钢板制风道的当量粗糙度 $e = 0.15 \text{ mm}$,相对粗糙度 $e/d_e = 0.15/267 = 5.62 \times 10^{-4}$,查莫迪图,得 $\lambda = 0.0195$。

管道内压强损失：

$$p_f = \rho g h_f = \lambda \frac{l}{d_e} \frac{\rho v^2}{2} = 0.0195 \times \frac{80}{0.267} \times \frac{1.2 \times 10^2}{2} = 350 \text{ N/m}^2$$

【例5.8】 20 ℃的水在直径为500 mm的钢管内流动,如果摩擦损失的能量梯度为0.006,试确定流量。

解 此题属于第2类问题。

查表得钢管的当量粗糙度 $e = 0.046 \text{ mm}$,相对粗糙度 $e/d = 0.046/500 = 0.000\,092$,由物性参数表查得20 ℃时水的 $\nu = 1.003 \times 10^{-6} \text{ m}^2/\text{s}$,$S = h_f/l = 0.006$ 则：

$$S = \frac{h_f}{l} = \frac{\lambda}{d} \frac{v^2}{2g}$$

即

$$0.006 = \frac{\lambda v^2}{0.5 \times 2 \times 9.81}$$

得

$$v = 0.243/\lambda^{1/2}$$

查莫迪图,假设流动在完全粗糙区内,λ 最小值为 $\lambda_{\min} = 0.0118$,则：

$$v = 0.243/(0.0118)^{1/2} = 2.23 \text{ m/s}$$

$$Re = \frac{dv}{\nu} = \frac{0.5 \times 2.23}{1.003 \times 10^{-6}} = 1.114 \times 10^6,湍流：$$

查莫迪图,得 $\lambda = 0.0131$,与初始假设不一致,再以 $\lambda = 0.0131$ 重新计算,得到：

$$v = 2.12 \text{ m/s}, Re = 1.059 \times 10^6$$

查得 $\lambda = 0.0131$,两次 λ 完全一致,

所以,管内流量：

$$q_V = Av = (\pi/4)d^2 v = (\pi/4) \times 0.5^2 \times 2.12 = 0.416 \text{ m}^3/\text{s}$$

本题也可以不用查莫迪图,通过公式计算摩擦阻力系数的方法进行求解,过程如下。

假设流动阻力处于粗糙区,则摩擦阻力系数可按希弗林松公式计算。

$$\lambda = 0.11 \times \left(\frac{0.046}{500}\right)^{0.25} = 0.010\,8$$

由于
$$0.006 = \frac{0.010\,8}{0.5} \times \frac{v^2}{2 \times 9.81}$$

解出:
$$v = 2.337 \text{ m/s}$$

下面验证阻力粗糙区的假设,

$$Re = \frac{2.337 \times 0.5}{1.003 \times 10^{-6}} = 1.17 \times 10^6$$

$$4\,160 \times \left(\frac{500}{2 \times 0.046}\right)^{0.85} = 6.22 \times 10^6$$

即

$$Re < 4\,160\left(\frac{d}{2e}\right)^{0.85}$$

阻力处于粗糙区假设错误。

再假设流动阻力处于过渡区,则摩擦阻力系数可按阿里特苏里公式计算。

$$\lambda = 0.11 \times \left(\frac{0.046}{500} + \frac{68 \times 1.003 \times 10^{-6}}{0.5 \times v}\right)^{0.25} = 0.11 \times (0.92 + 1.364\,1/v)^{0.25}$$

由 $0.006 = \dfrac{\lambda}{0.5} \times \dfrac{v^2}{2 \times 9.81}$,可得下面的方程:

$$\lambda = 5.886 \times 10^{-2}/v^2$$

因此:$0.011 \times \left(0.92 + \dfrac{1.364\,1}{v}\right)^{0.25} = 5.886 \times 10^{-2}/v^2$

上式解得:
$$v = 2.191 \text{ m/s}$$

下面验证阻力过渡区的假设:
$$Re = \frac{2.191 \times 0.5}{1.003 \times 10^{-6}} = 1.09 \times 10^6$$

$$80 \times \left(\frac{500}{0.046}\right) = 8.7 \times 10^5$$

即

$$80 \times \left(\frac{d}{e}\right) < Re < 4\,160\left(\frac{d}{2e}\right)^{0.85}$$

所以假设阻力处于过渡区正确,计算有效。

流量为:

$$q_V = \frac{\pi}{4} \times 0.5^2 \times 2.191 = 0.43 \text{ m}^3/\text{s}$$

由查图法和公式法的计算结果可知,这两种方法所判断的阻力区域是一致的,但相互间存在一定误差。由查图获得的 λ 及由公式计算得到的 λ 间存在误差,因此速度计算结果的误差是必然的,但这一误差较小,在工程计算中是允许的。

这种先假设阻力区域,再由计算结果验证假设的方法称为假设 — 验证法,是工程计算中经常使用的一种方法。

【例5.9】 用直径为 50 mm 的镀锌管从供水总管上接水,总管上压力表的读数为 450 kPa,如果支管长度为 40 m,管出口水龙头位置比总管高 1.2 m,试确定水龙头全开时的流量。不计局部损失。

解 此题属于第2类问题。

设水温为20℃,水的运动粘度为 1.003×10^{-6} m²/s,密度为 998.2 kg/m³,支管上总水头损失为:

$$h_f = \left(\frac{p_1}{\rho g} + z_1 \right) - \left(\frac{p_2}{\rho g} + z_2 \right) = \left(\frac{450 \times 10^3}{998.2 \times 9.807} + 0 \right) - (0 + 1.2) = 44.8 \text{ m}$$

镀锌管当量粗糙度 $e = 0.15$ mm,相对粗糙度 $e/d = 0.15/50 = 0.003$

查莫迪图得,假设阻力处于粗糙区,λ 值为 0.026 5

由式(5.9),得:

$$v^2 = \frac{2gdh_f}{\lambda l} = \frac{2 \times 9.81 \times 0.05 \times 44.8}{0.026\ 5 \times 40} = 41.46, v = 6.44 \text{ m/s}$$

$$Re = \frac{vd}{\nu} = \frac{6.44 \times 0.05}{1.003 \times 10^{-6}} = 3.21 \times 10^7$$

再由莫迪图,可知流动处于充分粗糙区,$\lambda = \lambda_{\min} = 0.026\ 5$,$\lambda$ 值与初始假设一致,则管内流量:

$$q_V = vA = \frac{\pi}{4} d^2 v = \frac{\pi}{4} \times 0.05^2 \times 6.44 = 0.012\ 6 \text{ m}^3/\text{s}$$

本题也可以使用先假设阻力区域,再使用相关公式计算 λ,最后验证假设的方法求解。

【例5.10】 在灭火过程中用镀锌管接水,输送水流量为 200 L/s,如果管道长度为 35 m,管内水头总损失不超过 50 m,试确定最小的管径。

解 此题属于第3类问题。

镀锌管 $e = 0.15$ mm,$e/d = 0.000\ 15/d$

$$v = \frac{4q_V}{\pi d^2} = \frac{4 \times 0.2}{\pi d^2} = 0.254\ 6/d^2$$

$$Re = \frac{vd}{\nu} = \frac{(0.254\ 6/d^2)d}{1.003 \times 10^{-6}} = (0.253\ 8 \times 10^6)/d$$

$$50 = h_f = \lambda \frac{l}{d} \times \frac{v^2}{2g} = \lambda \times \frac{35}{d} \times \frac{(0.254\ 6/d^2)^2}{2g}$$

$$d = 0.298\lambda^{1/5}$$

迭代试算:

λ	d(m)	e/d	Re	查莫迪图 λ	结论
0.03	0.147 3	0.001 02	1.723×10^6	0.02	以 $\lambda = 0.02$ 再算
0.02	0.135 8	0.001 1	1.87×10^6	0.02	一致

$$d = 0.298\lambda^{1/5} = 0.298 \times 0.02^{1/5} = 0.135\ 8 \text{ m}$$

计算得到最小管径为 0.135 8 m。

使用如例5的阻力区域假设 — 验证法的求解过程如下。

假设流动阻力处于过渡区,则 λ 可由下式计算:

$$\lambda = 0.11 \times \left(\frac{0.000\,15}{d} + \frac{68 \times 1.003 \times 10^{-6}}{v \times d} \right)^{0.25}$$

$$= 0.011 \times \left(\frac{1.5}{d} + \frac{0.682}{vd} \right)^{0.25}$$

$$= 0.011 \times \left(\frac{1.5}{d} + 2.678\,4d \right)^{0.25}$$

由能量损失,有下面的方程:

$$50 = \lambda \times \frac{35}{d} \times \frac{v^2}{2 \times 9.81} = \lambda \times \frac{35}{d} \times \frac{0.254\,6^2}{2 \times 9.81 \times d^4}$$

即

$$\lambda = 432.398\,5d^5$$

由上面二式,有:

$$0.011 \times \left(\frac{1.5}{d} + 2.678\,4d \right)^{0.25} = 432.398\,5d^5$$

上式解得:

$$d = 0.136\,1 \text{ m}$$

则

$$v = 0.254\,6 / 0.136\,1^2 = 13.72 \text{ m/s}$$

$$Re = \frac{13.72 \times 0.136\,1}{1.003 \times 10^{-6}} = 1.86 \times 10^6$$

$$80 \times \left(\frac{136.1}{0.15} \right) = 7.26 \times 10^4$$

$$4\,160 \times \left(\frac{136.1}{2 \times 0.15} \right)^{0.85} = 7.54 \times 10^5$$

显然,假设阻力处于过渡区错误。

再假设阻力处于粗糙区,则 λ 由下式计算:

$$\lambda = 0.11 \times \left(\frac{0.000\,15}{d} \right)^{0.25} = 0.011 \left(\frac{1.5}{d} \right)^{0.25}$$

能量损失决定的 λ 和 d 的关系式自然成立,因此:

$$0.011 \times \left(\frac{1.5}{d} \right)^{0.25} = 432.398\,5d^5$$

上式解得:　　　　　　　　　$d = 0.135\,9 \text{ m}$

由于此时管径的结果和上面假设阻力处于过渡区时的管径几乎相等,因此下面的关系显然成立

$$Re > 4\,160 \left(\frac{d}{2e} \right)^{0.85}$$

所以假设阻力处于粗糙区正确,管径为 0.135 9 m。

5.4　局部阻力损失

管道中断面变化、弯管、阀门等局部构件对流体流动产生的扰动而产生的能量损失称为局部损失。局部损失与局部构件的种类及几何尺寸有关,随构件对流动扰动增加而增加。局部构件使流体流动的速度在大小或者方向上发生了改变,产生了大的旋涡和涡流而导致的能量损失。在长管道系统中,局部损失与管道内沿程摩擦损失相比通常不是主要的。但是,当

管道比较短时,局部损失通常成为主要损失。如在水泵吸入管道中,进口处,特别是滤网和底阀产生的损失远比较短的入水管的摩擦损失大。虽然局部损失通常只发生在局部非常短的长度上,但是,其影响可能在下游比较长的范围仍然存在。因此,工程中虽然弯管只占据了管道中很小的一段,但是其对流动的扰动会延伸到下游很长的管段内。

局部损失可以按下式计算:

$$h_j = \zeta \frac{v^2}{2g} \tag{5.40}$$

式中,ζ是与局部构件种类及尺寸有关的局部阻力系数。

局部能量损失也可以被看做是在一段长度为l_e的管道上由沿程摩擦阻力造成的,长度l_e称为局部损失的当量管长,沿程阻力系数与和局部损失相邻的管道内的λ相等,因此:

$$h_j = \lambda \frac{l_e}{d} \frac{v^2}{2g} \tag{5.41}$$

当量管长l_e也可以表示成管径的倍数,即$l_e = Nd$,N即为管径的倍数,参见表5.5。

所以,局部能量损失又可按下式计算:

$$h_j = N\lambda \frac{v^2}{2g}$$

下面分别介绍各类常见的局部阻力构件以及它们产生局部损失的特点及计算。

5.4.1 管道进口损失

如图 5.12 所示,流体进入管道时,流线收缩,在 B 点流通断面最小,流速最大,压强最小,B 断面称为收缩断面。由 B 点到 C 点,约束减小,流线扩大,流动扰动增强,速度降低,压力上升,从 C 点到 D 点流动恢复到正常流动。进口处损失主要发生在 A 点到 C 点之间,其长度约为管道直径的几倍。A 点到 C 点之间由于湍流和旋涡运动导致的扰动损失 h_j 比相同管长内正常流动的摩擦损失 h_f 大得多。进口损失可以表示为:

$$h_j = \zeta \frac{v^2}{2g} \tag{5.42}$$

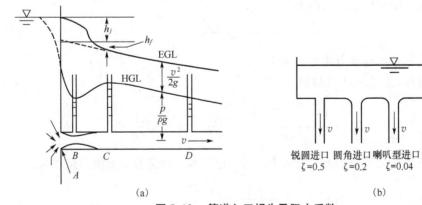

图 5.12　管道入口损失及阻力系数

进口损失主要是由 B 点后流线扩大产生的扰动引起的,流线扩大与流体进入管道后的收缩程度有关,又取决于管道入口处的条件。试验表明,如果管道入口处是流线型,进入的流线几乎没有收缩,相应的阻力损失系数很小。如果管道是锐角进口,ζ 值约为 0.5。如果是伸入型入口,流线收缩最剧烈,损失系数取决于管道伸入深度与管道直径之比以及管道壁面厚度与管道直径之比,对于非常薄的管道,ζ 值约为 $0.8 \sim 1.0$。

5.4.2　突然扩大损失

扩散流动比收缩流动的能量损失大,突然扩大损失比突然缩小损失大,因为扩大流动中流体的流动具有不稳定性,在发散流动中容易导致旋涡在流动内形成。同时通道壁面处的流动分离也会导致在流体内产生旋涡。而收缩流动对旋涡的形成起到了抑制作用,压力能更为有效地转换成了动能。突然扩大损失可以由动量方程和能量方程分析得到,如图 5.13 所示。

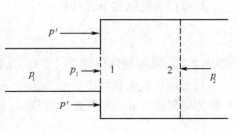

图 5.13　突然扩大管道

在断面 1 和断面 2 间列能量方程:

$$\frac{p_1}{\rho g} + \frac{v_1^2}{2g} = \frac{p_2}{\rho g} + \frac{v_2^2}{2g} + h_j$$

由突然扩大引起的局部能量损失 h_j 为:

$$h_j = \frac{p_1 - p_2}{\rho g} + \frac{v_1^2 - v_2^2}{2g}$$

由动量方程:

$$p_1 A_1 + p'(A_2 - A_1) - p_2 A_2 = \rho (A_2 v_2^2 - A_1 v_1^2)$$

式中,A_1、A_2 为图 5.13 中虚线表示的断面面积。

由上式得:

$$\frac{p_2}{\rho g} = \frac{A_1}{A_2} \frac{p_1}{\rho g} + \frac{A_2 - A_1}{A_2} \frac{p'}{\rho g} + \frac{A_1}{A_2} \frac{v_1^2}{g} - \frac{v_2^2}{g}$$

由连续性方程:

$$A_1 v_1 = A_2 v_2,\ \text{则}\ A_1 v_1^2 = A_1 v_1 v_1 = A_2 v_2 v_1$$

试验证明:

$$p' = p_1$$

由以上各式化简得突然扩大损失为:

$$h_j = \frac{(v_1 - v_2)^2}{2g} \tag{5.43}$$

即突然扩大损失等于两管道内速度差水头。

由连续性方程,式(5.43)可写成:

$$h_j = \frac{\left(v_2 \dfrac{A_2}{A_1} - v_2\right)^2}{2g} = \left(\frac{A_2}{A_1} - 1\right)^2 \times \frac{v_2^2}{2g}$$

因此计算突然扩大的局部损失公式中,和 $\dfrac{v_2^2}{2g}$ 速度水头对应的局部阻力系数为:

$$\zeta = \left(\frac{A_2}{A_1} - 1\right)^2$$

同理,式(5.43)又可写成:

$$h_j = \frac{\left(v_1 - \dfrac{A_1}{A_2} v_1\right)^2}{2g} = \left(1 - \frac{A_1}{A_2}\right)^2 \frac{v_1^2}{2g}$$

所以突然扩大和 $\dfrac{v_1^2}{2g}$ 速度水头对应的局部阻力系数为：

$$\zeta = \left(1 - \frac{A_1}{A_2}\right)^2$$

p' 取决于突然扩大附近的流体旋涡运动，p' 和 p_1 有时相等，有时可能不等。但是，结果与上式偏差很小。突然扩大到静止流体中对应于管道出口损失，A_2 与 A_1 相比很小，或者 $v_2 = 0$，式(5.43)就变成管道出口损失计算式，即管道出口损失系数 $\zeta = 1.0$。

5.4.3 渐扩管损失

为了减小速度降低过程中的能量损失，通常采用如图 5.14 所示的渐扩管，渐扩管的能量损失与扩散角和两断面面积之比有关，渐扩管长度也由这两个参数确定，如图 5.14 所示。渐扩管内损失主要由两部分组成，即管内粘性摩擦损失和由于速度降低形成的湍流旋涡损失。渐扩管损失可以表示为

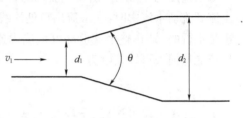

图 5.14 渐扩管

$$h_j = \zeta \frac{v_1^2}{2g} \tag{5.44}$$

其局部损失系数可由表 5.2 查取。

表 5.2 不同渐扩管的局部损失系数

d_1/d_2	0.0	0.20	0.40	0.60	0.80
$\zeta(\theta = 20°)$		0.30	0.25	0.15	0.10
$\zeta(\theta = 180°)$	1.00	0.87	0.70	0.41	0.15

表中，$\theta = 180°$ 和 $d_1/d_2 = 0$ 对应于管道出流到大容器中的出口损失。

【例 5.11】 水以 100 L/s 在管径为 150 mm 的管内流动，(a) 如果管道突然扩大到直径为 200 mm，(b) 如果通过扩散角为 20° 的渐扩管并扩大到相同直径，分别求局部水头损失。

解
$$v_1 = \frac{q_V}{A_1} = \frac{4q_V}{\pi d_1^2} = \frac{4 \times 0.100}{\pi \times 0.15^2} = 5.66 \text{ m/s}$$

$$v_2 = \frac{4 \times 0.100}{\pi \times 0.20^2} = 3.18 \text{ m/s}$$

突然扩大损失为：

$$h_j = \frac{(v_1 - v_2)^2}{2g} = \frac{(5.66 - 3.18)^2}{2 \times 9.81} = 0.312 \text{ m}$$

或
$$h_j = \left(1 - \frac{A_1}{A_2}\right)^2 \times \frac{v_1^2}{2g} = \left(1 - \left(\frac{150}{200}\right)^2\right)^2 \times \frac{5.66^2}{2 \times 9.81} = 0.313 \text{ m}$$

查表 5.2，$\theta = 20°$，$d_1/d_2 = 0.75$ 时，用插值计算得 $\zeta = 0.1125$，则渐扩管水头损失为：

$$h_j = 0.1125 \times \frac{5.66^2}{2 \times 9.81} = 0.1837 \text{ m}$$

5.4.4　管道出口损失

当速度为 v 的流体经管道末端出流到密闭容器或蓄液池,且容器或蓄液池容积很大以至容器内速度可以忽略不计时,流体流动的动能全部耗散在容器流体中,所以出口损失为

$$h_j = \frac{v^2}{2g} \tag{5.45}$$

即在任何情况下,出口损失系数 $\zeta = 1.0$。所以减小出口损失的唯一方法是降低出口速度 v,渐扩管可以减小出口损失,这就是汽轮机排出管采用渐扩管的原因之一。

当速度为 v 的流体出流到流速为 v_c 的流动流体中,如流体出流到下水道、汽轮机出水管出流到流动水流中时,在水流出口处流线是平行的。在经过了比较远的距离后,流线基本上也是平行的,即在整个流道深度范围内速度 v_c 基本上是均匀的,此时出流到流动流体中的出口能量损失可以表示为:

$$h_j = \frac{v^2}{2g} - \frac{v_c^2}{2g} \tag{5.46}$$

即出口损失等于出口管速度水头与流动水流速度水头之差。出口到静止流体中的损失只是式(5.46) 的一个特例($v_c = 0$)。

5.4.5　渐缩管损失

渐缩管(见图 5.15) 和突然收缩管内流动损失可以表示为:

$$h_j = \zeta \frac{v_2^2}{2g} \tag{5.47}$$

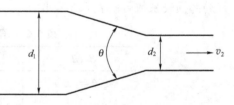

图 5.15　渐缩管

式中,局部阻力系数 ζ 表示在表 5.3 中。表中 $\theta = 180°$ 对应于突然收缩管内流动,当 $d_2/d_1 = 0$ 时,对应于管道入口处流动。

表 5.3　渐缩管道局部阻力系数

d_2/d_1	0.0	0.20	0.40	0.60	0.80	0.90
$\zeta(\theta = 60°)$	0.08	0.08	0.07	0.06	0.06	0.06
$\zeta(\theta = 180°)$	0.50	0.49	0.42	0.27	0.20	0.10

突然缩小的局部阻力系数也可按下式计算:

$$\zeta = 0.5\left(1 - \frac{A_2}{A_1}\right)$$

5.4.6　弯管损失

弯管内流动的流体在离心力作用下,在管道外壁面处压力增加,内壁面处压力减小。管中心处速度最大,离心力作用 mv^2/r 也比壁面处大,因此流体在断面内受力不平衡,在过流断面上形成了二次流,如图 5.16(a) 所示。二次流与轴向流动耦合产生了双螺旋流,并持续一个比较远的距离。因此,不仅在弯管段有流动损失,而且扰动流动将持续到流动下游比较远的地方,直到粘性消耗了全部扰动为止。弯管后的流动速度可能在经过 100 倍管道直径的

直管段之后才能恢复到原来的状态。事实上,弯管内有一半以上的流动损失是在随后的直管段中产生的。由离心力作用在弯管内外壁面上形成的压力差是设计弯管流量计的基础。

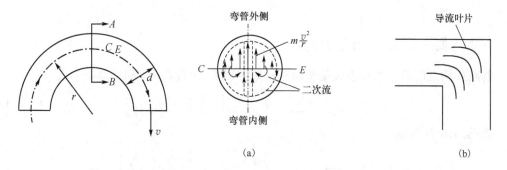

图 5.16　弯管内二次流和 90°直角弯管内的导流叶片

为了减小弯管流动损失,可以用导流叶片抑制二次流的形成和发展,如图 5.16(b) 所示。弯管流动损失表示为:

$$h_j = \zeta \frac{v^2}{2g} \tag{5.48}$$

90°直角弯管有导流叶片时 $\zeta = 0.2$,无导流叶片时 $\zeta = 1.1$。90°圆角弯管的阻力损失系数如表 5.4 所示。

表 5.4　90°圆角弯管的阻力损失系数

r/d	1	2	4	6
ζ	0.35	0.19	0.16	0.21

5.4.7　其他局部构件阻力损失

不同局部构件阻力的水头损失都可以表示为 $\zeta v^2/2g$,速度 v 是直管段内的流动速度,附件的各种局部构件阻力的局部损失系数表示在表 5.5 中。水头损失还可以折合成一定管长上的粘性损失,这种方法适用于管道内流动为完全湍流(充分粗糙管流)的情况,因为,构件产生的湍流损失与 v^2 成正比,而对于光滑管内流动最好使用系数 ζ。

表 5.5　管路构件的阻力损失系数及折合的管长

构件名称及状态	ζ	l/d	构件名称及状态	ζ	l/d
球阀,全开	10	350	中直径弯头	0.75	27
角阀,全开	5	175	大直径弯头	0.60	20
T 型三通,直通出口	0.4	14	45°弯头	0.42	15
T 型三通,侧面出口	1.8	67	闸阀,全开	0.19	7
小直径弯头	0.9	32	闸阀,半开	2.06	72

5.5 管路流动计算

5.5.1 简单管路流动阻力计算

管路中两点间的总水头损失是壁面粘性摩擦损失(沿程损失)和局部损失之和。

$$h_l = \sum h_f + \sum h_j = \left(\sum \left(\lambda \frac{l}{d} \right) + \sum \zeta \right) \frac{v^2}{2g} \tag{5.49}$$

式(5.49)可写成:

$$h_l = \left(\sum \left(\lambda \frac{l}{d} \right) + \sum \zeta \right) \times \frac{\left(\frac{\pi}{4} d^2 v \right)^2}{2g \times \left(\frac{\pi}{4} d^2 \right)^2} = \frac{8 \left(\sum \left(\lambda \frac{l}{d} \right) + \sum \zeta \right)}{g \pi^2 d^4} q_V^2$$

定义

$$K = \frac{8 \left(\sum \left(\lambda \frac{l}{d} \right) + \sum \zeta \right)}{g \pi^2 d^4} (\mathrm{s}^2/\mathrm{m}^5)$$

K 反映了简单管道中所有的阻力损失情况,K 越大,管道阻力损失越大,K 称为管路阻抗。

因此,简单管路的总阻力损失又可按下式计算。

管路组成及长度确定时,管路阻抗 K 基本为常数(特别是当阻力处于粗糙区时)。因此上式表明,在大多数工程管路系统中,阻力损失和流量平方成正比。

$$h_l = K q_V^2$$

【例5.12】 如图 5.17 所示,用虹吸管将高位水池中的水引到低位水池,虹吸管直径为 100 mm,两水池液面高度差为 5 m,虹吸管最高点 C 距高位水池液面 4 m,管段 AC 长 8 m,CB 长 12 m,沿程阻力系数为 0.04,局部阻力如图,ζ_1、ζ_2、ζ_3 和 ζ_4 分别为 0.8、0.9、0.9、1.0。求管内流量。如果要求管道内真空值不得超过68 kPa,试确定该管道布置是否能满足要求。

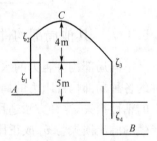

图 5.17 例 5.12 图

解 水池液面高度差 $H = 5$ m,虹吸管最高点 C 距高位水池液面 $h = 4$ m,则两水池液面高度差水头全部损失于流动过程。列两水池液面能量方程:

$$H = \left(\lambda \frac{l_1 + l_2}{d} + \zeta_1 + \zeta_2 + \zeta_3 + \zeta_4 \right) \times \frac{v^2}{2g}$$

$$v = \sqrt{\frac{2 \times 9.81 \times 5}{0.04 \times (8+12)/0.1 + 0.8 + 0.9 + 0.9 + 1.0}} = 2.91 \mathrm{m/s}$$

$$q_V = vA = \frac{\pi}{4} d^2 v = \frac{\pi}{4} \times 0.1^2 \times 2.91 = 0.023 \mathrm{m^3/s}$$

虹吸管内 C 点压力最低,真空值最大。列高位水池液面与 C 点能量方程:

$$\frac{p_a}{\rho g} = \frac{p_C}{\rho g} + h + \frac{v^2}{2g} + \left(\lambda \frac{l_1}{d} + \zeta_1 + \zeta_2 \right) \frac{v^2}{2g}$$

$$\frac{p_a - p_C}{\rho g} = 4 + \left(1 + 0.04 \times \frac{8}{0.1} + 0.8 + 0.9 \right) \times \frac{2.91^2}{2 \times 9.81} = 6.54 \mathrm{m}$$

$$p_{ac} = p_a - p_C = 6.54 \times 9.708 = 63.49 \text{ kPa} < 68 \text{ kPa}$$

所以,C 点真空度不超过管道最高真空值,管道布置满足要求。

【例 5.13】　断面为矩形的矿渣混凝土制风道,断面面积为 $1 \text{ m} \times 1.2 \text{ m}$,风道长度为 50 m,局部阻力系数总和为 2.5,空气温度 20 ℃,流量为 $14 \text{ m}^3/\text{s}$,计算风道内压强损失。

解　矿渣混凝土制风道绝对粗糙度 $e = 1.5 \text{ mm}$,20 ℃ 空气的运动粘滞系数 $\nu = 15.7 \times 10^{-6} \text{ m}^2/\text{s}$,密度 $\rho = 1.2 \text{ kg/m}^3$。

矩形风道的当量直径:

$$d_e = \frac{2ab}{a+b} = \frac{2 \times 1.2 \times 1.0}{1.2 + 1.0} = 1.09 \text{ m}$$

空气流速:

$$v = \frac{q_v}{A} = \frac{14}{1.2 \times 1.0} = 11.65 \text{ m/s}$$

$$Re = \frac{v d_e}{\nu} = \frac{11.65 \times 1.09}{15.7 \times 10^{-6}} = 8 \times 10^5$$

相对粗糙度:

$$e/d_e = 1.5 \times 10^{-3}/1.09 = 1.38 \times 10^{-3}$$

查莫迪图:

$$\lambda = 0.021$$

压强损失为:

$$p_f = \rho g h_f = \left(\lambda \frac{l}{d_e} + \sum \zeta \right) \times \frac{\rho v^2}{2}$$

$$= \left(0.021 \times \frac{50}{1.09} + 2.5 \right) \times \frac{1.2 \times 11.65^2}{2} = 282.84 \text{ N/m}^2$$

5.5.2　管道中有泵、风机和水轮机时的管路计算

用泵将液体从一个地方提升到另一个地方,泵不仅对提升到一定高度 Δz 的流体做功,而且还克服了包括吸入管和排出管在内的整个管路上的沿程损失和局部损失。两者之和就是总的泵送水头(也称为扬程)h_p:

$$h_p = \Delta z + \sum h_l \tag{5.50}$$

如果泵将液体输送至密闭容器中,式(5.50)右侧还应包括压力增加所需要的水头。

泵输送液体所做的功为:

$$P = \rho g q_V \left(\Delta z + \sum h_l \right) \tag{5.51}$$

如果利用风机使得气体在管道内流动,则相应的风机压头和做功分别为:

$$p_p = \rho g h_p \text{ 和 } P = q_V p_p \tag{5.52}$$

如果泵将液体以 v_2 的速度出流到外部,则总的泵送水头(扬程)为:

$$h_p = \Delta z + \frac{v_2^2}{2g} + \sum h_l \tag{5.53}$$

将流体的动能转换为机械能的设备称为水(汽)轮机,水头高度差为 Δz 的流体的势能部分地消耗在管路损失中,剩余的到达水轮机做功,水轮机工作水头为:

$$h_t = \Delta z - \sum h_l \tag{5.54}$$

水轮机尾部出水管通常采用渐扩管以减小出口速度造成的局部损失,提高水轮机效率。

【例 5. 14】　如图 5. 18 所示,用水泵将井水输送到储水箱中,储水箱水面与井水液面高度差为 5 m 时,水泵输水流量为 5 L/s,水温为 20 ℃,假设每个弯头阻力系数为 0. 25,求水泵总的输送水头(扬程)及水泵功率。

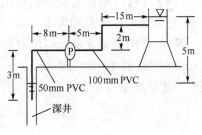

图 5. 18　例 5. 14 图

解　列井水液面和储水箱液面能量方程:

$$\frac{p_1}{\rho g} + z_1 + \frac{v_1^2}{2g} + h_p = \frac{p_2}{\rho g} + z_2 + \frac{v_2^2}{2g} + \sum h_l$$

$$h_p = \frac{p_2 - p_1}{\rho g} + (z_2 - z_1) + \frac{v_2^2 - v_1^2}{2g} + \sum h_l$$

$$h_p = 0 + \Delta z + 0 + \sum h_l = \Delta z + \sum h_l$$

$$h_p = \Delta z + \left(\lambda_1 \frac{l_1}{d_1} + \sum_1 \zeta\right) \times \frac{v_1^2}{2g} +$$
$$\left(\lambda_2 \frac{l_2}{d_2} + \sum_2 \zeta\right) \times \frac{v_2^2}{2g}$$

直径为 50 mm PVC 管的断面积为:

$$A_1 = \frac{\pi}{4} d_1^2 = \frac{\pi}{4} \times 0.05^2 = 0.001\,963 \text{ m}^2$$

直径为 10 mm PVC 管的断面积为:

$$A_2 = \frac{\pi}{4} \times 0.10^2 = 0.007\,854 \text{ m}^2$$

$$v_1 = \frac{q_V}{A_1} = \frac{0.005}{0.001\,963} = 2.54 \text{ m/s}$$

$$v_2 = 0.637 \text{ m/s}$$

$$Re_1 = \frac{v_1 d_1}{\nu} = \frac{2.51 \times 0.05}{1.003 \times 10^{-6}} = 1.27 \times 10^5$$

$$Re_2 = \frac{v_2 d_2}{\nu} = \frac{0.637 \times 0.10}{1.003 \times 10^{-6}} = 6.37 \times 10^4$$

管道采用 PVC 塑料管,$e \approx 0$,所以按光滑管计算沿程阻力系数:

$$\lambda_1 = \frac{0.316\,4}{Re_1^{0.25}} = \frac{0.316\,4}{(1.27 \times 10^5)^{0.25}} = 0.016\,8$$

$$\lambda_2 = \frac{0.316\,4}{Re_2^{0.25}} = \frac{0.316\,4}{(6.37 \times 10^4)^{0.25}} = 0.019\,7$$

$$\sum_1 \zeta = \zeta_1 + \zeta_2 = 1.0 + 0.25 = 1.25$$

$$\sum_2 \zeta = 2\zeta_2 + \zeta_3 = 2 \times 0.25 + 1.0 = 1.5$$

水泵扬程为:

$$h_p = 5 + \left(0.016\,8 \times \frac{3+8}{0.05} + 1.25\right) \times \frac{2.51^2}{2 \times 9.81} + \left(0.019\,7 \times \frac{5+2+15}{0.1} + 1.5\right) \times \frac{0.637^2}{2 \times 9.81}$$

$$= 6.43 \text{ m}$$

水泵功率为：

$$P = \rho g q_V h_p = 998.2 \times 9.807 \times 0.005 \times 6.43 = 0.315 \text{ kW}$$

【例 5.15】 六面体形油缸长 $L = 4$ m，高 $D = 2$ m，宽 $B = 2$ m。下部泄油管长 $l = 8$ m，直径 $d = 0.06$ m，沿程阻力系数 $\lambda = 0.03$。初始时液深 $h_0 = D$。求油的泄空时间 T。

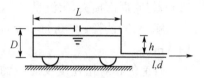

图 5.19 例 5.15 图

解 油缸液面通大气，泄油管出口至大气。

在液面和出口分别取断面。

设液面降至高度 h 时，经 $\mathrm{d}t$ 时间，液面下降 $\mathrm{d}h$，这一过程的流动为稳定流动。

由连续性方程有

$$-\mathrm{d}h \cdot 4 \times 2 = v \times \frac{\pi}{4} \times 0.06^2 \cdot \mathrm{d}t$$

$$-\mathrm{d}h = 3.53 \times 10^{-4} v \mathrm{d}t$$

由能量方程有：

$$h = \left(0.5 + 0.03 \times \frac{8}{0.06} + 1 \right) \frac{v^2}{2g}$$

$$v = 1.89 \sqrt{h}$$

代入上式有：

$$\mathrm{d}t = 1\,500 \frac{-\mathrm{d}h}{\sqrt{h}}$$

积分上式：

$$\int_0^t \mathrm{d}t = \int_2^0 1\,500 \frac{-\mathrm{d}h}{\sqrt{h}}$$

$$t = -1\,500 \times 2h^{\frac{1}{2}} \Big|_2^0 = 4\,243 \text{ s}$$

5.6 管路及管网阻力计算

5.6.1 串联管路

由不同直径的管段首尾相连而组合成的管路称为串联管路，如图 5.19 所示，简单管道 1，2，3 组成串联管路。串联管路中各管道中流量相等：

$$q_V = q_{V_1} = q_{V_2} = q_{V_3} = \cdots \tag{5.55}$$

串联管路的总损失由各管道的阻力损失叠加而成：

$$h_l = h_{l1} + h_{l2} + h_{l3} + \cdots \tag{5.56}$$

上面两个计算式是进行串联管路计算的基本方程。

【例5.16】 如图5.20所示,管道1、2、3的长度和直径分别为 300 m、300 mm,150 m、200 mm,250 m、250 mm,管道材料都为新铸铁管,水温为 15 ℃,$\Delta z = $ 10 m,忽略局部损失,求流量。

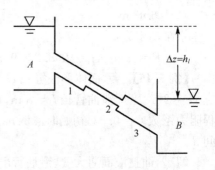

图 5.20　管路串联

解　铸铁管 $e = 0.26$ mm,15 ℃ 水 $\nu = 1.139 \times 10^{-6}$ m²/s。

管道的相对粗糙度及对应的最小摩擦阻力系数(查莫迪图)为:

管道	1	2	3
l(m)	300	150	250
d(m)	0.3	0.2	0.25
e/d	0.000 833	0.001 25	0.001
λ_{min}	0.019	0.021	0.020

由连续性方程:

$$\frac{v_2^2}{2g} = \frac{v_1^2}{2g}\left(\frac{d_1}{d_2}\right)^4 = \frac{v_1^2}{2g} \times \left(\frac{0.3}{0.2}\right)^4 = 5.06 \times \frac{v_1^2}{2g}$$

同理,

$$\frac{v_3^2}{2g} = 2.07 \times \frac{v_1^2}{2g}$$

由能量方程:

$$\Delta z = h_l = h_f = h_{f1} + h_{f2} + h_{f3}$$
$$= \lambda_1 \frac{l_1}{d_1} \frac{v_1^2}{2g} + \lambda_2 \frac{l_2}{d_2} \frac{v_2^2}{2g} + \lambda_3 \frac{l_3}{d_3} \frac{v_3^2}{2g}$$
$$10 = 0.019 \times \frac{300}{0.3} \times \frac{v_1^2}{2g} + 0.021 \times \frac{150}{0.2} \times \frac{v_2^2}{2g} + 0.02 \times \frac{250}{0.25} \times \frac{v_3^2}{2g}$$
$$10 = \left(0.019 \times \frac{300}{0.3} + 0.021 \times \frac{150}{0.2} \times 5.06 + 0.02 \times \frac{250}{0.25} \times 2.07\right) \times \frac{v_1^2}{2g}$$
$$\frac{v_1^2}{2g} = 0.071\,3 \text{ m}$$

管道内 Re 分别为 0.31×10^6、0.47×10^6 和 0.37×10^6,因为流动基本上都处于完全粗糙区,摩擦系数与初始假设相差不大。

所以:

$$v_1 = \sqrt{2 \times 9.81 \times 0.071\,3} = 1.183 \text{ m/s}$$

管道内流量:

$$q_v = v_1 A_1 = \frac{\pi}{4} d_1^2 v_1 = \frac{\pi}{4} \times 0.3^2 \times 1.183 = 0.083\,6 \text{ m}^3/\text{s}$$

采用下面的方法,可以对本题进行更精确的计算。

三根管道判断阻力区域的临界数分别为:

1 管:　　　　$80 \times \left(\frac{300}{0.26}\right) = 9.2 \times 10^4$

$$4\,160 \times \left(\frac{300}{0.26 \times 2}\right)^{0.85} = 9.2 \times 10^5$$

2 管：
$$80 \times \left(\frac{200}{0.26}\right) = 6.2 \times 10^4$$

$$4\,160 \times \left(\frac{200}{0.26 \times 2}\right)^{0.85} = 6.6 \times 10^5$$

3 管：
$$80 \times \left(\frac{250}{0.26}\right) = 7.7 \times 10^4$$

$$4\,160 \times \left(\frac{250}{0.26 \times 2}\right)^{0.85} = 7.9 \times 10^5$$

根据上面方法计算结果所对应的雷诺数，假设三根管道阻力全部处于过渡区，则：

$$\lambda_1 = 0.11 \times \left(\frac{0.26}{300} + \frac{68 \times 1.139 \times 10^{-6}}{v_1 \times 0.3}\right)^{0.25} = 0.011 \times (8.667 + 2.582/v_1)^{0.25}$$

$$\lambda_2 = 0.11 \times \left(\frac{0.26}{200} + \frac{68 \times 1.139 \times 10^{-6}}{v_2 \times 0.2}\right)^{0.25} = 0.011 \times (13 + 3.873/v_2)^{0.25}$$

$$\lambda_3 = 0.11 \times \left(\frac{0.26}{250} + \frac{68 \times 1.139 \times 10^{-6}}{v_3 \times 0.25}\right)^{0.25} = 0.011(10.4 + 3.098/v_3)^{0.25}$$

应用连续性方程：$v_2 = \left(\frac{300}{200}\right)^2 v_1 = 2.25v_1$ 及 $v_3 = \left(\frac{300}{250}\right)^2 v_1 = 1.44v_1$，将 λ_2 和 λ_3 转换成：

$$\lambda_2 = 0.011 \times \left(13 + \frac{1.721}{v_1}\right)^{0.25}$$

$$\lambda_3 = 0.011 \times \left(10.4 + \frac{2.151}{v_1}\right)^{0.25}$$

阻力损失为：

$$10 = 0.011 \times \left(8.667 + \frac{2.582}{v_1}\right)^{0.25} \times \frac{300}{0.3} \times \frac{v_1^2}{2g} + 0.011 \times \left(13 + \frac{1.721}{v_1}\right)^{0.25} \times \frac{150}{0.2}$$

$$\times \frac{(2.25v_1)^2}{2g} + 0.011 \times \left(10.4 + \frac{2.151}{v_1}\right)^{0.25} \times \frac{250}{0.25} \times \frac{(1.44v_1)^2}{2g}$$

由上式用计算软件（如使用 Excel 的表格计算功能）可解出：

$$v_1 = 1.167 \text{ m/s}$$

则：　$v_2 = 2.626 \text{ m/s}$　$v_3 = 1.68 \text{ m/s}$

$$Re_1 = \frac{1.167 \times 0.3}{1.139 \times 10^{-6}} = 3.1 \times 10^5$$

$$Re_2 = \frac{2.626 \times 0.2}{1.139 \times 10^{-6}} = 4.6 \times 10^5$$

$$Re_3 = \frac{1.68 \times 0.25}{1.139 \times 10^{-6}} = 3.7 \times 10^5$$

所以假设三根管道阻力全部处于过渡区正确，以上计算成立。

流量为：

$$q_V = \frac{\pi}{4} \times 0.3^2 \times 1.167 = 82.5 \text{ l/s}$$

5.6.2　并联管路

由不同直径的管段首首相连尾尾相连而成的管路称为并联管路,如图 5.21 所示,管道 1、2、3 组成并联管路,A、B 是各并联管共同的节点,所以,并联管路系统应该满足的连续性方程为:

$$q_V = q_{V_1} + q_{V_2} + q_{V_3} + \cdots \tag{5.57}$$

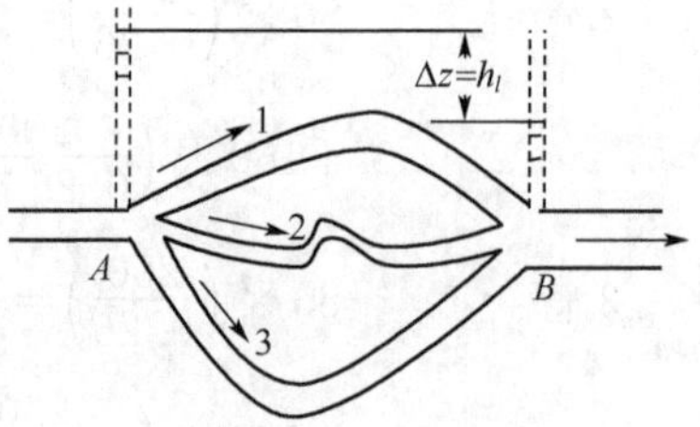

由并联管路具有共同节点的特征有能量损失方程为:

$$h_l = h_{l1} = h_{l2} = h_{l3} = \cdots \tag{5.58}$$

即并联管路中两节点间各支管的阻力相等并等于管道总阻力。

由于各并联管的能量损失都相等,所以:

$$h_l = K_1 q_{V_1}^2 = K_2 q_{V_2}^2 = K_3 q_{V_3}^2$$

则:

$$\frac{q_{V_1}}{q_{V_2}} = \sqrt{\frac{K_2}{K_1}}, \frac{q_{V_2}}{q_{V_3}} = \sqrt{\frac{K_3}{K_2}}, \frac{q_{V_3}}{q_{V_1}} = \sqrt{\frac{K_1}{K_3}}$$

即并联管中任意两根管道的流量之比与它们阻抗平方根成反比。或者说,管路阻抗小,该管路中的流量大。

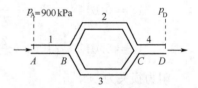

图 5.21　管路并联

【例 5.17】　如图 5.22 所示,高压管道在 B 点分,在 C 点汇,管道材料为铸铁管,A、B、C 和 D 点的位置高度分别为 5.0m、4.5m、4.0m 和 3.5m,其他相关参数如表5.6所示,如果管道 1 内流量为 $2\ \mathrm{m^3/s}$,A 点压强为 900 kPa,计算 D 点压强,假设流动阻力都处于完全粗糙区,不计局部损失。

图 5.22　例 5.17 图

表 5.6　管道结构参数

管道序号	管径 d(mm)	管长 L(m)	流通面积 A($\mathrm{m^2}$)	流速 v(m/s)	相对粗糙度 e/d	阻力系数 λ_{min}
1	750	500	0.442	4.53	0.000 347	0.015 4
2	400	600	0.126	—	0.000 650	0.017 7
3	500	650	0.196	—	0.000 520	0.016 8
4	700	400	0.385	5.20	0.000 371	0.015 6

解　铸铁管的粗糙度为 0.26 mm,计算得到的相对粗糙度 e/d、管道流通面积 A、管内流速和处于湍流完全粗糙区的阻力系数 λ_{min} 列于表 5.6。则 A 点总水头为:

$$h_A = \frac{p_A}{\rho g} + z_A + \frac{v_A^2}{2g} = \frac{900}{9.79} + 5 + \frac{4.53^2}{2 \times 9.81} = 98.0\ \mathrm{m}$$

管道 1 中,B 点总水头为:

$$h_B = h_A - h_{f1} = h_A - \lambda_1 \frac{l_1}{d_1} \frac{v_1^2}{2g} = 98.0 - 0.015\,4 \times \frac{500}{0.75} \times \frac{4.53^2}{2 \times 9.81} = 87.3\ \mathrm{m}$$

管道 2 中,C 点总水头为:

$$h_C = h_B - h_{f2} = h_B - \lambda_2 \frac{l_2}{d_2} \frac{v_2^2}{2g} = h_B - \lambda_2 \frac{l_2}{d_2} \frac{q_{V_2}^2}{2gA_2^2}$$

$$h_C = 87.3 - 0.017\,7 \times \frac{600}{0.40} \times \frac{q_{V_2}^2}{2 \times 9.81 \times 0.126^2} = 87.3 - 85.2q_{V_2}^2$$

管道 3 中，C 点总水头为：

$$h_C = h_B - \lambda_3 \frac{l_3}{d_3} \frac{q_{V_3}^2}{2gA_3^2} = 87.3 - 0.016\,8 \times \frac{650}{0.50} \times \frac{q_{V_3}^2}{2 \times 9.81 \times 0.196^2}$$

$$= 87.3 - 29.0q_{V_3}^2$$

管道 4 中，D 点总水头为：

$$h_D = h_C - \lambda_4 \frac{l_4}{d_4} \frac{q_{V_4}^2}{2gA_4^2} = h_C - 0.015\,6 \times \frac{400}{0.70} \times \frac{q_{V_4}^2}{2 \times 9.81 \times 0.385^2}$$

$$= h_C - 3.07q_{V_4}^2$$

节点处流量关系：

$$B\,点：\quad q_{V_2} + q_{V_3} = q_V = 2\ \mathrm{m^3/s}$$

$$C\,点：\quad q_{V_2} + q_{V_3} = q_{V_4} = q_V = 2\ \mathrm{m^3/s}$$

由管道 2 和管道 3 可知：

$$87.3 - 85.2q_{V_2}^2 = 87.3 - 29.0q_{V_3}^2$$

得

$$q_{V_2} = 0.583q_{V_3}$$

则

$$q_{V_3} = 1.26\ \mathrm{m^3/s}, \qquad q_{V_2} = 0.74\ \mathrm{m^3/s}$$

$$h_C = 87.3 - 29.0q_{V_3}^2 = 87.3 - 29.0 \times 1.26^2 = 41.3\ \mathrm{m}$$

$$h_D = h_C - 3.07q_{V_4}^2 = 41.3 - 3.07 \times 2^2 = 29.0\ \mathrm{m}$$

由于

$$29.0 = h_D = \frac{p_D}{\rho g} + z_D + \frac{v_4^2}{2g} = \frac{p_D}{9.79} + 3.5 + \frac{5.2^2}{2 \times 9.81}$$

$$p_D = 236\ \mathrm{kPa}$$

所以 D 点的压强为 236 kPa。

以上计算中当管道较长时，一般可以忽略局部损失，流动处于湍流完全粗糙区的假设，需要做校验，但计算结果相差不大。并联管路中各管段内流量不相等，在采暖和供水工程设计中可以通过调节各管段的阻力，如改变管长、管径和适当增减阀门等局部部件以调整各支管的阻抗，若使阻抗相等则各支管内流量将相等，这种计算称为阻力平衡计算。

5.6.3　分叉管路系统

分叉管路系统一般为各支管连接到总管或母管上。为了简便,分析如图 5.23 所示的三条管路,管路出口分别与 A、B、C 三个液池相连,并且相互在公共接点 J 点相连接,三条管路分别用 1、2、3 表示。假使所有的管路都非常长,可以忽略局部损失和速度水头,因此 $h_l = h_f$,并可以用 h 表示。由连续性方程和能量方程知,流入接点的流量应等于流出接点的流量,所有管路在公共接点处的压力水头相等(可以想象用一开口测压管表示,水头高度为 H)。

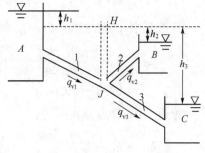

因为系统中没有泵,所以流体在 J 点的水头高度必然介于液池 A 和 C 液面之间,如果 H 与液池 B 液面

图 5.23　分叉管路

同高,则 h_2 和 q_{V_2} 都为 0,如果 H 高于液池 B 液面,则水必然流到 B 中,有 $q_{V_1} = q_{V_2} + q_{V_3}$,如果 H 低于液池 B 液面,则必然从 B 中有流体流出,有 $q_{V_1} + q_{V_2} = q_{V_3}$,所以,分叉管路流动必然满足以下条件:

(1) $q_{V_1} = q_{V_2} + q_{V_3}$ 或 $q_{V_1} + q_{V_2} = q_{V_3}$;

(2) 各管路中流体在所有公共节点处水头 H 相等。

【例 5.18】　如图 5.23 所示,管路 1、2、3 的长度和管径分别为 600 m、150 mm,150 m、100 mm 和 450 m,80 mm,管道材料为涂沥青铸铁管。水池 A 和 C 液面高度分别为 250 m 和 160 m,输送 20 ℃ 的水到 B 水池中,流量为 0.04 m³/s,求水池 B 液面高度。

解　20 ℃ 水 $\nu = 1.003 \times 10^{-6}$ m²/s,涂沥青铸铁管 $e = 0.12$ mm,各管段参数列于表 5.7。

表 5.7　各管段参数

管段	1	2	3
管长 l(m)	600	150	450
管径 d(m)	0.15	0.1	0.08
l/d	4 000	1 500	5 625
相对粗糙度 e/d	0.000 8	0.001 2	0.001 5
流通面积 A(m²)	0.017 67	0.007 854	0.005 03

计算 J 点的水头 H,题中 $H > 160$ m 和 $H < 250$ m,初始取 $H = 200$ m,计算结果列于表 5.8。

表 5.8　计算结果

H	h_1	h_3	v_1	v_3	$Re_1 \times 10^5$	$Re_3 \times 10^5$	q_{V_1}	q_{V_3}	$\sum q_V$	调整
200	50	40	3.567 5	2.472 8	5.34	1.97	0.063 0	0.012 4	+0.010 6	H 增大
220	30	60	2.540 5	3.041 3	3.78	2.43	0.044 9	0.015 3	−0.010 4	H 减小
210.1	39.9	50.1	3.180 7	2.774 2	4.76	2.21	0.056 2	0.013 9	+0.002 3	H 增大
212	38	52	3.102 7	2.827 3	4.64	2.26	0.054 83	0.014 21	+0.000 62	

表5.8 中各参数计算式如下:

$$h_1 = h_{f1} = z_A - H, \qquad h_3 = h_{f3} = H - z_C$$

$$\lambda = \frac{2gdh_f}{lv^2}, \qquad \sqrt{\lambda} = \sqrt{\frac{2gdh_f}{l}} \frac{1}{v}$$

$$Re\sqrt{\lambda} = \sqrt{\frac{2gdh_f}{l}} \frac{d}{\nu}$$

代入式(5.38)中,得:

$$v = -2\sqrt{\frac{2gdh_f}{l}} \log\left(\frac{e/d}{3.7} + \frac{2.51\nu}{d}\sqrt{\frac{l}{2gdh_f}}\right)$$

$$Re = \frac{vd}{\nu}$$

$$q_V = vA = \frac{\pi}{4}d^2 v$$

$$\sum q_V = q_{V_1} - q_{V_2} - q_{V_3}$$

第一次试算:$(220-H)/(220-200) = 0.0104/(0.0106+0.0104)$ 得 $H = 210.1\,\text{m}$;

第二次试算:$(220-H)/(220-210.1) = 0.0104/(0.0023+0.0104)$ 得 $H = 211.9\text{m}$,
取 $H = 212\,\text{m}$;

第三次试算:$(220-H)/(220-212) = 0.0104/(0.00062+0.0104)$ 得 $H = 212.45\,\text{m}$,
与上一次值基本接近。

$$v_2 = \frac{q_{V_2}}{A_2} = \frac{4q_{V_2}}{\pi d_2^2} = \frac{4 \times 0.04}{\pi \times 0.1^2} = 5.093\,\text{m/s}$$

$$Re_2 = \frac{v_2 d_2}{\nu} = \frac{5.093 \times 0.1}{1.003 \times 10^{-6}} = 5.078 \times 10^7$$

$$\frac{1}{\sqrt{\lambda}} = -1.8\log\left[\left(\frac{e/d}{3.7}\right)^{1.11} + \frac{6.9}{Re}\right]$$

$$\lambda = 0.0206$$

$$H - z_B = h_{f2} = \lambda \frac{l_2}{d_2} \frac{v_2^2}{2g} = 0.0206 \times \frac{150}{0.1} \times \frac{5.093^2}{2 \times 9.81} = 40.85\,\text{m}$$

所以 $z_B = 171.6\,\text{m}$。

本题还可以用下面的方法求解。

各管道中判断阻力区域的临界数分别为:

1 管:$80 \times \left(\frac{150}{0.12}\right) = 10^5$ $4\,160 \times \left(\frac{150}{2 \times 0.12}\right)^{0.85} = 9.9 \times 10^5$

2 管:$80 \times \left(\frac{100}{0.12}\right) = 6.7 \times 10^4$ $4\,160 \times \left(\frac{100}{2 \times 0.12}\right)^{0.85} = 7 \times 10^5$

3 管:$80 \times \left(\frac{80}{0.12}\right) = 5.3 \times 10^4$ $4\,160 \times \left(\frac{80}{2 \times 0.12}\right)^{0.85} = 5.8 \times 10^5$

2 管流速为:$v_2 = \frac{0.04 \times 4}{\pi \times 0.1^2} = 5.093\,\text{m/s}$

$$Re_2 = \frac{5.093 \times 0.1}{1.003 \times 10^{-6}} = 5.07777 \times 10^5$$

所以 2 管阻力处于过渡区

$$\lambda_2 = 0.11 \times \left(\frac{0.12}{100} + \frac{68}{507\,777}\right)^{0.25} = 0.021$$

v_3 可用 v_1 表示为：

$$\frac{\pi}{4} \times 0.1^2 \times v_1 - 0.04 = \frac{\pi}{4} \times 0.08^2 \times v_3 \quad 即 \quad v_3 = 3.515\,6v_1 - 7.957\,7$$

假设 1 管和 3 管阻力都处于过渡区，则：

$$\lambda_1 = 0.11 \times \left(\frac{0.12}{150} + \frac{68 \times 1.003 \times 10^{-6}}{v_1 \times 0.15}\right)^{0.25} = 0.11 \times \left(8 + \frac{4.547}{v_1}\right)^{0.25}$$

$$\lambda_3 = 0.11 \times \left(\frac{0.12}{80} + \frac{68 \times 1.003 \times 10^{-6}}{v_3 \times 0.08}\right)^{0.25} = 0.11 \times \left(15 + \frac{8.525\,5}{3.515\,6v_1 - 7.957\,7}\right)^{0.25}$$

1 管和 3 管的能量损失方程为：

$$250 - H = 0.011 \times \left(8 + \frac{4.547}{v_1}\right)^{0.25} \times \frac{600}{0.15} \times \frac{v_1^2}{2g}$$

$$H - 160 = 0.011 \times \left(15 + \frac{8.525\,5}{3.515\,6v_1 - 7.957\,7}\right)^{0.25} \times \frac{450}{0.08} \times \frac{(3.515\,6v_1 - 7.957\,7)^2}{2g}$$

上面二式相加，用计算软件可解出 v_1 的为：

$$(v_1)_1 = 1.195 \text{ m/s}, (v_1)_2 = 3.074 \text{ m/s}$$

其中，$(v_1)_1$ 对应的 1 管流量为 $0.021 \text{ m}^3/\text{s}$，不符合题目要求(小于 2 管流量)

3 管流速为：$v_3 = 3.515\,6 \times 3.074 - 7.957\,7 = 2.849 \text{ m/s}$

$$Re_1 = \frac{3.074 \times 0.15}{1.003 \times 10^{-6}} = 4.6 \times 10^5$$

$$Re_2 = \frac{2.849 \times 0.08}{1.003 \times 10^{-6}} = 2.3 \times 10^5$$

因此，假设 1 管和 3 管阻力处于过渡区正确，计算成立。

由 1 管的能量损失方程，代入 v_1，解出 H 为：

$$H = 212.8 \text{ m}$$

2 管的能量损失方程为：

$$212.8 - z_B = 0.021 \times \frac{150}{0.1} \times \frac{5.093^2}{2g}$$

则　　　　　　　　　　　　　$$z_B = 171.14 \text{ m}$$

即 B 水池液面高度为 171.14 m。

5.6.4　管网计算

工程中管道通常是相互连通的，某一管路出口的流体常常来自于其他管道，这种复杂管路称为管网，如图 5.24 所示。管网内流动应该满足以下条件：

(1) 流入某个节点的流量必然等于流出该节点的流量，$\sum q_V = 0$；

(2) 单管内的流动满足粘性摩擦定律；

(3) 任意一个闭合回路内水头损失的代数和为 0，$\sum h_l = 0$。

管网计算有多种计算方法，Hardy－Cross(哈代－克罗斯) 方法是将管网分成若干个闭合环路,以流入流量为正,流出流量为负,以顺时针方向流动阻力为正,逆时针方向流动阻力为负。

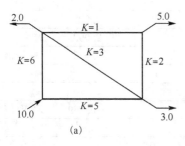
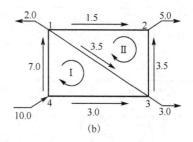

图 5.24 管网流动及计算

管网计算可以分为以下三步:

第 1 步,根据节点(J)流量平衡,设定各管道内流量,选取流速并确定管径;

第 2 步,根据流量计算各管路流动阻力,一般来讲,初次试算时闭合回路内的 $\sum h_l \neq 0$;

第 3 步,对各管段流量增加一个校正值 Δq_V,使 $\sum h_l$ 接近于 0。

校正流量分析如下:在增加一个校正值 Δq_V 后,阻力校正值为 Δh_i,根据关系式 $h_l = K q_{V^2}$,有 $h_i + \Delta h_i = K_i (q_{Vi} + \Delta q_V)^2$。

上式展开后,略去高阶小项,可以得到:

$$\Delta h_i = 2 K_i q_{Vi} \Delta q_V$$

根据环路内 $\sum (h_i + \Delta h_i) = 0$ 的条件,得到:

$$\Delta q_V = \frac{\sum h_i}{\sum (2 K_i q_{Vi})} = -\frac{\sum h_i}{2 \sum K_i q_{V^2 i} / q_{Vi}} = -\frac{\sum h_i}{2 \sum h_i / q_{Vi}} \tag{5.59}$$

【**例 5.19**】 计算管网内各管段流量,管网结构与参数如图 5.24(a)。

解 根据节点流量平衡,确定各管道内流量如图 5.24(b)和表 5.9 所示。

表 5.9 管网计算

环路	管段	初始 q_{Vi}	K_i	h_i	h_i/q_{Vi}	Δq_V	校正后 q_{Vi}	备注
第一次计算								
	4-1	7	6	294	42		4.883	
I	1-3	3.5	3	36.75	10.5		1.383	
	3-4	-3	5	-45	15		-5.117	
	Σ			285.75	67.5	-2.117		
	1-2	1.5	1	2.25	1.5		2.606	
II	2-3	-3.5	2	-24.5	7		-2.394	
	3-1	-1.383*	3	-5.738	4.149		-0.277	取 I 值
第二次迭代				-27.988	12.649	1.106		
	4-1	4.883	6	143.06	29.298		4.772	
I	1-3	0.277*	3	0.230	0.831		0.166	取 II 值
	3-4	-5.117	5	-130.92	25.585		-5.228	
	Σ			12.370	55.714	-0.1110		

环路	管段	初始 q_{Vi}	K_i	h_i	h_i/q_{Vi}	Δq_V	校正后 q_{Vi}	备注
	$1-2$	2.606	1	6.791	2.606		2.907	
II	$2-3$	-2.394	2	-11.462	4.788		-2.093	
	$3-1$	-0.166^*	3	-0.0827	0.498		0.135	取 I 值
第三次迭代				-4.754	7.892	0.301		
	$4-1$	4.772	6	136.63	28.632		4.770	
I	$1-3$	-0.267	3	-0.214	0.801		-0.269	取 II 值
	$3-4$	-5.228	5	-136.66	26.140		-5.230	
	Σ			0.244	55.573	-0.002		
	$1-2$	2.907	1	8.451	2.907		2.913	
II	$2-3$	-2.093	2	-8.761	4.186		-2.087	
	$3-1$	0.269	3	0.217	0.807		0.275	取 I 值
	Σ			-0.093	7.900	0.006		

表 5.9 中,＊ 表示迭代过程中,与上一个环路相同的管段以迭代后的新值代入计算,可以加快迭代速度。此例题中,经过三次迭代后,Σh_i 逐渐减小并最终接近为 $0(\Sigma h_i = -0.093)$,Δq_V 也越来越小并趋于 $0(\Delta q_V = 0.006)$。

以上过程可以用计算机编程计算。

5.7　管路中的水锤现象

管路中为了调节流量,需要经常开启和关闭阀门,如发电厂中汽轮机负荷变化时必须迅速调节蒸汽流量。有压管道内运动着的液体由于阀门或者水泵突然关闭,使得液体速度和动量发生急剧变化,引起液体压力产生大幅度的波动,使得阀门或水泵与管道壁面受到交替产生的频率很高的增压波和减压波冲击作用,这种作用如同锤击,所以称为水锤现象,此时必须考虑液体的可压缩性和管道材料的弹性。水锤可能使管路胀破或被大气压压扁以及使管路系统中的辅件产生严重破坏,而影响其寿命。生活中出现的水管管路的振动和"嗡嗡"的叫声就是管路中的水锤作用。

水平管路中的液体流动,如图 5.25 所示,当 N 处阀门突然关闭时,靠近阀门处的流体将在管道内其他流动流体的压迫下被压缩,阀门处流体速度从 v 降为 0,但压力增大到 $p+\Delta p$,管道壁面受压膨胀,流体动能转变为流体的势能和壁面的压力能。增大的压力以波的形式从阀门 N 处传播到管道入口 M 处,管道内流体压力增大到 $p+\Delta p$,速度降低为 0,如图 5.25(a)所示。在管道入口 M 处,流体将在压差 Δp 的作用下,反向流动到水池中,如果没有摩擦作用,反向流动速度大小为 v,压力由 $p+\Delta p$ 降低到 p,压力变化仍然以波的形式从 M 点传播到 N 点,最终管道内流体压力变为 p,速度变为 $-v$,管道壁面不再受压,如图 5.25(b)所示。当压力波传播到阀门 N 处时,由于阀门关闭,阀门处流体质点的反向流动首先在阀门 N 处造成部分真空,压力减低为 $p-\Delta p$,并迫使流体停止倒流,降低的压力波又从阀门 N 处传播到管道入口 M 处,管道内流体压力变为 $p-\Delta p$,速度变为 0,管道壁面受到大气压的压缩,如图 5.25(c)所示。当减压波传播到管道入口 M 处时,由于水池与管道存在压力差 Δp,流体在此压力差作用下,将从水池中再次流入管道内,压力恢复到 p,速度变为 $+v$,管道壁面不再受大气压缩,当压力变化传播到 N 点时,整个管道内的流体恢复到阀门刚刚关闭时的状态。

如果整个管路没有摩擦损失,管路内流体的压力波动、速度变化及管道壁面的膨胀和受压将以一定的频率周期性地变化下去。

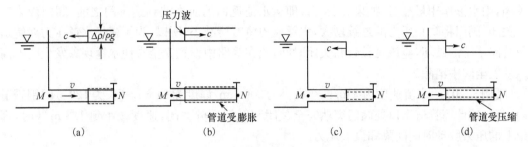

(a)   (b)   (c)   (d)

图 5.25   管内流速变化及压力波传播

如果管道内压力波的传播速度为 c,管道长度为 l,则压力波在管道内来回传播一次的时间为:

$$T_r = 2\frac{l}{c} \tag{5.60}$$

如图 5.26 所示,当阀门关闭时,在 Δt 时间内,管道内阀门附近受到压力波影响的长度为 $c\Delta t$,流体质量为 $\rho A c\Delta t$,根据动量定理 $F\Delta t = m\Delta v$,有:

$$\left[pA - (p+\Delta p)A\right]\Delta t = (\rho A c\Delta t)(v_2 - v)$$

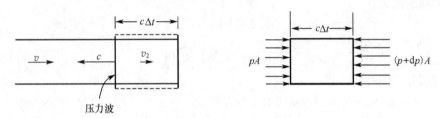

图 5.26   水锤现象时管内流体受力分析

即

$$\Delta p = \rho c(v - v_2) \tag{5.61}$$

如果阀门完全关闭,管内流体速度由 v 降低到 0,则 $v_2 = 0$,$\Delta p = \rho c v$。

弹性管道内压力波的传播速度为:

$$c = \frac{c_0}{\sqrt{1 + \dfrac{d}{\delta}\dfrac{E_v}{E_s}}} \tag{5.62}$$

式中,c_0 是压力波在水中的传播速度,$c_0 = \sqrt{\dfrac{E_v}{\rho}}$。由 5 ℃ 时水的弹性模量 $E_v = 2.06 \times 10^6$ kN/m²,得到水中压力波的传播速度为 1 440 m/s。d 和 δ 分别是管道直径和壁面厚度。E_s 是壁面材料的弹性模量。

所以,压力波动为:

$$\Delta p = \frac{\rho c_0 (v - v_2)}{\sqrt{1 + \dfrac{d}{\delta}\dfrac{E_v}{E_s}}} \tag{5.63}$$

式(5.63) 表明,压力波动与管道内流体速度变化成正比,与管道长度无关,与管道壁面材料

刚度 $E_s(\delta/d)$ 有关,管道刚度越大,压力波动越大,水锤作用越显著。

当阀门关闭时间 t_c 较快,在从水池返回的压力波到达阀门之前,即 $t_c < T_r$ 时,阀门完全关闭,则水锤作用最显著。如果 $t_c > T_r$,即从水池返回的压力波到达阀门之前,阀门尚未完全关闭,阀门将防止压力的继续增大,水锤压力将有所减小。所以,为了减轻水锤压力对管道及管路系统的破坏,应该延长管路关闭时间,或在管路中设置安全阀使水锤现象发生时的高压从安全阀中消除。

【例5.20】　水流速度为 $3\,\mathrm{m/s}$,在直径为 $200\,\mathrm{mm}$,厚度为 $6\,\mathrm{mm}$,管长为 $120\,\mathrm{m}$ 的钢管道内流动,试计算管道出口处阀门突然完全关闭和阀门部分关闭,速度减小到 $1.8\,\mathrm{m/s}$ 时,理论上的压力脉动时间间隔和最大压力。

解　钢管材料的弹性模量 $E_s = 2.06 \times 10^8\,\mathrm{kN/m^2}$,水弹性模量 $E_v = 2.18 \times 10^6$ $\mathrm{kN/m^2}$,水中压力波传播速度 $c_0 = 1\,440\,\mathrm{m/s}$。

$$c = \frac{c_0}{\sqrt{1 + \dfrac{d}{\delta}\dfrac{E_v}{E_s}}} = \frac{1\,440}{\sqrt{1 + \dfrac{200}{6} \times \dfrac{2.18 \times 10^6}{2.06 \times 10^8}}} = 1\,247.1\,\mathrm{m/s}$$

压力波动间隔为

$$T_r = 2\frac{l}{c} = 2 \times \frac{120}{1\,247.1} = 0.192\,\mathrm{s}$$

压力增加值为:

$$\Delta p = \rho c v = 998.2 \times 1\,247.1 \times 3 = 3.7 \times 10^6\,\mathrm{N/m^2}$$

$$\frac{\Delta p}{\rho g} = \frac{3.7 \times 10^6}{998.2 \times 9.807} = 381.67\,\mathrm{m}$$

阀门部分关闭时:

$$\Delta p = \rho c(v - v_2) = 998.2 \times 1\,247.1 \times (3 - 1.8) = 1.48 \times 10^6\,\mathrm{N/m^2}$$

所以,水锤压力波动频率非常快,压力增加值也非常大,对管路系统的影响也非常重要。

本 章 小 结

5.1　稳态不可压缩流体管道内流动有层流和湍流两种状态。用 $Re = \dfrac{dv\rho}{\mu} = \dfrac{dv}{\nu}$ 判别。$Re < 2\,100$ 时,流动为层流;$Re > 4\,000$ 时,流动为稳定的湍流;$2\,100 < Re < 4\,000$ 时,流动为过渡流。

5.2　管路中水头损失由管道内壁面粘性摩擦沿程损失和管路构件对流动扰动产生的局部损失组成。管路中两点间的总水头损失是粘性摩擦沿程损失和局部损失之和。

$$h_l = \sum h_f + \sum h_j = \left(\lambda\frac{\sum l}{d} + \sum \zeta\right)\frac{v^2}{2g}。$$

5.3　沿程粘性摩擦损失可以表示为 $h_f = \lambda\dfrac{l}{d}\dfrac{v^2}{2g}$,摩擦阻力系数 λ 可以用公式计算或查莫迪图得到。层流流动时,$\lambda = \dfrac{64}{Re}$;湍流光滑管内流动,即 $4\,000 < Re < 80(d/e)$,$\dfrac{1}{\sqrt{\lambda}} = 1.8\log\left(\dfrac{Re}{6.9}\right)$;湍流充分粗糙管流动,即 $Re > 4\,160[d/(2e)]^{0.85}$,$\dfrac{1}{\sqrt{\lambda}} = 2\log\left(\dfrac{3.7}{e/d}\right)$;湍流

过渡区域内流动,即 $80(d/e) < Re < 4\,160[d/(2e)]^{0.85}$,$\dfrac{1}{\sqrt{\lambda}} = -1.8\log\left[\left(\dfrac{e/d}{3.7}\right)^{1.11} + \dfrac{6.9}{Re}\right]$。

5.4 局部损失可以表示为 $h_j = \zeta\dfrac{v^2}{2g}$,$\zeta$ 为与局部构件形状有关的阻力损失系数,可以查相关图表得到。

5.5 工程中有多种管路结构及相应的流动特征,可以根据流动特征进行管道流动计算,具体有:

(1) 串联管路:$q_V = q_{V_1} = q_{V_2} = q_{V_3} = \cdots$ 和 $h_l = h_{l1} + h_{l2} + h_{l3} + \cdots$;

(2) 并联管路:$q_V = q_{V_1} + q_{V_2} + q_{V_3} + \cdots$ 和 $h_l = h_{l1} = h_{l2} = h_{l3} = \cdots$;

(3) 分叉管路系统:$q_{V_1} = q_{V_2} + q_{V_3}$ 和管路中所有公共节点处水头 H 相等;

(4) 管网:流进某个节点的流量必然等于流出该节点的流量,$\Sigma q_{VJ} = 0$,单管内的流动满足粘性摩擦定律及任意一个闭合环路内水头损失的代数和为 0,$\Sigma h_l = 0$。

5.6 管路中阀门突然关闭,使得管内液体速度和动量发生急剧变化,引起液体压力大幅度地波动而出现水锤现象,压力波动值为 $\Delta p = \dfrac{\rho c_0 (v - v_2)}{\sqrt{1 + \dfrac{d}{\delta}\dfrac{E_v}{E_s}}}$。

习 题

5.1 密度为 $3.87\,\text{kg/m}^3$ 的蒸汽以 $35\,\text{m/s}$ 速度在圆管内流动,沿程粘性摩擦系数 $\lambda = 0.015\,4$,确定管壁面处切应力。

5.2 送风道直径为 $200\,\text{mm}$,风速为 $3.0\,\text{m/s}$,空气温度为 $30\,^\circ\text{C}$,试判别管内流态并计算保持层流流动的最大风速。

5.3 油密度为 $920\,\text{kg/m}^3$,运动粘度为 $0.000\,38\,\text{m}^2/\text{s}$,在直径为 $100\,\text{mm}$ 的管内流动,流量为 $0.64\,\text{L/s}$,求单位管长上水头损失。

5.4 管内水流动的 $\lambda = 0.012$,水温为 $15\,^\circ\text{C}$,如果平均流速为 $3.2\,\text{m/s}$,求粘性底层厚度,如果流速增大到 $5.5\,\text{m/s}$,粘性底层厚度及 λ 如何变化?

5.5 $1\,\text{m}$ 直径的钢管道内,管中心处流速为 $5.35\,\text{m/s}$,在 $r = 143.4\,\text{mm}$ 处的流速为 $4.91\,\text{m/s}$,确定流量。

5.6 运动粘度为 $5 \times 10^{-7}\,\text{m}^2/\text{s}$ 的汽油在直径为 $200\,\text{mm}$ 的光滑管内流动,$100\,\text{m}$ 管长上的摩擦损失为 $0.43\,\text{m}$,求流量。

5.7 直径为 $375\,\text{mm}$ 的管道连接在两个大容器之间,管内流动速度为 $3.6\,\text{m/s}$,沿程摩擦阻力系数 $\lambda = 0.017$,管道进出口均是伸入型,当管长分别为 $2\,\text{m}$、$50\,\text{m}$ 和 $1\,000\,\text{m}$ 时,试确定局部损失与沿程损失的比率。

5.8 管道直径为 $250\,\text{mm}$,$\lambda = 0.025$,管长为 $4\,700\,\text{m}$,出口比液池水面高 $10.5\,\text{m}$,水流量为 $100\,\text{L/s}$,求水泵需要的功率(水泵效率为 75%)。

5.9 空气温度为 $80\,^\circ\text{C}$,绝对压力为 $1\,350\,\text{kPa}$,流入直径为 $20\,\text{mm}$ 的管道内,确定保持层流流动时空气的最大流量。

5.10 圆形和正方形管道具有相同的断面面积,求水力半径的比。

5.11 20 ℃ 水流入等边三角形通道,通道断面积为 0.1 m²,当量粗糙度为 0.045 mm,如果 50 m 长的管道上沿程损失为 1 m,确定水的流量。

5.12 两大平板间距离为 d,流体作层流流动,在距离中心线多远时流速等于平均流速。

5.13 直径为 250 mm 的管道内水流量为 200 L/s,流动为湍流,中心线处流速 4.75 m/s,画出速度分布图并确定单位管长上水头损失。

5.14 50 ℃ 水在直径为 150 mm 的管内流动,平均流速为 7.5 m/s,测得 $\lambda = 0.02$,试确定壁面粗糙度,求壁面处切应力和距壁面 30 mm 处的切应力与速度梯度。

5.15 空气以 0.7 m/s 的平均速度流过直径为 3.8 m($e = 1.5$ mm)的管道,求空气温度为 20 ℃ 绝对压力为 102 kPa 时,单位管长的摩擦损失,并求壁面处切应力和粘性底层厚度。

5.16 15 ℃ 水流过直径为 100 mm、管长为 25 m 的铸铁管,摩擦损失为 75 mm,求流量。

5.17 水平安装的通风机及管道,吸入管长为 10 m,管径为 200 mm,压出管由两段直径不等的管段组成,管长均为 50 m,管径分别为 200 mm 和 100 mm,空气密度为 1.2 kg/m³,沿程阻力损失系数均为 0.02,通风流量为 0.15 m³/s。不计局部损失,求风机产生的总压强及风量提高 1% 时,风机出口风压的变化。

5.18 水在环形断面的水平管道内流动,水温为 10 ℃,流量为 400 L/min,管段粗糙度为 0.15 mm,内管外径为 75 mm,外管内径为 100 mm,求 300 m 管长上的沿程损失。

5.19 直径为 20 mm 的直管道上 AB 两点相距 100 m,A 点高度为 54.1 m,压强为 88.7 kPa,B 点高度为 52.0 m,压强为 91.8 kPa,水温为 60 ℃,壁面粗糙度为 0.06 mm,求流量。

5.20 油粘度为 9.7×10^{-5} m²/s,密度为 940 kg/m³,以 3 m/s 的速度在直径为 300 mm 的钢管道内流动,管长 90 m,管道进口为锐角进口,出口淹没在容器中,确定流动损失。

5.21 流体流经突然扩大管,流速由 v_1 变到 v_2,如果分两次扩大,中间流速如何取值使局部损失最小。

5.22 如图 5.27 所示,用虹吸管从高位水箱中取水到低位水箱中,虹吸管最高点前管长为 30 m,最高点后管长为 35 m,最高点距高位液面 2.5 m,两液面高度差为 3 m,沿程阻力系数为 0.021,局部阻力系数分别为 $\zeta_1 = 8.5$,$\zeta_2 = 0.9$,$\zeta_3 = 3.0$,若管内流量为 0.016 m³/s,求管径及虹吸管内最大的真空压力。

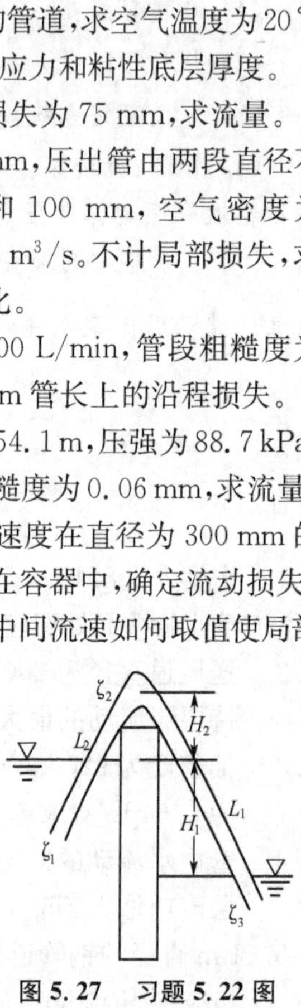

图 5.27　习题 5.22 图

5.23 用长度为 150 m 的钢管在两个大容器间输送 30 L/s 的油(密度为 900 kg/m³,动力粘度为 0.038 N·s/m²),两容器液面高度差为 2 m,管道中一个闸阀全开,试确定管道直径。

5.24 如图 5.23 所示,1、2、3 管的材料、管长和管径分别为光滑混凝土管、1 500 m、900 mm,铸铁管、900 m、600 mm,铸铁管、400 m 和 500 mm。A、B 两液面高度分别为 75 m、67 m。1 管出水流量为 1.2 m³/s,水温 15 ℃,求 C 液面高度。(忽略局部损失)

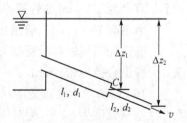

图 5.28　习题 5.25 图

5.25 如图 5.28 所示,管长 300 m,液面距自由出流口高度为 50 m,管道进口为伸入型,若前 200 m 管道直径为

350 mm，余下 100 m 直径为 250 mm。设 $\lambda = 0.06$，求出流流量。如果两管道节点 C 低于自由液面高度 40 m，求 C 点前压力水头和 C 点后压力水头，设 C 点处为突然收缩。

5.26 如图 5.29 所示，液面高度恒定为 200 m，管 B、C、E 长度都为 600 m，直径都为 500 mm，摩擦损失系数都为 0.030，当泵扬程为 15 m，管 C 内流速为 5.0 m/s 时，忽略局部损失，求各管道内流量和管 E 出口高度。

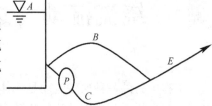

图 5.29　习题 5.26 图

5.27 如图 5.30 所示，用铸铁管从水库送水，最高点 A 前管道长度为 1 000 m，A 点处压强为 350 kPa，最低点 B 距 A 点的管道长度也为 1 000 m，管内流量为 1 m³/s，管径为 750 mm。求水泵扬程、水泵功率和 B 点压力。

5.28 如图 5.31 所示，A、B、C 三个水池高度分别为 100 m、80 m、60 m，三管道的共同节点为 J，管道直径均为 850 mm，管道为铸铁管，水温为 20 ℃，求流出或流入各水池的流量。

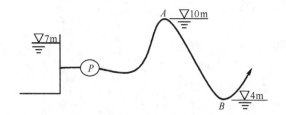

图 5.30　习题 5.27 图　　　　图 5.31　习题 5.28 图

5.29 供水管网如图 5.32 所示，A、B 处水箱水位恒定，水从 C 处流入，从 D 处流出，管网布置在平地上，管道结构为：

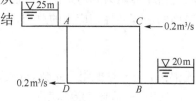

图 5.32　习题 5.29 图

管道	AD	BC	BD	AC
长度(km)	1.0	0.8	1.2	0.7
直径(mm)	400	300	350	250

如果管道均为铸铁管，假设流动处于充分发展湍流区，求从两水箱流入或流出的流量。

5.30 烟囱直径为 1 m，烟气流量为 18 000 kg/h，烟气密度为 0.7 kg/m³，外面大气密度为 1.29 kg/m³，烟道阻力系数为 0.035，求保证烟囱底部断面的负压不小于 100 N/m² 时，烟囱高度最少为多少？

5.31 输油钢管的直径为 600 mm，壁厚为 12.5 mm，油的密度为 880 kg/m³，流量为 0.16 m³/s，弹性模量为 10^6 kN/m²，求阀门突然完全关闭时，管内压力波的传播速度和最大的压力波动值。

5.32 输水铸铁管道，弹性模量为 10^8 kN/m²，管长为 1 000 m，管道直径和壁厚分别为 800 mm 和 20 mm，管内流速为 1.2 m/s，求阀门突然完全关闭和阀门部分关闭，流速降低为 0.5 m/s 时的水锤压力和周期。

6 绕流流动与边界层

工程中另外一种典型流动是流体绕过物体外表面的流动,如发生在飞机、汽车、潜艇、雨点、鸟、鱼和桥墩等周围的流体流动完全绕过了物体。流体力学上将流体以恒定的速度流过静止物体或者物体以恒定的速度以直线运动经过流体的运动称为绕流流动或外部流动。浸没在流体中的物体受到了物体与流体间相对运动而产生的阻力和升力的作用。绕流运动中物体受到的阻力和升力可以在风洞或水槽中测试得到,如在风洞内测试飞机模型和在水槽内测试鱼雷模型,可以预测其原型在静止流体中运动时的性能。

本章讨论绕流流动中边界层的概念,分析由粘性而产生的摩擦阻力和由于边界层分离而产生的压差阻力以及绕流流动在工程中的应用,介绍射流流动特征,以及不可压缩粘性流体流动的纳维尔-斯托克斯方程(Navier - Stokes 方程)。

6.1 绕流流动阻力与边界层

6.1.1 绕流流动阻力

流体和物体间发生绕流运动时,产生的和相对运动方向相反的力,称为绕流阻力。绕流阻力由摩擦阻力和压差阻力(或表面阻力和形状阻力)两部分组成。摩擦阻力是发生在物体表面的全部粘性切应力的总和,可以表示为:

$$F_f = C_f \rho \frac{U^2}{2} Bl \qquad (6.1)$$

式中:C_f——摩擦阻力系数,取决于粘性等参数;

U——流体来流速度;

B——物体折合宽度,对于不规则表面,近似为总表面积除以表面长度;

l——平行于流动方向的物体表面长度。

对于平板两侧都浸没在流体中的摩擦阻力,式(6.1)只表示了一侧的摩擦阻力。

压差阻力又称为形状阻力,这是因为它很大程度上取决于物体的形状。压差阻力等于作用于物体表面上的全部压差力的总和,可以表示为:

$$F_p = C_p \rho \frac{U^2}{2} A \qquad (6.2)$$

式中:C_p——取决于物体形状的阻力系数,通常由实验确定;

A——在垂直于流动方向上的物体投影面积。

作用在物体上总的绕流阻力等于摩擦阻力与压差阻力之和,$F_D = F_f + F_p$。工程中总是将压差阻力与摩擦阻力合并计算,并用一个式子表示:

$$F_D = C_D \rho \frac{U^2}{2} A \qquad (6.3)$$

式中：C_D—— 与物体形状有关的绕流阻力系数，由实验确定。

　　A—— 当绕流阻力主要由压差阻力构成时，和式(6.2)取法相同。否则和式(6.1)取法相同。

6.1.2　边界层

　　根据实验结果，靠近固体表面流体的流动具有以下特征：根据粘性无滑移边界条件，贴近物体壁面上的流体质点速度为零。在物体表面附近的一个流体薄层内，在垂直于表面方向，流体质点速度从壁面处的零迅速增大到来流速度 U。薄层内速度梯度大，粘性力大，粘性影响非常重要。薄层外流体质点速度均匀，并都等于来流速度，速度梯度为零，粘性力为零，因此薄层外流体可以看做是"无粘性"或"理想"流体。靠近表面的流体薄层就是边界层，是普朗特在 1904 年提出的。

　　边界层将绕流运动的整个流场分成有粘性影响的边界层内的流动，以及无粘性影响的边界层外理想流体流动两个区域，使理想流体流动和实际流体流动有机地结合起来，极大地促进了现代流体力学的发展。边界层概念意味着在离开固体壁面一个很小的距离(薄层或边界层) 外，可以应用理想流体的运动理论，确定流体中的流动，并可以用伯努里理论来确定边界层外流体压力。

　　当边界层内流体质点速度较低，粘性作用相对较大时，边界层内流动全部是层流，称为层流边界层。当来流速度较大或扰动较大或粘性作用相对较小时，边界层内的流动处于紊乱状态，称为湍流边界层。区分层流与湍流边界层的判据是雷诺数，例如对于平板，$Re_c = Ux_c/\nu = 5 \times 10^5$，$x_c$ 是距平板前缘点的平板长度。一般的，$Re < 5 \times 10^5$ 时为层流边界层，$Re > 5 \times 10^5$ 时为湍流边界层。

　　边界层厚度 δ 通常定义为在离开壁面一定距离的某点处的流体质点速度 u 等于未受扰动的来流速度 U 的 99% 时，该点到壁面的垂直距离。将所有这些点相连接，形成边界层的外边界。因此边界层外边界上流体质点速度 $u = 0.99U \approx U$。平板边界层结构及变化如图 6.1 所示，边界层厚度随距表面前缘点的距离的增加而增厚。

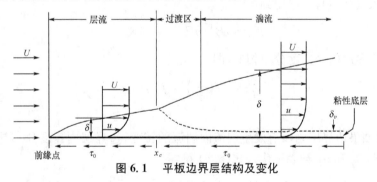

图 6.1　平板边界层结构及变化

6.2　平板边界层的摩擦阻力

6.2.1　平板边界层动量方程

　　不可压缩流体绕平板稳定流动形成的边界层如图6.2所示，取控制体 $ABCD$，AD 和 BC

厚度为 δ,δ 是距平板前缘 x 处的边界层厚度。为了便于分析,假设边界层外边界上的速度 $u = U$。AB 位于边界层外的"理想流体"中,AB 上的速度等于未受扰动的来流速度 U,压力沿 AB 保持恒定。实验表明,边界层厚度,即 BC 距离非常小,可以忽略压力沿 BC 的变化,所以控制体 $ABCD$ 边界上的压力平衡,相互抵消。

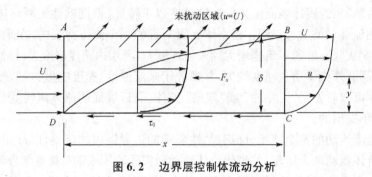

图 6.2　边界层控制体流动分析

设流体在 $ABCD$ 中受到平板的摩擦力为 F_x,方向向左,则由动量方程:

$$-F_x = 沿\ x\ 方向离开\ BC\ 的动量$$
$$+沿\ x\ 方向离开\ AB\ 的动量$$
$$-沿\ x\ 方向进入\ AD\ 的动量 \tag{6.4}$$

因为,$q_{VBC} < q_{VDA}$,所以沿控制体表面 AB 有流体流出,且 $q_{VAB} = q_{VDA} - q_{VBC}$。

如果平板宽度为 B,并忽略边缘影响,则通过控制体各表面的流量和动量为:

控制表面	流量	X 方向的动量
DA	$UB\delta$	$\rho(UB\delta)U$
BC	$B\int_0^\delta u\mathrm{d}y$	$\rho B\int_0^\delta u^2\mathrm{d}y$
AB	$UB\delta - B\int_0^\delta u\mathrm{d}y$	$\rho\left(UB\delta - B\int_0^\delta u\mathrm{d}y\right)U$

将以上各值代入式(6.4),可以得到:

$$F_x = \rho B\int_0^\delta u(U-u)\mathrm{d}y \tag{6.5}$$

假设平板边界层内的速度分布相似,即

$$\frac{u}{U} = f\left(\frac{y}{\delta}\right) = f(\eta) \tag{6.6}$$

式中,$\eta = y/\delta$。

实验证明,如果边界层内没有发生层流向湍流的转变,边界层内速度分布是相似的。将 $u = Uf(\eta)$,$y = \delta\eta$ 和 $\mathrm{d}y = \delta\mathrm{d}\eta$ 代入式(6.5) 得:

$$F_x = \rho BU^2\delta\int_0^1 f(\eta)[1-f(\eta)]\mathrm{d}\eta \tag{6.7}$$

或 $F_x = \rho BU^2\delta\alpha$,其中 α 为:

$$\alpha = \int_0^1 f(\eta)[1-f(\eta)]\mathrm{d}\eta$$

表面上摩擦阻力又可写成 $\mathrm{d}F_x = \tau_0 B\mathrm{d}x$,因此:

$$\tau_0 = \frac{1}{B}\frac{\mathrm{d}F_x}{\mathrm{d}x} = \frac{1}{B}\frac{\mathrm{d}}{\mathrm{d}x}(\rho BU^2\delta\alpha)$$

F_x 中除 δ 外,其他全部为常数,因此:

$$\tau_0 = \rho U^2 \alpha \frac{\mathrm{d}\delta}{\mathrm{d}x} \tag{6.8}$$

切应力表达式(6.8)对层流和湍流边界层都适用,但是,需要确定 α 和 $\mathrm{d}\delta/\mathrm{d}x$。

6.2.2 平板层流边界层的摩擦阻力

边界层内流体层流流动时,表面处的切应力可以由牛顿粘性摩擦定律得到:

$$\tau_0 = \mu\left(\frac{\mathrm{d}u}{\mathrm{d}y}\right)_{y=0} = \frac{\mu}{\delta}\left(\frac{\mathrm{d}u}{\mathrm{d}\eta}\right)_{\eta=0} = \frac{\mu U}{\delta}\left[\frac{\mathrm{d}f(\eta)}{\mathrm{d}\eta}\right]_{\eta=0}$$

上式可以简化为:

$$\tau_0 = \frac{\mu U \beta}{\delta} \tag{6.9}$$

其中,$\beta = \left[\dfrac{\mathrm{d}f(\eta)}{\mathrm{d}\eta}\right]_{\eta=0}$。

由式(6.8)和式(6.9),可以得到:

$$\delta\mathrm{d}\delta = \frac{\mu\beta}{\rho U\alpha}\mathrm{d}x$$

积分上式:

$$\frac{\delta^2}{2} = \frac{\mu\beta}{\rho U\alpha}x + C$$

因为,$x = 0$ 时,$\delta = 0$,所以 $C = 0$。

因此,$\delta = \sqrt{\dfrac{2\mu\beta x}{\rho U\alpha}} = \sqrt{\dfrac{2\beta}{\alpha}}\dfrac{x}{\sqrt{Re_x}}$。 $\tag{6.10}$

式中,$Re_x = \dfrac{\rho Ux}{\mu} = \dfrac{Ux}{\nu}$,称为平板边界层的局部雷诺数,其特征长度为 x,可见 Re_x 沿流动方向线性增加。由式(6.10)可知,层流边界层的厚度从平板前缘点起随 $x^{1/2}$ 增加。由式(6.9),切应力随 x 或边界层厚度增加而减小。

层流边界层厚度的计算还需要确定边界层内速度分布。层流边界层内速度分布可以采用抛物线型分布。结合边界条件,$\eta = 0$,$u = 0$ 和 $\eta = 1$,$u = U$,速度分布可以表示为:

$$\frac{u}{U} = f(\eta) = 2\eta - \eta^2 \tag{6.11}$$

由上面的速度分布,可得 α 和 β 分别为 0.135 和 1.63,代入式(6.10),层流边界层厚度 δ 为:

$$\frac{\delta}{x} = \sqrt{\frac{2\times1.63}{0.135}}\frac{1}{\sqrt{Re_x}} = \frac{4.91}{\sqrt{Re_x}} \tag{6.12}$$

由式(6.9)得平板壁面上切应力 τ_0 为:

$$\tau_0 = 0.332\frac{\mu U}{x}\sqrt{Re_x} \tag{6.13}$$

将切应力表示成 $\tau_0 = C_{fx}\rho U^2/2$,则局部阻力系数 C_{fx} 为:

$$C_{fx} = \frac{0.332\mu U\sqrt{Re_x}}{\rho xU^2/2} = \frac{0.664}{\sqrt{Re_x}} \tag{6.14}$$

平板一侧的总摩擦阻力为：

$$F_f = B\int_0^l \tau_0 \mathrm{d}x = 0.332B\sqrt{\rho\mu U^3}\int_0^l x^{-\frac{1}{2}}\mathrm{d}x = 0.664B\sqrt{\rho\mu l U^3} \tag{6.15}$$

可得平板一侧的总摩擦阻力系数为：

$$C_f = 1.328\sqrt{\frac{\mu}{\rho l U}} = \frac{1.328}{\sqrt{Re}} \tag{6.16}$$

式中，Re 以整个平板长度 l 为特征长度。

边界层在没有受到扰动时，局部雷诺数 Re_x 达到 5×10^5 时，仍然能保持层流流动。当雷诺数大于 5×10^5 时，边界层将转变为湍流，其厚度将显著增加，速度分布也发生明显变化，这时 C_f 不能按式(6.16)计算。

【例 6.1】　宽度为 0.15 m，长度为 0.5 m 的平板水平放置，温度为 20 ℃，密度为 923.3 kg/m³，运动粘度系数为 0.73×10^{-4} m²/s 的原油以速度 0.6 m/s 流过平板，求平板一侧的流动阻力、平板末端边界层厚度和切应力。

解　平板末端 Re 为：

$$Re = \frac{Ul}{\nu} = \frac{0.6\times0.5}{0.73\times10^{-4}} = 4\,110 < 5\times10^5$$

流动为层流边界层：

由式(6.16)得：

$$C_f = \frac{1.328}{\sqrt{Re}} = \frac{1.328}{\sqrt{4\,110}} = 0.020\,7$$

平板一侧阻力：

$$F_f = C_f\rho\frac{U^2}{2}Bl = 0.020\,7\times923.3\times\frac{0.6^2}{2}\times0.15\times0.5 = 0.258\ \text{N}$$

由式(6.12)得：

$$\frac{\delta}{l} = \frac{4.91}{\sqrt{Re}} = \frac{4.91}{\sqrt{4\,110}} = 0.076\,6$$

$$\delta = 0.076\,6l = 0.076\,6\times500 = 38.3\ \text{mm}$$

可见，平板末端的边界层厚度非常薄，只有平板长度的 7.66%。

由式(6.13)，平板末端切应力为：

$$\tau_0 = 0.332\frac{\mu U}{x}\sqrt{Re_x} = 0.322\times\frac{923.3\times0.73\times10^{-4}\times0.6}{0.5}\times\sqrt{4\,110} = 1.721\ \text{N/m}^2$$

6.2.3　平板湍流边界层的摩擦阻力

如图 6.1 所示，与层流边界层相比，湍流边界层内的速度分布在靠近壁面处变化更大，而在其他地方变化比较小。因此，湍流边界层内壁面处切应力比层流边界层大。以圆管内边界层流动作为比照，圆管壁面上的切应力可以表示为(见式(5.11))：

$$\tau_0 = \lambda\rho\frac{v^2}{8} \tag{6.17}$$

式中，v 是圆管内流动的平均速度。假设湍流边界层充满圆管，边界层厚度即为圆管半径。应用光滑圆管内的流动阻力系数方程，可以得到：

$$\tau_0 = \frac{0.316\,4}{(dv/\nu)^{1/4}}\frac{\rho v^2}{8} = \frac{0.316\,4}{[(2\delta/\nu)(U/1.325)]^{1/4}} \times \frac{\rho}{8} \times \left(\frac{U}{1.325}\right)^2 = \frac{0.023\,0\rho\,U^2}{(\delta\,U/\nu)^{1/4}}$$

由式(6.8)得：

$$\rho\,U^2\alpha\frac{\mathrm{d}\delta}{\mathrm{d}x} = \frac{0.023\rho\,U^2}{(\delta\,U/\nu)^{1/4}}$$

变量变换后积分，且 $x=0, \delta=0$ 时，有：

$$\delta = \left(\frac{0.028\,7}{\alpha}\right)^{4/5}\left(\frac{\nu}{Ux}\right)^{1/5}x \tag{6.18}$$

湍流边界层内速度分布计算可以采用 1/7 次方定律，即

$$u = Uf(\eta) = U(\eta)^{1/7} = U(y/\delta)^{1/7}$$

$$\alpha = \int_0^1 f(\eta)[1-f(\eta)]\mathrm{d}\eta$$

式中：$\eta = y/\delta$；$\mathrm{d}\eta = \mathrm{d}y/\delta$；$f(\eta) = (y/\delta)^{1/7}$。

由此可以得到 $\alpha = 0.097\,2$。由式(6.18)，有：

$$\frac{\delta}{x} = 0.377 \times \left(\frac{\nu}{Ux}\right)^{1/5} = \frac{0.377}{Re_x^{1/5}} \tag{6.19}$$

将 δ 代入式(6.8)可以得到：

$$\tau_0 = 0.058\,7 \times \rho\frac{U^2/2}{Re_x^{1/5}} \tag{6.20}$$

可见，湍流边界层厚度 $\delta \propto x^{4/5}$，壁面切应力 $\tau_0 \propto x^{-1/5}$。

因为 $\tau_0 = C_{f_x}\rho U^2/2$，所以，湍流边界层内局部摩擦阻力系数为：

$$C_{f_x} = \frac{0.058\,7}{Re_x^{1/5}} \tag{6.21}$$

由式(6.20)积分得到平板一侧的湍流边界层摩擦阻力为：

$$F_f = B\int_0^l \tau_0\mathrm{d}x = 0.073\,5\rho\frac{U^2}{2}\left(\frac{\nu}{Ul}\right)^{1/5}Bl$$

湍流边界层总摩擦阻力系数为：

$$C_f = \frac{0.073\,5}{Re^{1/5}} \qquad (\text{适用于 } 5\times10^5 < Re < 10^7) \tag{6.22}$$

式中，Re 的特征长度是平板总长度 l。当雷诺数大于 10^7 时，可以用下式：

$$C_f = \frac{0.455}{(\lg Re)^{2.58}} \tag{6.23}$$

式(6.23)也可以适用于雷诺数为 5×10^5 以上的整个范围。

【例 6.2】 求如图 6.3 所示的箱体的侧面及顶部摩擦阻力和末端边界层厚度与切应力。箱体宽 2.4 m，高 3 m，长 10.5 m，以 96 km/h 的速度在 10 ℃ 的空气中运动。假设箱体头部圆滑，流体没有从侧部和顶部分离，同时表面有足够的粗糙使湍流从前缘点开始。

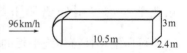

图 6.3 例 6.2 图

解 10 ℃ 空气的密度 $\rho = 1.248\ \mathrm{kg/m^3}$，运动粘性系数 $\nu = 14.7\times10^{-6}\ \mathrm{m^2/s}$。

$$Re = \frac{Ul}{\nu} = \frac{(96\times10^3/3\,600)\times10.5}{14.7\times10^{-6}} = \frac{26.7\times10.5}{14.7\times10^{-6}} = 1.907\times10^7 > 10^7$$

$$C_f = \frac{0.455}{(\log Re)^{2.58}} = \frac{0.455}{[\log(1.907 \times 10^7)]^{2.58}} = 0.002\,69$$

$$F_f = C_f \rho \frac{U^2}{2} Bl = 0.002\,69 \times 1.248 \times \frac{26.7^2}{2} \times (3 + 2.4 + 3) \times 10.5 = 105.54 \text{ N}$$

$$\frac{\delta}{l} = \frac{0.377}{Re^{1/5}} = \frac{0.377}{(1.907 \times 10^7)^{1/5}} = 0.013\,19$$

平板末端边界层厚度和切应力分别为:

$$\delta = 0.013\,19l = 0.013\,19 \times 10.5 = 0.138 \text{ m} = 138 \text{ mm}$$

$$\tau_0 = 0.058\,7 \rho \frac{U^2/2}{Re^{1/5}} = 0.058\,7 \times 1.248 \times \frac{26.7^2/2}{(1.907 \times 10^7)^{1/5}} = 3.65 \text{ N/m}^2$$

6.2.4　平板边界层具有过渡区时的摩擦阻力

平板上同时有层流和湍流边界层时,如图 6.1 所示,边界层开始转变为湍流通常发生在 Re_c 为 5×10^5 处,由此确定的距板前缘的距离为 x_c,则平板上总摩擦阻力可以用湍流部分的摩擦阻力与 x_c 范围内的层流摩擦阻力之和表示。湍流部分的摩擦阻力可以表示为沿整个平板的湍流边界层摩擦阻力减去在 x_c 范围内的湍流摩擦阻力,即 $F_{湍流} \approx F_{全部湍流} - F_{0到x_c的湍流}$。设平板很长,$Re > 10^7$,则平板上总阻力为:

$$F_f = \rho \frac{U^2}{2} B \left[\frac{1.328 x_c}{\sqrt{Re_c}} + \frac{0.455l}{(\log Re)^{2.58}} - \frac{0.073\,5 x_c}{Re_c^{1/5}} \right] \tag{6.24}$$

式中,Re_c 是以转变点长度 x_c 为特征长度的雷诺数,即 $Re_c = 5 \times 10^5$,Re 是以整个平板长度 l 为特征长度的雷诺数。并且:

$$\frac{Re_c}{Re} = \frac{x_c}{l} \quad \text{或} \quad x_c = \frac{Re_c}{Re} l$$

因此:

$$F_f = \rho \frac{U^2}{2} Bl \left[1.328 \times \frac{\sqrt{Re_c}}{Re} + \frac{0.455}{(\log Re)^{2.58}} - \frac{0.073\,5 Re_c^{4/5}}{Re} \right]$$

由此得到的具有层流到湍流过渡区的平板边界层摩擦阻力系数为:

$$C_f = \frac{0.455}{(\log Re)^{2.58}} - \frac{1\,700}{Re} \tag{6.25}$$

6.3　曲面物体绕流阻力

6.3.1　边界层分离和压差阻力

不可压缩粘性流体绕平板的流动,其特点之一是边界层外势流的流速保持不变,使整个势流区和边界层内的压强都处处相同。而当粘性流体绕曲面流动时,情况有很大不同。由于此时边界层外势流的流速 U 沿曲面要发生变化,使势流区和边界层内的压强也沿曲面发生变化,最后将导致边界层分离。

曲面上边界层内的流体质点的运动受到了三种力的作用,如图 6.4 所示。

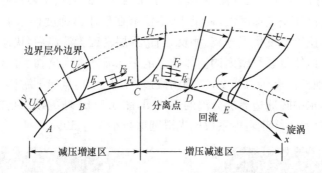

图 6.4　边界层内流体质点受力及边界层分离

（1）流体质点流动的惯性力 F_g，是边界层外流动流体的向前推力，通过层流边界层的粘性切应力或湍流边界层的动量传递实现。

（2）流体质点受到的粘性阻力 F_v，即固体壁面的粘性滞止力，根据无滑移边界条件，紧靠静止壁面处的流层会阻止上层流体的运动。

（3）压差力 F_p，是沿边界层的压力梯度的作用力，流体质点将在沿流动方向压力降低的压力梯度作用下被加速，或者在相反的压力梯度作用下被滞止。

平板边界层内没有压力梯度，而在圆柱、圆球或其他曲面物体的前半部分，有负的压力梯度，$\partial p/\partial x < 0$，流动加速，称为减压加速区。在曲面物体的后半部分有正的压力梯度，$\partial p/\partial x > 0$，流动速度减慢，称为增压减速区。如果流体质点在靠近前驻点附近以低速和高压进入边界层，当其沿物体一侧流入低压区域时其速度将增加。但是，在以上提到的第二种力，即壁面摩擦力的作用下流体质点将被滞止，所以总的有用能将因为摩擦阻力作用变成热能而降低。

图 6.4 中，A 点表示在边界层内具有正常速度分布的减压加速流动区域（ABC）内的一点，壁面处速度梯度 $(\partial u/\partial y)_{y=0} > 0$。$C$ 点是边界层外速度达到最大值的那一点，此点处 $\partial p/\partial x = 0$。$C$、$D$ 和 E 是下游区域内的点，该区域边界层外速度下降，根据理想流体流动理论，该区域压力增加，即 $\partial p/\partial x > 0$，为增压减速区（$CDE$）。因此，靠近壁面处的流体质点的速度从 C 点后逐渐降低，并最终在 D 点停止下来，此时壁面速度梯度 $(\partial u/\partial y)_{y=0} = 0$。随压力梯度继续增加，压差作用将继续，紧靠壁面的流体质点不能够保持其停滞状态，而是在压差力和外层流体质点的粘性力作用下，从壁面分离，即在 E 点处，靠近壁面的流体质点产生了回流，壁面处速度梯度 $(\partial u/\partial y)_{y=0} < 0$。在压差作用下，回流影响将上移，并最终将从 D 点离开壁面的流体反送到边界层内，导致边界层在 D 点处产生分离，所以 D 点称为边界层分离点。

在分离点的下游，流动是由边界层分离后的反向流动或回流组成的不规则的湍流旋涡，这种湍流旋涡可以延伸到下游比较远的距离，直到旋涡动能被粘性损耗完为止。边界层分离后的整个扰动区域称为物体的湍流尾流。

因为旋涡不能将其旋转的动能转化为压力能，所以由理想流体流动理论，旋涡内的压力将保持靠近分离点的压力，而这一压力小于前驻点的压力，所以在物体前后形成了一个压力差。这种由于边界层分离而产生的压力差作用在物体表面上和流体质点上的力称为压差阻力。边界层分离主要与曲面形状有关，所以压差阻力又称为形状阻力。

层流和湍流边界层都会发生分离，但是不同流态时，在给定的曲面上的分离点位置差别很大。层流流动时,速度较快的层外流体与较慢的层内流体的动量交换是通过粘性作用而产生的,紧靠壁面处的流体质点速度慢,动量小,不能够在反压力梯度作用下长时间地紧靠壁面,边界层在较前的位置就发生了分离。相反,当边界层转变为湍流后,快速移动的层外流体与层内流体强烈混合,使得紧靠壁面的流体质点的平均流速大大增加了。这种增加的能量使流体质点能够更好地抵抗反压力梯度,结果湍流边界层的分离点向下游移动,到达了压力更高的区域,图6.5是水中圆球边界层分离的照片图,图6.5(b)球的顶部是粗糙的,边界层为湍流边界层,分离点后移,绕流阻力系数比光滑圆球减小了近50%。

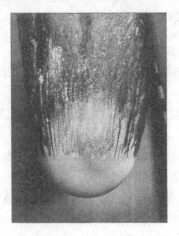 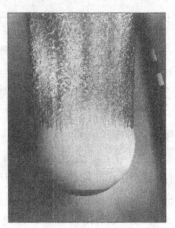

(a) 层流边界层分离,$C_D \approx 0.4$　　　　　　　　(b) 湍流边界层分离,$C_D \approx 0.2$

图 6.5　圆球边界层分离照片图

6.3.2　流体绕流曲面物体的阻力

曲面物体上的总阻力是摩擦阻力和压差阻力之和。对于流线型物体,如飞机机翼和潜艇船体,摩擦阻力是总阻力中最主要的部分,其大小可以用前面介绍过的平板边界层摩擦阻力来计算。对于其他曲面物体则计算其总的绕流阻力。

突然拐角的物体,如垂直于来流的平板,如图6.6所示,分离点总是发生在相同点处,旋涡尾流在整个物体断面投影区域内延伸。阻力系数曲线如图6.7中的平板圆盘,C_D基本是恒定值。如果曲面是光滑的,则边界层分离点将首先根据层流边界层或湍流边界层来确定,然后由分离点的位置确定尾流大小和压差阻力的大小。

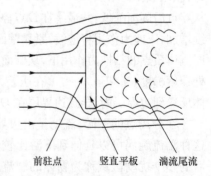

前驻点　　竖直平板　　湍流尾流

图 6.6　垂直平板边界层分离及湍流尾流

在流体绕过圆球的流动中,在非常低的雷诺数下($Re = dv/\nu < 1$,d为圆球直径),绕球流动主要受流体粘性影响,斯托克斯(Stokes)分析受粘性影响的圆球摩擦阻力为:

$$F_D = 3\pi\mu v d \qquad (6.26)$$

由式(6.3),A定义为正对来流的球的投影面积$\pi d^2/4$,则

$$C_D = 24/Re \qquad (6.27)$$

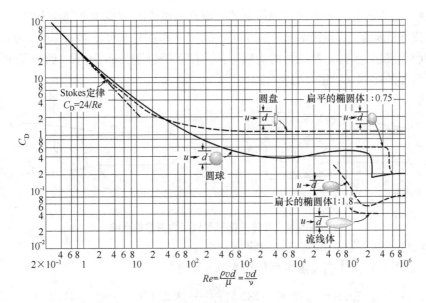

图 6.7 流体绕三维物体时绕流阻力系数曲线

与管道内层流流动摩擦系数值相类似,此时绕球流动的阻力系数在 C_D 与 Re 的双对数坐标上是左侧的一条直线,如图 6.7 所示。

随 Re 增加,当 $Re > 1$ 时,层流边界层从球表面分离,并首先发生在尾部驻点处,此处反向压力梯度最大,图 6.7 中 C_D 曲线因为压差阻力越来越重要而变得平坦,总阻力几乎与来流速度的平方 U^2 成正比。随 Re 继续增大,球面上的分离点将向前移动,直到 $Re \approx 1\,000$ 时,分离点基本上稳定在离前驻点约 $80°$ 的地方。

在一个比较大的 Re 范围内,流动基本上保持稳定,层流边界层从球的前半部分分离,C_D 基本上恒定在 0.45 左右。但是,对于光滑圆球流动,当 Re 约为 $2.5×10^5$ 时,阻力系数突然由 0.45 降低到 0.15,几乎下降了 70%,如图 6.7。其原因是,在此 Re 下绕圆球流动的边界层由层流过渡到了湍流,分离点向后移到距前驻点约 $115°$ 的地方,导致尾流区域减小和压差阻力突然降低。

在 $1 < Re < 2×10^5$ 范围内,绕圆球流动的阻力系数还可以用 Dallavalle 推荐的式(6.28)计算:

$$C_D = \left(0.632 + \frac{4.8}{\sqrt{Re}}\right)^2 \tag{6.28}$$

如果来流有扰动,层流边界层会在低雷诺数下转变为湍流边界层。用人工的办法使球表面成为粗糙表面,可以使边界层在较小的雷诺数下发生由层流到湍流的转变,使分离点后移。虽然增加的粗糙度和湍流边界层导致了摩擦阻力的增加,但是,摩擦阻力与显著减小的尾流大小及相应的压差阻力的降低相比是微小的,总阻力仍然显著降低。这种绕球流动阻力的变化特征是高尔夫球表面为什么是微凹粗糙的主要原因。一个表面光滑的球将产生更大的总阻力,且只能抛投到理论上应该达到的距离 60% 左右。图 6.7 还给出了其他形状的三维物体的 C_D 和 Re 关系曲线。

所谓流线型物体,其目标是将分离点尽可能后移而使产生的湍流尾流最小,以降低压差阻力,但是更长的物体将导致摩擦阻力增加,所以最佳的流线型是摩擦阻力和压差阻力之和最小。

分析绕流流动时,在考虑流线型并注意物体前面部分的同时,还要注意物体尾部或下游部分的影响。物体前端形状对确定物体后端分离点的位置有重要的决定性影响。一个圆的尖头物体对流线扰动最小,是最适合于在不可压缩流体和亚音速可压缩流体中运动的物体,因此,高速列车、飞机、子弹乃至飞禽的尖嘴等都采用了圆锥型头部。图6.8给出了一个钝头汽车和圆头汽车的比较,C_D相差约30%。

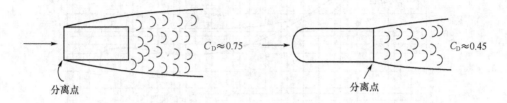

图6.8　物体头部形状对阻力系数的影响

【例6.3】　同例题6.2,求总绕流阻力。

解　如图6.8箱体绕流阻力系数约为0.45,则:

$$F_D = C_D\rho\frac{U^2}{2}A = 0.45 \times 1.248 \times \frac{26.7^2}{2} \times 2.4 \times 3.0 = 1\,441.29\text{ N}$$

可见,绕流流动中壁面粘性摩擦阻力只占到绕流阻力($105.54/1\,441.29 = 0.073\,2$)的7.32%。

工程中常见的绕圆球流动的应用是计算空气中微小灰尘飞扬、静水中泥沙沉降、气力输送中固体颗粒的运动以及悬浮燃烧时煤粉或液体颗粒的悬浮等。圆球绕流阻力系数除了可以查图6.7外,还可以用经验公式计算:

Re	< 1	$10 \sim 1\,000$	$1\,000 \sim 2 \times 10^5$
C_D	$24/Re$	$13/\sqrt{Re}$	0.48

表中:$Re = \dfrac{vd}{\nu}$;v是圆球在流体中的运动速度,也称为悬浮速度。注意与流体来流速度U的区别。

小球或颗粒在气流中的运动或在静止流体中的下落运动可以通过颗粒受力分析得到,颗粒在气流中运动或悬浮主要是绕流阻力F_D和浮力F_B克服了重力F_G作用而随气流运动的。当$F_D + F_B = F_G$时,颗粒处于悬浮状态并随气流运动或小球处于匀速状态,此时颗粒运动速度就是悬浮速度或小球匀速下落速度v,如图6.9所示。因此:

$$F_D = C_D\rho\frac{v^2}{2}A = C_D\rho\frac{v^2}{2}\frac{\pi}{4}d^2$$

$$= \frac{1}{8}C_D\pi d^2\rho v^2$$

$$F_B = \frac{1}{6}\pi d^3\rho g$$

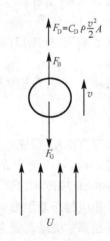

图6.9　小球绕流运动分析

$$F_G = \frac{1}{6}\pi d^3 \rho_m g$$

$$\frac{1}{8}C_D \pi d^2 \rho v^2 + \frac{1}{6}\pi d^3 \rho g = \frac{1}{6}\pi d^3 \rho_m g \tag{6.29}$$

所以颗粒悬浮速度或小球匀速下落速度为：

$$v = \sqrt{\frac{4}{3C_D}\left(\frac{\rho_m - \rho}{\rho}\right)gd} \tag{6.30}$$

式中，ρ_m 是固体颗粒密度，C_D 可以用经验公式计算。

判断颗粒是否随气流移动或被气流带走的依据是 $F_D + F_B \geqslant F_G$，或 $v \leqslant U$。

【例6.4】 炉膛内高温烟气以 0.45 m/s 的速度上升，烟气密度为 0.234 kg/m³，动力粘度系数为 5.04×10^{-5} (N·s)/m²，若煤粉密度为 1 100 kg/m³，求多大直径的煤粉颗粒会被烟气带走。

解 设煤粉颗粒的 $Re = \frac{vd}{\nu} < 1$，则 $C_D = \frac{24}{Re} = \frac{24\nu}{vd}$

由式(6.30)，得：

$$v = \sqrt{\frac{4}{3C_D}\left(\frac{\rho_m - \rho}{\rho}gd\right)} = \sqrt{\frac{4}{3\frac{24\nu}{vd}}\left(\frac{\rho_m - \rho}{\rho}\right)gd}$$

则 $\quad v = \frac{1}{18\mu}d^2(\rho_m - \rho)g$

$$d = \sqrt{\frac{18\mu v}{(\rho_m - \rho)g}} \leqslant \sqrt{\frac{18 \times 5.04 \times 10^{-5} \times 0.45}{(1\,100 - 0.234) \times 9.81}} = 1.946 \times 10^{-4} \text{ m}$$

校核雷诺数，

$$Re = \frac{vd}{\nu} = \frac{\rho vd}{\mu} = \frac{0.234 \times 0.45 \times 1.946 \times 10^{-4}}{5.04 \times 10^{-5}} = 0.407 < 1$$

初始假设正确，被烟气带走的煤粉颗粒最大直径为 0.194 6 mm。

【例6.5】 球形灰尘的直径为 10^{-3} mm，密度为 2 000 kg/m³，在静止空气中缓慢降落，空气密度为 1.206 kg/m³，粘度为 1.8×10^{-5} (N·s)/m²，计算灰尘降落速度。

解 设 $Re = \frac{\rho vd}{\mu} < 1$，则

$$v = \frac{1}{18\mu}d^2(\rho_m - \rho)g$$

$$v = \frac{(1 \times 10^{-6})^2 \times (2\,000 - 1.206) \times 9.807}{18 \times (1.8 \times 10^{-5})} = 6.05 \times 10^{-5} \text{ m/s} = 0.060\,5 \text{ mm/s}$$

$$Re = \frac{1.206 \times 1 \times 10^{-6} \times 6.05 \times 10^{-5}}{1.8 \times 10^{-5}} = 4.054 \times 10^{-6} < 1$$

初始假设成立，灰尘降落速度为 0.060 5 mm/s。

【例6.6】 一竖井式磨煤机，空气流速为 2 m/s，空气密度为 1.0 kg/m³，运动粘度系数为 2.0×10^{-5} m²/s，煤粉密度为 1 000 kg/m³，煤粉颗粒直径为 0.45 mm，确定煤粉是否会被空气带走。

解 设 $10 < Re < 1\,000$，则

$$C_D = \frac{13}{\sqrt{Re}} = 13\sqrt{\frac{\mu}{\rho vd}}$$

由式(6.30),得:

$$v = \sqrt{\frac{4}{3C_D}\left(\frac{\rho_m - \rho}{\rho}\right)gd} = \sqrt{\frac{4}{39}}\sqrt{\frac{\rho v d}{\mu}}\left(\frac{\rho_m - \rho}{\rho}\right)gd$$

$$v = \left(\frac{4(\rho_m - \rho)gd^{3/2}}{39\rho^{1/2}}\right)^{2/3} = \left(\frac{4\times(1\,000-1)\times 9.81\times(0.45\times 10^{-3})^{3/2}}{39\times 1.0\times(2.0\times 10^{-5})^{1/2}}\right)^{2/3} = 1.27\,\mathrm{m/s}$$

校核 $Re = \dfrac{vd}{\nu} = \dfrac{1.27\times 0.45\times 10^{-3}}{2.0\times 10^{-5}} = 28.6$, Re 在 10 和 1 000 之间,初始假设正确,因为 $v < U$,所以煤粉将被空气带走。

6.3.3　流体绕流长柱体的阻力

流体以垂直于柱体轴线方向绕流的流动阻力包括摩擦阻力和压差阻力,图 6.10 给出了绕长柱体的流动阻力曲线。图中,雷诺数小于 1 时,绕柱体流动主要受流体粘性影响,阻力曲线由图中左侧的直线表示。在 Re 小于 2×10^5 范围内,绕长圆柱体的流动阻力系数可以用 Dallavalle 推荐的计算式计算:

$$C_D = \left(1.05 + \frac{1.9}{\sqrt{Re}}\right)^2 \tag{6.31}$$

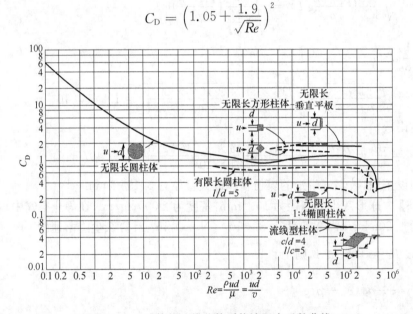

图 6.10　流体绕二维物体时绕流阻力系数曲线

绕二维长柱体($l/d \gg 1$)的流动还有一些特殊的性能。当雷诺数增大时,将发生边界层分离,在 $Re = 2\sim 30$ 时,边界层在圆柱的两侧对称地分离,形成了含有两个对称旋涡的尾流。如果圆柱无限长,旋涡长度将随速度增加而增长,并最终在自由流中消耗掉其旋转能量。在雷诺数约为 60 时,将开始出现卡门(Karman)涡街,卡门涡街的存在一直持续到雷诺数达到 120。如图 6.11 所示,旋涡将首先在柱体一侧,然后在另一侧间隔形成,其结果是在物体尾流中形成两排交错排列的旋涡,称为卡门涡街。这种交错脱落的旋涡和产生的力导致出现气体动力学不稳定,在高烟囱和悬浮桥的设计中非常重要,也是风在吹过电线时"唱歌"的原因。柱体后旋涡脱离频率 f 可以近似地表示为:

$$f \approx 0.198\frac{U}{d}\left(1 - \frac{19.7}{Re}\right) \qquad (\text{适用于 } 250 < Re < 2\times 10^5) \tag{6.32}$$

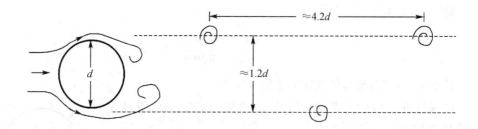

图 6.11 圆柱体上边界层分离与 Karman 涡街

如果固体结构振动的固有频率与旋涡脱离频率相等或接近,将产生共振而导致非常严重的后果。当雷诺数超过 120 时,涡街不再容易观察到,但是旋涡仍然从柱体每一侧持续交替脱落,直到雷诺数约为 10^4。当雷诺数超过 10^4 时,可以忽略粘性阻力,旋涡的形成和从柱体的脱离也变得非常复杂。像绕圆球流动那样,雷诺数在 2×10^5 到 5×10^5 之间时,圆柱边界层转变成湍流,C_D 由 1.1 降到 0.35 左右。图 6.10 中还给出了不同形状的二维物体的绕流阻力系数 C_D。

【例 6.7】 圆柱形烟囱高 25 m,直径 1 m,在 10 ℃ 空气中受到横向 50 km/h 风速的作用,计算空气对烟囱的推力。

解 10 ℃ 空气 $\rho = 1.248 \ \text{kg/m}^3$,$\mu = 1.78 \times 10^{-5} \ \text{Pa·s}$,$U = 50 \ \text{km/h} = 13.9 \ \text{m/s}$

$$Re = \frac{\rho U d}{\mu} = \frac{1.248 \times 13.9 \times 1.0}{1.78 \times 10^{-5}} = 9.746 \times 10^5$$

查图 6.10 得,$C_D = 1.2$。

烟囱所受推力:

$$F_D = C_D \rho \frac{U^2}{2} A = 1.2 \times 1.248 \times \frac{13.9^2}{2} \times 25 \times 1 = 3\,616.89 \ \text{N}$$

【例 6.8】 在 Re 数相等的条件下,20 ℃ 的水和 30 ℃ 的空气流过同一绕流体时,其绕流阻力之比为多少?

解 查水和空气的物性参数有:

$$\rho_{水} = 998.2 \ \text{kg/m}^3, \nu_{水} = 1.003 \times 10^{-6} \ \text{m}^2/\text{s}$$

$$\rho_{空气} = 1.165 \ \text{kg/m}^3, \nu_{空气} = 16 \times 10^{-6} \ \text{m}^2/\text{s}$$

$$Re_{水} = Re_{空气}$$

$$\frac{u_{水} \cdot l}{1.003 \times 10^{-6}} = \frac{u_{空气} \cdot l}{16 \times 10^{-6}}$$

$$\frac{u_{水}}{u_{空气}} = 0.062\,7$$

Re 数相等,绕流物体相同,则阻力系数相等。

$$\frac{F_{D水}}{F_{D空气}} = \frac{C_D \cdot A \cdot 998.2 \cdot (0.062\,7)^2 u_{空气}^2/2}{C_D \cdot A \cdot 1.165 \times u_{空气}^2/2} = 3.37$$

【例 6.9】 物体阻力主要来自压差阻力。试用近似方法计算圆柱体在横向均匀来流中的阻力系数:在分离点之前的压力分布用势流理论导出的分布式,其压强系数为 $C_p = 1 - 4\sin^2\theta$,式中 θ 角从前驻点起算,分离点位于 $\theta = 0.6\pi$ 处,分离点以后的压强近似地等于常数,即 $C_p = 1 - 4\sin^2\theta = 1 - 4\sin^2(0.6\pi) = -2.618$,试求阻力系数 C_D。

解　压力系数定义如下:

$$C_P = \frac{p - p_\infty}{\frac{1}{2}\rho u_\infty^2}$$

其中 u_∞, p_∞ 分别为势流区的速度和压力。

在圆柱面上取微元角 $\mathrm{d}\theta$,如图 6.12 所示,则 $\mathrm{d}\theta$ 角所对应的圆柱面积为:

$$\mathrm{d}A = R\mathrm{d}\theta \cdot l = R\mathrm{d}\theta$$

式中,R 为圆柱半径;l 为圆柱长度,取单位长度。

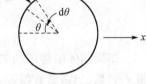

图 6.12　例 6.9 图

由 C_P 定义可知:

$$p = p_\infty + \frac{1}{2}C_P\rho u_\infty^2$$

由于 p_∞ 作用于圆柱面上所有点,对圆柱面不产生阻力,因此产生阻力的压力部分为:

$$p = \frac{1}{2}C_P\rho u_\infty^2$$

面积 $\mathrm{d}A$ 上受到的阻力为:

$$p\mathrm{d}A \cdot \cos\theta = \frac{1}{2}C_P R\rho u_\infty^2 \cos\theta\mathrm{d}\theta$$

上半圆柱分离点前的阻力为:

$$R\frac{1}{2}\rho u_\infty^2 \int_0^{0.6\pi}(1 - 4\sin^2\theta)\cos\theta\mathrm{d}\theta = 0.27 \times R \times \frac{1}{2}\rho u_\infty^2$$

上半圆柱分离点后的阻力为:

$$R\frac{1}{2}\rho u_\infty^2 \int_{0.6\pi}^{\pi}(-2.618)\cos\theta\mathrm{d}\theta = 0.81 \times R \times \frac{1}{2}\rho u_\infty^2$$

上半圆柱的总阻力为:

$$F = 1.08 \times R \times \frac{1}{2}\rho u_\infty^2$$

绕流圆柱的阻力系数为:

$$C_D = \frac{2F}{2Rl \times \frac{1}{2}\rho u_\infty^2} = 1.08$$

6.4　升力

升力是垂直于流体与物体相对运动方向上的,作用在浸没物体上的力。最常见的升力的例子是空气中作用在飞机机翼及风筝上的升力。升力最基本的解释是机翼上面的空气流速比平均流速快,而机翼下面的流速比平均流速慢,如图 6.13 所示。根据伯努里方程,则作用在机翼上面的压力小,而作用在机翼下面的压力大,结果就产生了净的

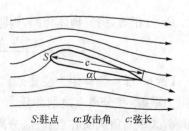

S:驻点　　α:攻击角　　c:弦长

图 6.13　绕机翼流动的流场

向上的升力。升力计算可以表示为：

$$F_1 = C_1 \rho \frac{U^2}{2} A \qquad (6.33)$$

式中：C_1—— 升力系数，主要取决于攻击角和机翼的断面形状；

A—— 机翼或物体垂直于升力的投影面积。绕机翼流动的升力和阻力系数如图 6.14 所示。

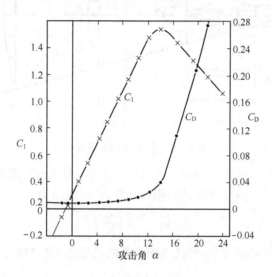

图 6.14 绕机翼流动的升力和阻力系数曲线

6.5 气体射流

气体从孔口、管嘴和条缝向外喷射的流动称为气体射流，在通风、锅炉喷燃、射流切割以及排污、排气等场合的气体射流一般为湍流射流。射流主要分为圆孔口和管嘴的圆断面射流、条缝的平面射流、温度差起主要影响的温度差射流、浓度差起主要影响的浓度差射流以及主要用于喷嘴燃烧的旋转射流等，射流的速度场、压力场、浓度场及温度场对工程设计有重要影响。射流还可以分无限空间的自由射流和有限空间的受限射流。本节简要介绍圆断面无限空间的湍流射流。

6.5.1 射流结构与特征

无限空间湍流射流的结构如图 6.15 所示。射流的湍流脉动造成射流与周围介质发生质量和动量交换，使射流质量流量和断面面积沿射流方向不断增加，并使射流主体速度逐渐降低。喷口附近速度保持射流出口速度 u_0 的区域称为射流核心区，其余部分称为边界层。以射流核心消失的断面为过渡断面，将射流分为起始段和主体段，沿射流方向，主体段射流区域逐渐扩大，轴心上的速度 u_m 不断降低，主体段完全处于射流边界层内。图中 x_0 表示极点 M 到喷口的长度，r_0 为喷口半径，s 为射流长度，s_n 为射流核心区长度，R 为射流断面半径。

根据试验，射流有以下一些基本特征。

（1）射流边界基本上是直线。图 6.15 中 α 称为扩散角，并且有：

$$\tan\alpha = K = 3.4a \qquad (6.34)$$

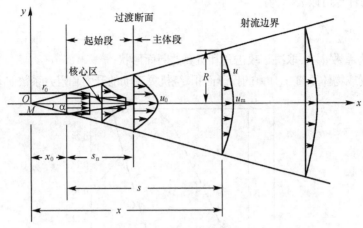

图 6.15　射流结构及速度分布

式中, a 为湍流系数, 圆断面射流的湍流系数 $a = 0.08$, 对应的扩散角约为 $15°$。

(2) 射流各断面处的速度分布具有相似特征, 可以表示为:

$$\frac{u}{u_m} = \left[1 - \left(\frac{y}{R}\right)^{1.5}\right]^2 \tag{6.35}$$

(3) 射流各断面上动量守恒, 即任一断面处的动量等于出口处的动量:

$$\int_A \rho u^2 \, \mathrm{d}A = \rho_0 u_0^2 A_0 \tag{6.36}$$

6.5.2　圆断面射流参数计算

根据几何相似, 圆断面射流有:

$$\frac{R}{r_0} = \frac{x}{x_0} = \frac{x_0 + s}{x_0} = 1 + \frac{s}{r_0/\tan\alpha} = 1 + 3.4a\frac{s}{r_0} = 3.4 \times \left(0.294 + \frac{as}{r_0}\right) \tag{6.37}$$

由式(6.35)和式(6.36)得 $\int_0^R \rho u^2 2\pi y \mathrm{d}y = \rho u_0^2 \pi r_0^2$, 两边同除以 $\rho\pi R^2 u_m^2$, 并代入 $\eta = y/R$ 和式(6.35), 得:

$$\left(\frac{u_0}{u_m}\right)^2 \left(\frac{r_0}{R}\right)^2 = 2\int_0^R \left(\frac{u}{u_m}\right)^2 \frac{y}{R} \mathrm{d}\left(\frac{y}{R}\right) = 2\int_0^1 (1 - \eta^{1.5})^4 \eta \mathrm{d}\eta$$

积分后得到圆断面射流的轴心速度为:

$$\frac{u_m}{u_0} = \frac{0.965}{0.294 + as/r_0} \tag{6.38}$$

当 $u_m = u_0$ 时, 可以得到射流核心长度:

$$s_n = 0.671 r_0/a \tag{6.39}$$

射流断面处流量 $q_V = \int_A u \mathrm{d}A = \int_0^R u2\pi y \mathrm{d}y$, $q_{V_0} = u_0\pi r_0^2$, 分析得到:

$$\frac{q_V}{q_{V_0}} = 2.2(0.294 + as/r_0) \tag{6.40}$$

断面平均流速 $u_1 = q_V/A$, 则:

$$\frac{u_1}{u_0} = \frac{0.19}{0.294 + as/r_0} \tag{6.41}$$

通风空调工程中通常分析轴心附近的高速区域,以动量守恒定律定义质量平均流速 u_2,由 $\rho q_V u_2 = \rho q_{V_0} u_0$,得到:

$$\frac{u_2}{u_0} = \frac{q_{V_0}}{q_V} = \frac{0.454\ 5}{0.294 + as/r_0} \tag{6.42}$$

【例 6.10】　已知空调送风区域要求的射流半径为 1.2 m,质量平均流速为 3 m/s,喷嘴至工作区域的距离为 3.8 m,设计圆形喷嘴直径并求喷嘴流量。

解　由式(6.37),$\dfrac{R}{r_0} = 3.4 \times \left(0.294 + \dfrac{as}{r_0}\right)$

$$\frac{1.2}{r_0} = 3.4 \times \left[0.294 + \frac{0.08 \times 3.8}{r_0}\right]$$

试算得到 $r_0 = 0.15$ m。

由式(6.42),得:

$$\frac{u_2}{u_0} = \frac{0.454\ 5}{0.294 + as/r_0}$$

$$\frac{3}{u_0} = \frac{0.454}{0.294 + 0.08 \times 3.8/0.15}$$

$$u_0 = 15.5 \text{ m/s}$$

喷嘴流量为:

$$q_{V_0} = u_0 A_0 = \pi r_0^2 u_0 = \pi \times 0.15^2 \times 15.5 = 1.095 \text{ m}^3/\text{s}$$

【例 6.11】　圆断面射流喷口半径为 0.5 m,求距出口 20 m(断面上),距轴心 1 m 处 A 点的无量纲速度。并求距出口 10 m 断面上,和 A 点无量纲半径相等的 B 点距轴心距离及无量纲速度。

解　起始段长度为:

$$s_n = 0.671 \times \frac{0.5}{0.08} = 4.2 \text{ m}$$

所以,距出口 10 m 和 20 m 断面都在主体段内。

距出口 20 m 的断面半径为:

$$R = 3.4 \times (0.294 \times 0.5 + 0.08 \times 20) = 5.94 \text{ m}$$

A 点的无量纲速度为:

$$\frac{u}{u_m} = \left[1 - \left(\frac{1}{5.94}\right)^{1.5}\right]^2 = 0.867$$

距出口 10 m 的断面半径为:

$$R = 3.4 \times (0.294 \times 0.5 + 0.08 \times 10) = 3.22 \text{ m}$$

和 A 点无量纲半径相等的 B 点距轴心距离:

$$\frac{1}{5.94} = \frac{y_B}{3.22} \qquad \therefore y_B = 0.542 \text{ m}$$

因为无量纲半径相等,所以 B 点的无量纲速度 $\dfrac{u_B}{u_{mB}} = \dfrac{u_A}{u_{mA}} = 0.867$

6.6   纳维尔-斯托克斯方程(N-S 方程) 及其求解

粘性流体的运动可以用流体运动微分方程,即纳维尔 — 斯托克斯方程(Navier - Stokes 方程,简称 N - S 方程) 表示,但由于实际流体流动的复杂性,很难用数学分析的方法得到流动问题的精确解,特别是湍流流动,只有对几种几何结构简单的层流流动才可能由 N - S 方程得到精确解。

6.6.1   粘性应力分析

如图 6.16 所示,粘性流体微团的运动有四种形式:(a) 移动、(b) 刚性转动、(c) 切向变形运动和(d) 法向压缩运动。前两项流体微团没有变形,而后两项则是粘性应力作用产生的变形运动。

初始状态   (a) 平移运动   (b) 刚性转动   (c) 切向变形   (d) 法向压缩

图 6.16   粘性流体的微团运动

由平板间粘性流体运动的牛顿定律得到(见图 6.17(a)),发生在 x 轴方向上的流体切应力可以表示为:

$$\tau_{yx} = \tau = \mu\left(\frac{\partial v_x}{\partial y}\right) \tag{6.43}$$

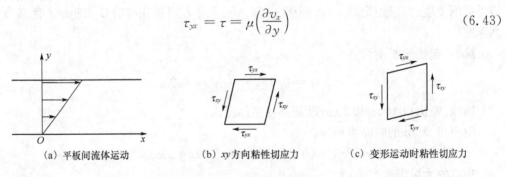

(a) 平板间流体运动   (b) xy 方向粘性切应力   (c) 变形运动时粘性切应力

图 6.17 xy 方向的粘性切应力

分析图 6.17(b) 和图 6.17(c) 中的流体微团的运动,可以得到 $\tau_{xy} = \tau_{yx}$,否则,在 τ_{xy} 或 τ_{yx} 作用下,流体微团将加速旋转,但事实上,流体微团的旋转只发生在边界层的分离中。同理,有 $\tau_{yz} = \tau_{zy}$ 和 $\tau_{xz} = \tau_{zx}$。

微团表面上切应力 τ_{yx} 可以表示为:

$$\tau_{xy} = \mu\left(\frac{\partial v_y}{\partial x}\right) \tag{6.44}$$

则微团表面的切应力可以综合表示为:

$$\tau_{xy} = \tau_{yx} = \mu\left(\frac{\partial v_x}{\partial y} + \frac{\partial v_y}{\partial x}\right) \tag{6.45a}$$

相类似的有:

$$\tau_{yz} = \tau_{zy} = \mu\left(\frac{\partial v_y}{\partial z} + \frac{\partial v_z}{\partial y}\right) \tag{6.45b}$$

$$\tau_{zx} = \tau_{xz} = \mu\left(\frac{\partial v_z}{\partial x} + \frac{\partial v_x}{\partial z}\right) \tag{6.45c}$$

可以类似地表示出不可压缩流体垂直于表面方向的应力为：

$$\tau_{xx} = \mu\left(\frac{\partial v_x}{\partial x} + \frac{\partial v_x}{\partial x}\right) = 2\mu\left(\frac{\partial v_x}{\partial x}\right) \tag{6.46a}$$

$$\tau_{yy} = \mu\left(\frac{\partial v_y}{\partial y} + \frac{\partial v_y}{\partial y}\right) = 2\mu\left(\frac{\partial v_y}{\partial y}\right) \tag{6.46b}$$

$$\tau_{zz} = \mu\left(\frac{\partial v_z}{\partial z} + \frac{\partial v_z}{\partial z}\right) = 2\mu\left(\frac{\partial v_z}{\partial z}\right) \tag{6.46c}$$

6.6.2　粘性力

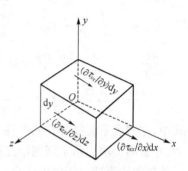

图 6.18　流体微元的切应力变化

分析流体微元的粘性力如图 6.18 所示，x 轴方向在 $\mathrm{d}y\mathrm{d}z$ 面上在 $\mathrm{d}x$ 变化范围内粘性应力变化为 $(\partial\tau_{xx}/\partial x)\mathrm{d}x$，微元体因 τ_{xx} 变化在 x 轴方向产生的粘性力为 $(\partial\tau_{xx}/\partial x)\mathrm{d}x\mathrm{d}y\mathrm{d}z$，同理，因为 τ_{yx} 和 τ_{zx} 变化在 x 轴方向产生的粘性力为 $(\partial\tau_{yx}/\partial y)\mathrm{d}x\mathrm{d}y\mathrm{d}z$ 和 $(\partial\tau_{zx}/\partial z)\mathrm{d}x\mathrm{d}y\mathrm{d}z$。因此，单位质量的流体微元在 x 轴方向受到的粘性力作用为：

$$[(\partial\tau_{xx}/\partial x)\mathrm{d}x\mathrm{d}y\mathrm{d}z + (\partial\tau_{yx}/\partial y)\mathrm{d}x\mathrm{d}y\mathrm{d}z$$
$$+ (\partial\tau_{zx}/\partial z)\mathrm{d}x\mathrm{d}y\mathrm{d}z]/(\rho\mathrm{d}x\mathrm{d}y\mathrm{d}z)$$

即

$$\frac{\partial}{\partial x}\left(2\frac{\mu}{\rho}\frac{\partial v_x}{\partial x}\right) + \frac{\partial}{\partial y}\left(\frac{\mu}{\rho}\left[\frac{\partial v_x}{\partial y} + \frac{\partial v_y}{\partial x}\right]\right) + \frac{\partial}{\partial z}\left(\frac{\mu}{\rho}\left[\frac{\partial v_z}{\partial x} + \frac{\partial v_x}{\partial z}\right]\right) \tag{6.47}$$

式 (6.47) 可以进一步表示为：

$$\frac{\mu}{\rho}\left(\frac{\partial^2 v_x}{\partial x^2} + \frac{\partial^2 v_x}{\partial y^2} + \frac{\partial^2 v_x}{\partial z^2}\right) + \frac{\mu}{\rho}\frac{\partial}{\partial x}\left(\frac{\partial v_x}{\partial x} + \frac{\partial v_y}{\partial y} + \frac{\partial v_z}{\partial z}\right)$$
$$= \nu\nabla^2 v_x + \nu\frac{\partial}{\partial x}(\nabla\cdot\boldsymbol{v})$$
$$= \nu\nabla^2 v_x \tag{6.48}$$

式 (6.48) 中应用了不可压缩流体的连续性方程 $\nabla\cdot\boldsymbol{v} = 0$。同理可以得到 y 轴和 z 轴方向的粘性力，并最终得到单位质量的流体微元总的粘性力为 $\nu\nabla^2\boldsymbol{v}$。

6.6.3　N-S方程

将微元体粘性力与欧拉方程相结合，就得到了描述粘性不可压缩流体流动的运动微分方程，即 Navier-Stokes 方程或 N-S 方程。

矢量形式的 N-S 方程为：

$$\frac{\mathrm{D}\boldsymbol{v}}{\mathrm{D}t} = -\frac{1}{\rho}\nabla\boldsymbol{p} + \boldsymbol{f} + \nu\nabla^2\boldsymbol{v} \tag{6.49a}$$

直角坐标系下，N-S 方程为：

$$\frac{\partial v_x}{\partial t} + v_x\frac{\partial v_x}{\partial x} + v_y\frac{\partial v_x}{\partial y} + v_z\frac{\partial v_x}{\partial z} = -\frac{1}{\rho}\frac{\partial p}{\partial x} + f_x + \nu\left(\frac{\partial^2 v_x}{\partial x^2} + \frac{\partial^2 v_x}{\partial y^2} + \frac{\partial^2 v_x}{\partial z^2}\right)$$

$$\frac{\partial v_y}{\partial t} + v_x \frac{\partial v_y}{\partial x} + v_y \frac{\partial v_y}{\partial y} + v_z \frac{\partial v_y}{\partial z} = -\frac{1}{\rho}\frac{\partial p}{\partial y} + f_y + \nu\left(\frac{\partial^2 v_y}{\partial x^2} + \frac{\partial^2 v_y}{\partial y^2} + \frac{\partial^2 v_y}{\partial z^2}\right) \quad (6.49\text{b})$$

$$\frac{\partial v_z}{\partial t} + v_x \frac{\partial v_z}{\partial x} + v_y \frac{\partial v_z}{\partial y} + v_z \frac{\partial v_z}{\partial z} = -\frac{1}{\rho}\frac{\partial p}{\partial z} + f_z + \nu\left(\frac{\partial^2 v_z}{\partial x^2} + \frac{\partial^2 v_z}{\partial y^2} + \frac{\partial^2 v_z}{\partial z^2}\right)$$

在柱坐标系下,N-S方程为:

$$\frac{\partial v_r}{\partial t} + v_r \frac{\partial v_r}{\partial r} + \frac{v_\theta}{r}\frac{\partial v_r}{\partial \theta} + v_z \frac{\partial v_r}{\partial z} - \frac{v_\theta^2}{r}$$

$$= -\frac{1}{\rho}\frac{\partial p}{\partial r} + f_r + \nu\left(\frac{\partial^2 v_r}{\partial r^2} + \frac{1}{r}\frac{\partial v_r}{\partial r} + \frac{1}{r^2}\frac{\partial^2 v_r}{\partial \theta^2} + \frac{\partial^2 v_r}{\partial z^2} - \frac{v_r}{r^2} - \frac{2}{r^2}\frac{\partial v_\theta}{\partial \theta}\right)$$

$$\frac{\partial v_\theta}{\partial t} + v_r \frac{\partial v_\theta}{\partial r} + \frac{v_\theta}{r}\frac{\partial v_\theta}{\partial \theta} + v_z \frac{\partial v_\theta}{\partial z} - \frac{v_\theta v_r}{r}$$

$$= -\frac{1}{\rho r}\frac{\partial p}{\partial \theta} + f_\theta + \nu_y\left(\frac{\partial^2 v_\theta}{\partial r^2} + \frac{1}{r}\frac{\partial v_\theta}{\partial r} + \frac{1}{r^2}\frac{\partial^2 v_\theta}{\partial \theta^2} + \frac{\partial^2 v_\theta}{\partial z^2} - \frac{v_\theta}{r^2} - \frac{2}{r^2}\frac{\partial v_r}{\partial \theta}\right) \quad (6.49\text{c})$$

$$\frac{\partial v_z}{\partial t} + v_r \frac{\partial v_z}{\partial r} + \frac{v_\theta}{r}\frac{\partial v_z}{\partial \theta} + v_z \frac{\partial v_z}{\partial z}$$

$$= -\frac{1}{\rho}\frac{\partial p}{\partial z} + f_z + \nu\left(\frac{\partial^2 v_z}{\partial r^2} + \frac{1}{r}\frac{\partial v_z}{\partial r} + \frac{1}{r^2}\frac{\partial^2 v_z}{\partial \theta^2} + \frac{\partial^2 v_z}{\partial z^2}\right)$$

式中,左边表示流体受到的惯性力,右边第 1 项为压力梯度,第 2 项为质量力,第 3 项是粘性力。左边第 1 项表示空间固定点的流速随时间的变化,称为时变加速度或当地加速度,左边后几项表示流速由于位置变化而引起的速度变化,称为位变加速度或迁移加速度。N-S方程推导可以参阅有关文献。

解 N-S 方程可以得到流动问题的精确解,但是因为 N-S 方程是二阶非线性非齐次偏微分方程。对于大多数工程中的复杂的不可压缩粘性流体的流动问题,特别是湍流脉动,N-S 方程无法精确求解,只能通过计算机数值计算或试验研究。对于结构简单的经过简化的流动,N-S 方程可以精确求解。下面以几个简单流动说明 N-S 方程的求解过程及应用。

6.6.4　N-S方程的求解

【例 6.12】　两固定不动的平行平板间距离为 h,如图 6.19 所示,在压力梯度为 $\partial p/\partial x$ 作用下,流体由高压区域流向低压区域,求平板间流体速度分布及平板表面切应力。

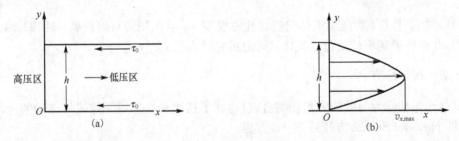

图 6.19　平板间层流流动及速度分布

解　题中流体流动不随时间变化,$\partial v/\partial t = 0$,在 y 和 z 方向没有压力作用,所以 $\partial p/\partial y = 0$,$\partial p/\partial z = 0$,且 $\partial p/\partial x =$ 常数,假设没有质量力的作用 $f_x = f_y = f_z = 0$,流体在 y 和 z 方向没有流动,所以 $v_y = 0$,$v_z = 0$,x 方向的流动速度与 y 有关,$v_x = v_x(y)$,以上各项代入 N-S 方程,得:

$$0 = -\frac{\partial p}{\partial x} + \mu\left(\frac{\partial^2 v_x}{\partial y^2}\right),\text{即 } \mu\frac{\mathrm{d}^2 v_x}{\mathrm{d}y^2} = \frac{\mathrm{d}p}{\mathrm{d}x}$$

积分得到：

$$v_x = \frac{1}{2\mu}\left(\frac{\mathrm{d}p}{\mathrm{d}x}\right)y^2 + c_1 y + c_2$$

根据边界条件，壁面处流体质点速度为 0，即 $y=0$ 时，$v_x=0$，$y=h$ 时，$v_x=0$，得到两个固定不动的平板间流体流动速度为：

$$v_x = \frac{1}{2\mu}\left(-\frac{\mathrm{d}p}{\mathrm{d}x}\right)y(h-y)$$

速度分布如图 6.18(b) 所示。

速度最大值发生在 $\mathrm{d}v_x/\mathrm{d}y = 0$，即 $y=h/2$ 处，

$$v_{x,\max} = \frac{h^2}{8\mu}\left(-\frac{\mathrm{d}p}{\mathrm{d}x}\right)$$

若平板宽度为 B，平板间流量为：

$$q_V = B\int_0^h v_x\mathrm{d}y = \frac{B}{2\mu}\left(-\frac{\mathrm{d}p}{\mathrm{d}x}\right)\int_0^h y(h-y)\mathrm{d}y$$

$$= \frac{B}{2\mu}\left(-\frac{\mathrm{d}p}{\mathrm{d}x}\right)\left|\frac{y^2 h}{2} - \frac{y^3}{3}\right|_0^h = \frac{Bh^3}{12\mu}\left(-\frac{\mathrm{d}p}{\mathrm{d}x}\right)$$

平板间平均速度为：

$$v = \frac{q_V}{Bh} = \frac{h^2}{12\mu}\left(-\frac{\mathrm{d}p}{\mathrm{d}x}\right) = \frac{2}{3}v_{x,\max}$$

平板壁面处切应力为：

$$\tau_0 = \mu\left(\frac{\partial v_x}{\partial y}\right)_{y=0} = \mu\frac{h}{2\mu}\left(-\frac{\mathrm{d}p}{\mathrm{d}x}\right) = \frac{h}{2}\left(-\frac{\mathrm{d}p}{\mathrm{d}x}\right)$$

式中，τ_0 似乎与粘性无关，实际上速度分布是粘性切应力与压力梯度相平衡时得到的，而压力梯度是和粘性有关的。此题中，如果上平板以 U 速度运动，试确定平板间速度分布及平板壁面处切应力。

【例 6.13】 如图 6.20 所示，平板屋顶由混凝土板构成，混凝土板间有裂缝，混凝土板宽度为 1.0 m，板厚度为 0.1 m，裂缝宽度为 1.0 mm，计算下雨天时，通过裂缝的漏水量，雨水的粘度为 $1.13\times10^{-3}\,\mathrm{Pa\cdot s}$。

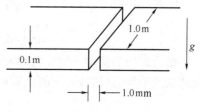

图 6.20　例 6.13 图

解 利用例 6.10 计算结果，此时压力梯度可以看成是重力的作用，有 $-\mathrm{d}p/\mathrm{d}x = \rho g$，则：

$$q_V = \frac{Bh^3}{12\mu}\left(-\frac{\mathrm{d}p}{\mathrm{d}x}\right) = \frac{\rho g Bh^3}{12\mu}$$

$$= \frac{1\,000\times9.807\times1.0\times(1.0\times10^{-3})^3}{12\times1.13\times10^{-3}} = 7.232\times10^{-4}\,\mathrm{m^3/s}$$

【例 6.14】 求在压力作用下流体流过圆管时的层流流动速度分布。

解 流动为轴对称流动，应用柱坐标系下的 N-S 方程，所以有 $v_r=v_\theta=0$，$\partial p/\partial r = \partial p/\partial\theta=0$，质量力为 0，N-S 方程简化为：

$$\frac{d^2 v_z}{dr^2} + \frac{1}{r} \frac{dv_z}{dr} = \frac{1}{r} \frac{d}{dr}\left(r \frac{dv_z}{dr}\right) = \frac{1}{\mu} \frac{dp}{dz}$$

积分得：

$$r \frac{dv_z}{dr} = \frac{r^2}{2\mu} \frac{dp}{dz} + c_1$$

在管道中心线处，$r = 0$，切应力为 0，即 $dv_z/dr = 0$，所以 $c_1 = 0$，
再次积分得：

$$v_z = \frac{r^2}{4\mu} \frac{dp}{dz} + c_2$$

在壁面处，$r = r_0$，$v_z = 0$，所以：

$$c_2 = -\frac{r_0^2}{4\mu} \frac{dp}{dz}$$

圆管道内速度分布为：

$$v_z = \frac{r_0^2 - r^2}{4\mu}\left(-\frac{dp}{dz}\right)$$

可见，圆管内速度分布为抛物线型分布：
管道中心线处($r = 0$) 最大速度为：

$$v_{\max} = \frac{r_0^2}{4\mu}\left(-\frac{dp}{dz}\right)$$

圆管内流量：

$$q_V = \int_0^{r_0} v_z (2\pi r)\,dr = \frac{\pi}{2\mu}\left(-\frac{dp}{dz}\right)\int_0^{r_0}(r_0^2 - r^2)r\,dr = \frac{\pi}{2\mu}\left(-\frac{dp}{dz}\right)\left|\frac{r^2 r_0^2}{2} - \frac{r^4}{4}\right|_0^{r_0}$$

$$q_V = \frac{\pi r_0^4}{8\mu}\left(-\frac{dp}{dz}\right) = \frac{\pi d^4}{128\mu}\left(-\frac{dp}{dz}\right)$$

管道内平均流速为：

$$v = \frac{4q_V}{\pi d^2} = \frac{d^2}{32\mu}\left(-\frac{dp}{dz}\right) = \frac{v_{\max}}{2}$$

壁面处切应力为：

$$\tau_0 = -\mu \frac{dv_z}{dr}\bigg|_{r=r_0} = \frac{r_0}{2}\left(-\frac{dp}{dz}\right) = \frac{d}{4}\left(-\frac{dp}{dz}\right) = 8\mu\left(\frac{v}{d}\right)$$

细管道内的流动一般多为圆管内层流流动，如血液在毛细管内流动以及管式粘度计中流体的流动等，这些情况下的流动可用 N - S 方程求解。

本 章 小 结

6.1　流体以恒定的速度流过物体或者物体以恒定的速度经过流体的流动称为绕流流动或外部流动。作用在浸没物体上的流体绕流阻力由摩擦阻力和压差阻力或表面阻力和形状阻力两部分组成，绕流阻力为 $F_D = C_D \rho \dfrac{U^2}{2} A$，$C_D$ 为绕流阻力系数。

6.2　边界层概念：根据粘性无滑移边界条件，贴近物体壁面处流体质点速度为 0，在紧靠物体表面的一个流体薄层内，流体质点速度从壁面处的 0 迅速增大到流体来流速度 U，薄

层内速度梯度大,粘性作用力大,粘性影响非常重要。薄层外流体质点速度基本上均匀,等于流体来流速度,速度梯度为 0,粘性力为 0,因此薄层外流体可以看做是"无粘性"或"理想流体"。

6.3 平板层流边界层厚度和摩擦阻力系数分别为 $\dfrac{\delta}{x}=\dfrac{4.91}{\sqrt{Re_x}}$ 和 $C_f=\dfrac{1.328}{\sqrt{Re}}$。

6.4 当 $Re_x=\dfrac{xU\rho}{\mu}=\dfrac{xU}{\nu}>5\times10^5$ 时,边界层将转变为湍流,其厚度显著增加,速度分布也发生明显变化。平板湍流边界层厚度和摩擦阻力系数分别为 $\dfrac{\delta}{x}=\dfrac{0.377}{Re_x^{1/5}}$ 和 $C_f=\dfrac{0.073\,5}{Re^{1/5}}$,该式适用于 $5\times10^5<Re<10^7$;或 $C_f=\dfrac{0.455}{(\log Re)^{2.58}}$,该式适用于 $Re>10^7$。

6.5 具有层流到湍流过渡区的平板边界层摩擦阻力系数为 $C_f=\dfrac{0.455}{(\log Re)^{2.58}}-\dfrac{1\,700}{Re}$。

6.6 曲面上边界层在增压减速区内的压差力和粘性力作用下,流体质点从壁面分离并产生回流,边界层分离后的整个扰动区域称为物体的湍流尾流。边界层分离产生净压差并作用在物体上的力称为压差阻力或形状阻力。边界层分离主要与曲面形状有关。

6.7 不可压缩流体绕三维物体和二维柱体流动的绕流阻力系数 C_D 可以查图得到,当 $1<Re<2\times10^5$ 时,绕圆球和长圆柱体的阻力系数 C_D 可分别用 $C_D=\left(0.632+4.8/\sqrt{Re}\right)^2$ 和 $C_D=\left(1.05+1.9/\sqrt{Re}\right)^2$ 计算。

6.8 小球或颗粒在流体中的悬浮速度为 $v=\sqrt{\dfrac{4}{3C_D}\left(\dfrac{\rho_m-\rho}{\rho}\right)gd}$,式中 C_D 可以用经验公式计算

Re	<1	$10\sim10^3$	$10^3\sim2\times10^5$
C_D	$24/Re$	$13/\sqrt{Re}$	0.48

其中,$Re=vd/\nu$,v 是圆球在流体中的运动速度,即悬浮速度,注意悬浮速度与流体来流速度 U 的区别。

6.9 射流的湍流脉动导致射流与周围介质发生质量和动量交换,使射流质量流量和断面面积不断增加,主体速度逐渐降低。圆断面射流半径 R、轴心速度 u_m、断面处流量 q_V 和质量平均流速 u_2 分别为

$$\frac{R}{r_0}=3.4\left(0.294+\frac{as}{r_0}\right),\qquad\frac{u_m}{u_0}=\frac{0.965}{0.294+as/r_0},$$

$$\frac{q_V}{q_{V_0}}=2.29(0.294+as/r_0),\qquad\frac{u_2}{u_0}=\frac{q_{V_0}}{q_V}=\frac{0.454\,5}{0.294+as/r_0}$$

6.10 Navier-Stokes 方程是描述粘性流体流动的运动微分方程,对于简单的流动可以得到 N-S 方程的精确解。N-S 方程的矢量形式为 $\dfrac{Dv}{Dt}=-\dfrac{1}{\rho}\nabla p+f+\nu\nabla^2 v$。

习　题

6.1 平板宽 $3.0\,\mathrm{m}$、长 $0.9\,\mathrm{m}$,浸没在 $15\,\mathrm{^\circ\!C}$ 水中,水流速度为 $0.1\,\mathrm{m/s}$,求平板中间和末端的

边界层厚度以及平板的总阻力。

6.2　一辆流线型列车,长84 m,侧面高2.5 m,顶部宽2.4 m,以144 km/h的速度行驶,空气温度为15 ℃,求摩擦阻力。可以假设为长84 m,宽7.4 m的平板。

6.3　某一直径为5 mm的钢球,密度为800 kg/m³,在大容器油箱中沉降,油的密度为800 kg/m³,球最终匀速运动速度为0.7 m/min,求油的粘度。

6.4　某一直径为380 mm的球,在15 ℃空气中以0、10 m/s、20 m/s及30 m/s的速度运动,请画出阻力与速度关系曲线。

6.5　光滑平板长3 m、宽1.2 m,浸没在静水中以1.2 m/s的速度拖动,水温为10 ℃,求层流边界层长度和平板末端边界层厚度及拖动平板需要的力。

6.6　水以0.2 m/s的速度绕流薄平板,水运动粘度为1.145×10^{-6} m²/s,求距平板前缘点5 m处边界层厚度及此处距平板垂直距离为10 mm点处的水流速度。

6.7　空气温度20 ℃,有一直径为0.5 m的光滑圆球以6 m/s的速度在空气中运动,求圆球受到的阻力。若其他条件不变,当圆球直径增大为1 m时,阻力将如何变化?

6.8　直径为20 mm,长为1.8 m的尖头渔叉,以6 m/s的速度插入15 ℃水中,求摩擦阻力和边界层最大厚度。

6.9　某一直径为400 mm的铁球,重500 N,从船上落入海水中,海水密度为1 030 kg/m³,动力粘度为0.001 6 (N·s)/m²,试计算球最大下落速度。

6.10　浸没在水中的平板,长2.5 m,宽0.5 m,以0.5 m/s的速度在15 ℃水中运动,若板平行放置或垂直于运动方向放置,分别求板受到的阻力。

6.11　沙粒(密度为2 650 kg/m³)在15 ℃水中下落,求沙粒直径分别为0.1 mm、1.0 mm和10 mm时的下降速度。

6.12　潜水艇外表像8∶1的椭球体,在水下航行速度为10 m/s,若水温20 ℃,潜水艇迎水流断面面积为12 m²,求潜艇功率。

6.13　鱼雷直径为0.5 m,外表是流线型,阻力系数为0.08,以80 km/h的速度在15 ℃水中前进,求需要的功率。

6.14　圆柱形烟囱高20 m、直径0.6 m,求15 ℃空气以18 m/s的横向速度吹过烟囱时,烟囱受到的推力。

6.15　气力输送管路中气体流速为沙粒悬浮速度的5倍,求气流速度。已知沙粒直径为0.3 mm,密度为2 650 kg/m³,空气温度为20 ℃。

6.16　煤粉炉炉膛中烟气流上升的最小速度为0.5 m/s,烟气密度为0.2 kg/m³,运动粘度系数为2.3×10^{-4} m²/s,试确定直径为0.1 mm、密度为1 300 kg/m³的煤粉颗粒是沉降还是被烟气带走。

6.17　体育馆圆柱形送风口,直径为0.6 m,风口至比赛区域内距离为60 m,要求比赛区域内质量平均风速不超过0.3 m/s,求送风口的最大送风量。

6.18　工作区域采用向下的送风方式,风口距地面4 m,工作区高于地面1.5 m,要求射流直径为1.5 m,断面处轴心风速不超过2 m/s,求喷嘴直径和出口流量。

7 理想流体流动

本章讨论理想流体(无粘性流体) 的流动,虽然理想流体的流动分析没有包括实际流体的全部特性,但是其分析结果常常与实际流体的流动性能非常近似。因为在许多场合下粘性只起到很小的作用,如低粘度流体流动时粘性只在固体边界处一个很薄区域内(边界层内)产生影响,而其他区域可以近似为"理想流体"。另外,湍流和边界层分离只发生在减速流动中,加速流动区域边界层很薄,加速流动区域可以按理想流体分析。因为理想流体流动的数学分析非常严密,所以其结果能够为实际流体的流动提供参考。

本章首先分析流体的有旋流动和无旋流动,以及流函数和速度势函数,再讨论由几种简单的有势流动的流函数叠加得到的复杂流动的流场,以及由流函数和势函数得到的描述流场流动的流网。

7.1 连续性方程

流场中取一个微元体,如图 7.1 所示,设 x、y 和 z 三个方向上的流体速度分别为 v_x、v_y 和 v_z。在 x 方向通过左侧表面流入微元体的质量流量可以近似表示为 $\rho v_x \Delta y \Delta z$,当微元体缩小并趋于一个点时,这种表示是精确的。相对应的从右侧流出微元体的流体质量流量为 $\{\rho v_x + [\partial(\rho v_x)/\partial x]\Delta x\}\Delta y \Delta z$,因此在 x 方向流入微元体的净流体质量流量为 $-[\partial(\rho v_x)/\partial x]\Delta x \Delta y \Delta z$,在 y 和 z 方向可以得到类似的结论。在 x、y 和 z 三个方向上流入微元体总的质量流量等于单位时间内微元体内质量的变化率 $(\partial \rho/\partial t)\Delta x \Delta y \Delta z$,应用极限定理,将方程两侧同除以微元体的体积,可以得到流体流动的连续性方程为:

$$-\frac{\partial(\rho v_x)}{\partial x} - \frac{\partial(\rho v_y)}{\partial y} - \frac{\partial(\rho v_z)}{\partial z} = \frac{\partial \rho}{\partial t} \tag{7.1}$$

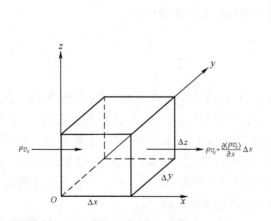

图 7.1 流场中的微元体

这个方程对理想流体和实际流体都适用。如果流动是稳态的,则 ρ 不随时间变化,$\partial \rho / \partial t = 0$,所以,稳态流动连续性方程为:

$$\frac{\partial(\rho v_x)}{\partial x} + \frac{\partial(\rho v_y)}{\partial y} + \frac{\partial(\rho v_z)}{\partial z} = 0$$

因为 ρ 在空间上可能是变化的,且 $\partial(\rho v_x)/\partial x = \rho(\partial v_x/\partial x) + v_x(\partial \rho / \partial x)$,所以上式可以表示为:

$$v_x \frac{\partial \rho}{\partial x} + v_y \frac{\partial \rho}{\partial y} + v_z \frac{\partial \rho}{\partial z} + \rho \left(\frac{\partial v_x}{\partial x} + \frac{\partial v_y}{\partial y} + \frac{\partial v_z}{\partial z} \right) = 0$$

对于不可压缩流体($\rho = $ 常数),无论是稳态流动还是非稳态流动,连续性方程为:

$$\frac{\partial v_x}{\partial x} + \frac{\partial v_y}{\partial y} + \frac{\partial v_z}{\partial z} = 0 \quad \text{或} \quad \nabla \cdot \boldsymbol{v} = 0 \tag{7.2}$$

柱坐标系下稳态可压缩流动和稳态不可压缩流动的连续性方程分别为:

$$\frac{1}{r}(\rho v_r) + \frac{\partial}{\partial r}(\rho v_r) + \frac{\partial}{r \partial \theta}(\rho v_\theta) + \frac{\partial}{\partial z}(\rho v_z) = 0 \tag{7.3}$$

和

$$\frac{v_r}{r} + \frac{\partial v_r}{\partial r} + \frac{\partial v_\theta}{r \partial \theta} + \frac{\partial v_z}{\partial z} = 0 \tag{7.4}$$

式中:v_r—— 径向速度;

v_θ—— 切向速度。

【例 7.1】 假设 ρ 为常数,以下速度函数是否满足连续性方程?

(a) $v_x = -2y, v_y = 3x$;(b) $v_x = 0, v_y = 3xy$;(c) $v_x = 2x, v_y = -2y$

解 如果 $\dfrac{\partial v_x}{\partial x} + \dfrac{\partial v_y}{\partial y} = 0$,则满足不可压流动连续性方程。

(a) $\dfrac{\partial(-2y)}{\partial x} + \dfrac{\partial(3x)}{\partial y} = 0 + 0 = 0$,满足连续性方程。

(b) $\dfrac{\partial(0)}{\partial x} + \dfrac{\partial(3xy)}{\partial y} = 0 + 3x \neq 0$,不满足连续性方程。

(c) $\dfrac{\partial(2x)}{\partial x} + \dfrac{\partial(-2y)}{\partial y} = 2 - 2 = 0$,满足连续性方程。

不满足连续性方程的速度函数实际上是不成立的。

7.2 非旋转流动

流体中流体微团的运动有移动、转动及变形等多种形式。不旋转流动可以定义为对于一个给定的参考系,流动流体中的每个微团都没有随时间变化的净旋转。一个典型的不旋转的例子是(虽然不是流体)娱乐场的风车,当风车旋转时,每一个箱子沿一个圆的轨迹运动,但是没有相对于地球的旋转运动。不过,在不旋转流动中,流体微团可以变形,如图 7.2(a) 所示,当流体微团的轴向前和向后旋转彼此相等,即 $\alpha = \beta$ 时,流体没有净旋转,或当旋转速率(或角速度)代数平均值为 0 时,流动是非旋转的。

图 7.2(b) 是一个旋转的例子。在这种情况下,两个轴都作了顺时针旋转,所以流体微团有净旋转,虽然图 7.2(b) 中的微团变形比 7.2(a) 中变形小,但图 7.2(b) 的流动是旋转流动。

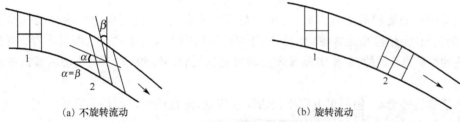

(a) 不旋转流动   (b) 旋转流动

图 7.2 流体微元的旋转与非旋转

下面用数学的形式来表示不旋转条件。先分析 xy 二维平面上的运动,如图 7.3(a) 所示,流动过程中,流体微团在比较短的时间间隔 Δt 内,由一点运动到另一点,在这个过程中发生了如图所示的变形。将 A' 点附加在 A 点上,定义 x 轴沿 AB 方向,并将图放大,可以得到图 7.3(b)。AB 和 $A'B'$ 之间的夹角 $\Delta\alpha$ 可以表示为:

$$\Delta\alpha = \frac{BB'}{\Delta x} = \frac{\left[(\partial v_y/\partial x)\Delta x\right]\Delta t}{\Delta x} = \frac{\partial v_y}{\partial x}\Delta t$$

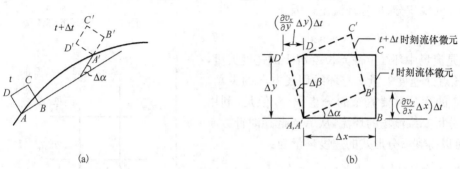

(a)   (b)

图 7.3 流体微元的旋转与变形

因此,微元边 AB 的旋转速率为:

$$\omega_a = \frac{\Delta\alpha}{\Delta t} = \frac{\partial v_y}{\partial x}$$

同样地,

$$\Delta\beta = \frac{DD'}{\Delta y} = \frac{\left[-(\partial v_x/\partial y)\Delta y\right]\Delta t}{\Delta y} = -\frac{\partial v_x}{\partial y}\Delta t$$

微元边 AD 的旋转速率为:

$$\omega_\beta = \frac{\Delta\beta}{\Delta t} = -\frac{\partial v_x}{\partial y}$$

方程中"一"是因为 $+v_x$ 是向右的方向。

绕与 xy 平面垂直的 z 轴旋转角速度定义为 ω_z,等于 ω_a 和 ω_β 的平均值,即

$$\omega_z = \frac{1}{2}\left(\frac{\partial v_y}{\partial x} - \frac{\partial v_x}{\partial y}\right) \tag{7.5}$$

因此,不旋转流动的判据可以定义为旋转角速度为 0,所以,xy 平面上不旋转流动有

$$\frac{\partial v_y}{\partial x} - \frac{\partial v_x}{\partial y} = 0 \tag{7.6}$$

在三维流动中有相应的绕 x 和 y 轴旋转或角变形速度表达式。因此,一般来讲,不旋转流动定义为:

$$\omega_x = \omega_y = \omega_z = 0 \tag{7.7}$$

流体质点的旋转需要有力矩,力矩又与切向力有关,这种切向力只能出现在粘性流体中。因为理想(无粘性和无摩擦)流体中,不可能有切向力及力矩,所以,可以认为所有的理想流体流动都是非旋转的。有些实际流体流动可能也是非旋转的,如未受扰动区域内的流体流动。

对于非旋转流动,伯努里方程不仅沿流线成立,而且还可以在整个流场内成立,另外,非旋转流动的主要意义是它对应有速度势函数。

7.3　速度环量与旋涡量

为了更好地理解流场特征,需要熟悉环流的概念。分析图 7.4 所示的二维流场的流线,l 表示流场中任意一个封闭的环线。数学上将速度环量 Γ 定义为速度绕环线的线积分(也称环流量)。因此,

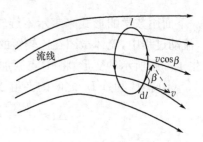

图 7.4　流场的环流量

$$\Gamma = \oint_l \boldsymbol{v} \cdot \mathrm{d}\boldsymbol{l} = \oint_l v\cos\beta \mathrm{d}l \tag{7.8}$$

式中,$\boldsymbol{v}$ 是流场中环线上微元长度 $\mathrm{d}l$ 上的速度矢量,β 是在该点处速度矢量 $\boldsymbol{v}$ 与环线切线方向的夹角。式(7.8) 的积分需要繁杂的分步积分,但是,利用图 7.5 分析二维流场的环流,从 A 点起逆时针方向积分,可以得到微分形式的速度环量为:

$$\mathrm{d}\Gamma = \frac{v_{x\mathrm{A}} + v_{x\mathrm{B}}}{2}\mathrm{d}x + \frac{v_{y\mathrm{B}} + v_{y\mathrm{C}}}{2}\mathrm{d}y -$$

$$\frac{v_{x\mathrm{C}} + v_{x\mathrm{D}}}{2}\mathrm{d}x - \frac{v_{y\mathrm{D}} + v_{y\mathrm{A}}}{2}\mathrm{d}y$$

式中,$v_{x\mathrm{A}}$、$v_{x\mathrm{B}}$、$v_{x\mathrm{C}}$ 和 $v_{x\mathrm{D}}$ 以及 $v_{y\mathrm{A}}$、$v_{y\mathrm{B}}$、$v_{y\mathrm{C}}$ 和 $v_{y\mathrm{D}}$

图 7.5　流体微元各点速度的变化

等项的大小如图 7.5 所示。代入上式,合并并忽略高阶微量,得到:

$$\mathrm{d}\Gamma = \left(\frac{\partial v_y}{\partial x} - \frac{\partial v_x}{\partial y}\right)\mathrm{d}x\mathrm{d}y \tag{7.9}$$

旋涡量定义为单位面积上的环流量,它实际上等于旋转角速度的 2 倍,因此:

$$\Omega = \frac{\mathrm{d}\Gamma}{\mathrm{d}x\mathrm{d}y} = \frac{\partial v_y}{\partial x} - \frac{\partial v_x}{\partial y} = 2\omega_z \tag{7.10}$$

比较式(7.10) 和式(7.6) 可见,非旋转流动时旋涡量 $\Omega = 0$,相类似地,旋转流动时,$\Omega \neq 0$。柱坐标系下,旋涡量可以表示为:

$$\Omega = \frac{\partial v_\theta}{\partial r} + \frac{v_\theta}{r} - \frac{1}{r}\frac{\partial v_r}{\partial \theta} \tag{7.11}$$

7.4 流函数

流函数是根据连续性原理对流场的数学描述。图 7.6 表示了一个二维流场中两条相邻的流线,以 $\psi(x,y)$ 表示离原点近的那条流线,$\psi+\mathrm{d}\psi$ 表示第二条流线。因为没有穿过流线的流体流动,所以可以用 ψ 表示通过从坐标原点 O 到第一条流线之间的面积的流动,$\mathrm{d}\psi$ 则表示通过两条流线之间的流动。分析图 7.6 中三角形流体微元,由连续性原理,不可压缩流动有:

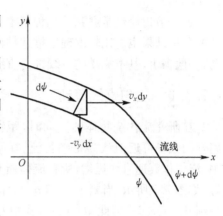

$$\mathrm{d}\psi = - v_y \mathrm{d}x + v_x \mathrm{d}y \qquad (7.12)$$

微量 $\mathrm{d}\psi$ 还可以表示为:

$$\mathrm{d}\psi = \frac{\partial \psi}{\partial x}\mathrm{d}x + \frac{\partial \psi}{\partial y}\mathrm{d}y \qquad (7.13)$$

图 7.6 流函数

则有:

$$v_x = \frac{\partial \psi}{\partial y} \quad 和 \quad v_y = -\frac{\partial \psi}{\partial x} \qquad (7.14)$$

极坐标下:

$$v_r = \frac{1}{r}\frac{\partial \psi}{\partial \theta} \quad 和 \quad v_\theta = -\frac{\partial \psi}{\partial r}$$

$$\mathrm{d}\psi = - v_\theta \mathrm{d}r + v_r r \mathrm{d}\theta$$

二维流场中,流线方程为:

$$- v_y \mathrm{d}x + v_x \mathrm{d}y = 0 \qquad (7.15)$$

由式(7.13)和式(7.15),得到流线上 $\mathrm{d}\psi = 0$,即 ψ 相等的线就是流线,因此,通过流函数就可以确定出流场中的流线。

如果能够将 ψ 表示成 x 和 y 的函数,就可以求得二维流场中任意一点的速度分量(v_x 和 v_y)。相反的,如果将 v_x 和 v_y 表示成 x 和 y 的函数,通过 v_x 和 v_y 也可以求得流函数 ψ。但是,应该注意,流函数的推导是以连续性原理为基础的,所以满足连续性方程是流函数存在的前提。

将流函数代入连续性方程 $\frac{\partial v_x}{\partial x} + \frac{\partial v_y}{\partial y} = 0$,得:

$$\frac{\partial}{\partial x}\left(\frac{\partial \psi}{\partial y}\right) - \frac{\partial}{\partial y}\left(\frac{\partial \psi}{\partial x}\right) = 0 \quad 或 \quad \frac{\partial^2 \psi}{\partial x \partial y} = \frac{\partial^2 \psi}{\partial y \partial x} \qquad (7.16)$$

可见,如果一个流动可以用流函数表示,则该流动自动地满足了连续性方程。另外,在流函数推导中,没有考虑旋涡量,所以流函数的存在不需要流动是非旋转的条件,同时注意流函数的概念只限于二维流动。

7.5　基本流动的流场与流场叠加

这一节讨论经常遇到的几种基本流动的流场,虽然这些流场只适用于理想流体,但是本节的分析结果也能比较准确地描述粘性影响区域之外的没有从边界处分离的实际流体的流动。一般来讲,基本流动的流线都是直线、平行或对称的。

7.5.1　均匀直线流动

在研究流体绕物体的流动时,距物体某一距离处的流场可近似认为是平行流。在平行流流场中,流体作等速直线运动,所有流体质点的速度相等。如图 7.7 所示,当 $v_y = 0$ 和 $v_x = $ 常数时,可以得到 $\mathrm{d}\psi = v_x \mathrm{d}y$,因此,$\psi = Uy$,式中 U 为流动速度。如果流线间距离为 a,则流线间的 ψ 值为 Ua。

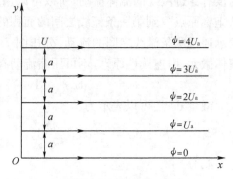

图 7.7　直线流动

7.5.2　源流或汇流

流体从平面上的一点沿径向直线均匀地向各个方向流出,这种流动称为源流,出发点称为源点,如图 7.8 所示。相反的,如果流体沿径向直线均匀地从各方流入一点,这种流动称为汇流,汇集点称为汇点。在源流和汇流中,流体的速度只有径向速度 v_r,圆周速度 v_θ 为零。取源点(或汇点)作为极坐标原点,如图 7.8 所示,流场由对称的径向流线组成,如果源强度或从源流出的流量为 q,则有 $v_\theta = 0$ 和 $v_r = q/(2\pi r)$,并得到源流流函数为 $\psi = q\theta/(2\pi)$。习惯上,将与 x 轴一致的流线定义为 $\psi = 0$,且当 $r \to \infty$ 时,$v_r \to 0$。对于向内流动的汇流,流函数表示为 $\psi = -q\theta/2\pi$。

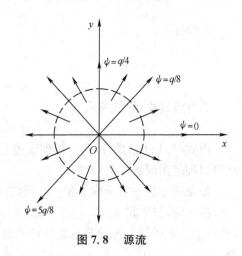

图 7.8　源流

7.5.3　流场叠加

流体流动的流场可以由其他流场重叠组合得到,例如,分析一个等强度源流和汇流与直线流动的组合,设源和汇间距离为 $2a$,定义 θ_1 和 θ_2 如图 7.9 所示,则组合流场为:

$$\psi = Uy + \frac{q\theta_1}{2\pi} - \frac{q\theta_2}{2\pi}$$

将后两项转换成笛卡儿坐标系,有:

$$\psi = Uy + \frac{q}{2\pi}\left(\arctan\frac{y}{x+a} - \arctan\frac{y}{x-a}\right) \tag{7.17}$$

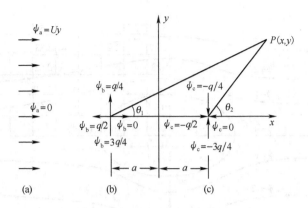

图 7.9　流场叠加

式(7.17)可以确定 xy 坐标系内任意点的流函数值,并画出流线。下面例题中的 $\psi = 0$ 的线是一个封闭的椭圆,因此,该流场表示了理想流体流过椭圆形物体的流动。利用不同的 a 值和不同的 U 与 q 之间的关系,可以描述绕不同形状的椭圆形物体二维流动的全部情况。当源与汇之间的距离 $2a$ 变小时,椭圆趋向于变成圆。当 $a = 0$ 时,流动简化为均匀直线流动,因为源与汇相互抵消。通过对式(7.17)微分,得到 $v_x = \partial\psi/\partial y$,再确定当 $v_x = 0$ 时的 x 值,就可以确定驻点位置 S。

例题中的流场是对理想流体而言的,不代表实际流体的流动图,因为实际流体流动时在物体下游端因为边界层分离而形成尾流,但是,在物体上游端,边界层很薄,实际流体的流动可以用此例很好地表示出来。

【例 7.2】　一个流场由强度相等的源和汇及均匀直线流组成,给定 $U = 0.80$,$q = 2\pi$,$a = 2$,画出流场。

解　由式(7.17)可知,$\psi = 0.80y + \arctan\dfrac{y}{x+2} - \arctan\dfrac{y}{x-2}$,设 $A = \dfrac{y}{x+2}$ 和 $B = \dfrac{y}{x-2}$,计算结果列于表中。

x	y	A	B	$\arctan A$	$\arctan B$	$0.8y$	ψ
0	2	1	-1	0.78	2.36	1.60	0.00
0	3	1.5	-1.5	0.98	2.16	2.40	1.22
0	4	2	-2	1.11	2.04	3.20	2.27
2	2	0.5	∞	0.46	1.57	1.60	0.49
2	3	0.75	∞	0.64	1.57	2.40	1.47
5	1	1/7	1/3	0.14	0.32	0.80	0.62
5	2	2/7	2/3	0.28	0.59	1.60	1.29
8	1	0.1	1/6	0.10	0.17	0.80	0.73
8	2	0.2	1/3	0.19	0.32	1.60	1.47

因为流动是对称的,以等 ψ 值画出的 1/4 流场区域内的流线如图 7.10 所示。驻点处 $v_x = 0$,所以由 $v_x = \partial\psi/\partial y = 0.8 + \dfrac{1}{x+2} - \dfrac{1}{x-2} = 0$ 得到 $x = \pm 3$,即流动的前驻点 S 在 $(-3,0)$ 点处,后驻点 S 在 $(+3,0)$ 点处。

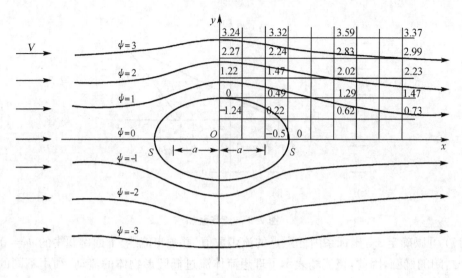

图 7.10　组合流动流场计算

【**例 7.3**】　两等强度源流,源点坐标分别为$(a,0)$和$(-a,0)$,$a>0$。求该流动的流函数,并找出流场中速度为零的点的位置。

解　设源流强度为q,两个源流的流函数分别为:

$$\psi_1 = \frac{q}{2\pi}\arctan\left(\frac{y}{x-a}\right) \text{ 和 } \psi_2 = \frac{q}{2\pi}\arctan\left(\frac{y}{x+a}\right)$$

则两源流叠加形成流动的流函数为:

$$\psi = \psi_1 + \psi_2 = \frac{q}{2\pi}\left(\arctan\left(\frac{y}{x-a}\right) + \arctan\left(\frac{y}{x+a}\right)\right)$$

显然,$y=0$时,$\psi=0$,$x=0$时,$\psi=0$。

因此,叠加形成的流场以x轴和y轴为 0 流线。

$$v_x = \frac{\partial \psi}{\partial y} = \frac{q}{2\pi}\left(\frac{x+a}{y^2+(x+a)^2} + \frac{x-a}{y^2+(x-a)^2}\right)$$

由上式,使$v_x=0$的点位于y轴上,以及$x^2+y^2=a^2$的圆周上。

$$v_y = -\frac{\partial \psi}{\partial x} = \frac{q}{2\pi}\left(\frac{y}{y^2+(x+a)^2} + \frac{y}{y^2+(x-a)^2}\right)$$

由上式,使$v_y=0$的点仅位于x轴。

因此,使$v_x=v_y=0$同时满足的点为$(-a,0)$,$(0,0)$和$(a,0)$。但$(-a,0)$和$(a,0)$不在流函数ψ的定义域内。因此,速度为零的点就是坐标原点。

7.6　速度势

定义势函数$\varphi(x,y)$为:

$$-\mathrm{d}\varphi = v_x\mathrm{d}x + v_y\mathrm{d}y \tag{7.18}$$

数学上,函数$\varphi(x,y)$的全微分为:

$$\mathrm{d}\varphi = \frac{\partial \varphi}{\partial x}\mathrm{d}x + \frac{\partial \varphi}{\partial y}\mathrm{d}y$$

与式(7.18)相比,在笛卡儿坐标系中,有:

$$v_x = -\frac{\partial \varphi}{\partial x} \quad \text{和} \quad v_y = -\frac{\partial \varphi}{\partial y} \tag{7.19}$$

对于二维流动,满足式(7.19)的函数 φ 定义为速度势函数(简称势函数)。在极坐标系中,相对应的表达式为:

$$v_r = -\frac{\partial \varphi}{\partial r} \quad \text{和} \quad v_\theta = -\frac{1}{r}\frac{\partial \varphi}{\partial \theta}$$

φ 相等的线称为等势线。式(7.18)中使用了"一",并导致式(7.19)中也是"一",说明速度势函数在流动方向上是降低的,即流动从高势区域运动到低势区域。式(7.19)还表明速度势的梯度就是流场的速度,等势线就是等速度线。

对式(7.19)求导,有:

$$\frac{\partial v_x}{\partial y} = -\frac{\partial^2 \varphi}{\partial y \partial x} \quad \text{和} \quad \frac{\partial v_y}{\partial x} = -\frac{\partial^2 \varphi}{\partial x \partial y}$$

即 $\frac{\partial v_x}{\partial y} = \frac{\partial v_y}{\partial x}$,由式(7.10)得 $\Omega = 0$。

因此,当速度势存在时,流动是非旋转的(旋涡量 $\Omega = 0$),反过来也成立,即如果流动是非旋转的,流动有速度势存在。因为有速度势存在,所以非旋转和理想流动通常又称为有势流动。

如果将式(7.19)代入连续性方程,可以得到:

$$\frac{\partial^2 \varphi}{\partial x^2} + \frac{\partial^2 \varphi}{\partial y^2} = 0 \tag{7.20}$$

数学上,式(7.20)称为拉普拉斯(Laplace)方程,是偏微分方程中一个最著名的方程。函数 φ 具有线性特征,所以利用这个方程将简单解组合可以得到非常复杂问题的解。如果函数 φ 满足 Laplace 方程,则流动必然是非旋转的。速度势的概念还可以扩展到三维流动。

7.7 流网

根据流函数和势函数表达:

$$\mathrm{d}\psi = -v_y\mathrm{d}x + v_x\mathrm{d}y \quad \text{和} \quad \mathrm{d}\varphi = -v_x\mathrm{d}x - v_y\mathrm{d}y$$

沿流线,$\psi = $ 常数,所以 $\mathrm{d}\psi = 0$,有 $\mathrm{d}y/\mathrm{d}x = v_y/v_x$。沿等势线,$\varphi = $ 常数,所以 $\mathrm{d}\varphi = 0$,有 $\mathrm{d}y/\mathrm{d}x = -v_x/v_y$。几何上,上述结果说明流线和等势线是正交的,或者在任意点处彼此是相互垂直的。它们的乘积为 -1,所以流函数和速度势函数又称为共轭函数。

等势线 $\varphi = C_i$ 和流线 $\psi = K_i$ 形成了由相互垂直的交叉线组成的网,称为流网,如图 7.11 所示,式中 C_i 和 K_i 表示了相邻的两条线间的增量。因为等势线实际上就是等速度线,而等 ψ 线就是流线,因此,流网实际上是流线和等速度线的交线。如果 x 和 y 坐标比例相同,且当网格趋于 0 时,小四边形网格必然变成正方形。

流函数可以在不满足非旋转的条件下存在,势函数即使在不满足连续性方程时也可能存在。但是,只有在流函数和势函数同时存在时,由等 ψ 和等 φ 线才能形成正交网,所以流网只能在同时满足非旋转(φ 存在的条件)和连续性(ψ 存在的条件)的条件下存在。Laplace 方程是在假设存在速度势和满足连续性的条件下推导出的,所以,如果一个流动满足了

Laplace 方程,就可以得到该流动的流网.势流的非旋转要求通常是理想流体的要求,而流函数只局限在二维流动中,所以流网也只适用于二维理想流体的流动.

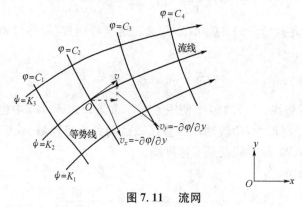

图 7.11　流网

【例 7.4】　不可压缩流动由 $v_x = 2x$ 和 $v_y = -2y$ 确定,求该流动的流函数和势函数并画出流网.

解　检查连续性方程:

$$\frac{\partial v_x}{\partial x} + \frac{\partial v_y}{\partial y} = 2 - 2 = 0$$

满足连续性方程,流函数存在并由式(7.12)表示为:

$$\mathrm{d}\psi = -v_y \mathrm{d}x + v_x \mathrm{d}y = 2y\mathrm{d}x + 2x\mathrm{d}y = 2\mathrm{d}(xy)$$

积分得:

$$\psi = 2xy + C_1$$

检查流动是否为非旋转流动,因为:

$$\frac{\partial v_y}{\partial x} - \frac{\partial v_x}{\partial y} = 0 - 0 = 0$$

所以,$\Omega = 0$,流动是非旋转的,有势函数存在,由式(7.18)得到:

$$\mathrm{d}\varphi = -v_x \mathrm{d}x - v_y \mathrm{d}y = -2x\mathrm{d}x + 2y\mathrm{d}y$$

积分得:

$$\varphi = (-x^2 + y^2) + C_2$$

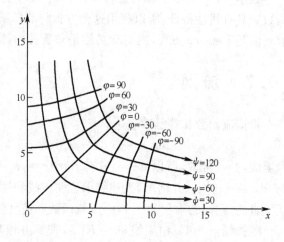

图 7.12　流网计算

$\psi = 0$ 和 $\varphi = 0$ 的线经过坐标原点,所以 $C_1 = C_2 = 0$.等 ψ 线可以由 $\psi = 2xy$ 得到,如 $\psi = 60$,则 $x = 30/y$.同样,等势线也可以由 $\varphi = -(x^2 - y^2)$ 得到,如 $\varphi = -60$,则 $x = \pm\sqrt{y^2 + 60}$,流线和等势线表示在图 7.12 中,图中只给出了 1/4 区域,其他区域是对称的.

【例 7.5】　已知一个平面不可压缩定常有势流动的速度势函数 $\varphi = x^2 - y^2$,判断是否是旋转流动,求流函数及点$(2.0, 1.5)$处的速度大小.

解　由势函数定义:

$$v_x = -\frac{2\varphi}{\partial x} = -2x$$

$$v_y = -\frac{\partial \varphi}{\partial y} = 2y$$

且

$$\frac{\partial v_y}{\partial x} = 0, \frac{\partial v_x}{\partial y} = 0,$$

则 $\quad \omega_z = \frac{1}{2}\left(\frac{\partial v_y}{\partial x} - \frac{\partial v_x}{\partial y}\right) = \frac{1}{2}(0 - 0) = 0$，该流动是非旋转流动。

由流函数定义：

$$d\psi = -v_y dx + v_x dy = -2y dx - 2x dy = -2d(xy)$$

所以 $\qquad\qquad\qquad \psi = -2xy + c$

点 $(2.0, 1.5)$ 处速度：

$$v_x = -2x = -2 \times 2.0 = -4 \text{ m/s}$$

$$v_y = 2y = 2 \times 1.5 = 3 \text{ m/s}$$

$$v = \sqrt{v_x^2 + v_y^2} = \sqrt{(-4)^2 + 3^2} = 5 \text{ m/s}$$

【例7.6】 如图7.13所示，旋风除尘器，$r_1 = 0.4$ m，$r_2 = 1$ m，$a = 1$ m，$b = 0.6$ m，气流沿管道从左侧流入，在内部旋转后从上部流出。试确定断面上的速度分布，管道中平均流速为 $U = 10$ m/s。

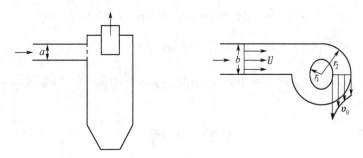

图7.13 例7.6图

解 近似为理想流体流动，受除尘器壁面约束，流体在除尘器内作环状流动，环流速度可以表示为：

$$v_r = 0, \qquad v_\theta = \frac{\Gamma}{2\pi r} = \frac{k}{r}$$

在流通断面上，由连续性原理得到流量 q_V 为：

$$q_V = UA = Uab = a\int_{r_1}^{r_2} v_\theta dr = a\int_{r_1}^{r_2} \frac{k}{r} dr = ak \ln\frac{r_2}{r_1}$$

$$k = \frac{Ub}{\ln(r_2/r_1)} = \frac{10 \times 0.6}{\ln(1/0.4)} = 6.56 \text{ m}^2/\text{s}$$

所以

$$v_\theta = 6.56/r$$

除尘器内壁面处流速：

$$v_{\theta 1} = 6.56/0.4 = 16.4 \text{ m/s}$$

除尘器外壁面处流速：

$$v_{\theta 2} = 6.56/1.0 = 6.56 \text{ m/s}$$

【例 7.7】 已知平面无旋流动的速度函数为：$u_x = Ax + By$，$u_y = Cx + Dy$。求(1) A、B、C、D 间的关系；(2) 势函数；(3) 流函数。

解 (1) 连续性方程要求

$$\frac{\partial u_x}{\partial x} + \frac{\partial u_y}{\partial y} = A + D = 0$$

所以 $\qquad\qquad\qquad\qquad A = -D$

无旋流动要求：

$$\frac{1}{2}\left(\frac{\partial u_y}{\partial x} - \frac{\partial u_x}{\partial y}\right) = \frac{1}{2}(C - B) = 0$$

因此 $\qquad\qquad\qquad\qquad B = C$

速度函数为 $u_x = Ax + By$，$u_y = Bx - Ay$。

(2) $\qquad d\varphi = u_x dx + u_y dy = (Ax + By)dx + (Bx - Ay)dy$

$$\varphi = \int (Ax + By)dx + (Bx - Ay)dy$$

$$= \frac{1}{2}Ax^2 - \frac{1}{2}Ay^2 + \int Bd(xy) = \frac{1}{2}A(x^2 - y^2) + Bxy$$

(3) $\qquad d\varphi = -u_y dx + u_x dy = (Ay - Bx)dx + (Ax + By)dy$

$$\varphi = \int (Ay - Bx)dx + (Ax + By)dy$$

$$= -\frac{1}{2}Bx^2 + \frac{1}{2}By^2 + \int Ad(xy) = \frac{1}{2}B(y^2 - x^2) + Axy$$

本 章 小 结

7.1 稳态可压缩流体连续性方程为 $\dfrac{\partial(\rho v_x)}{\partial x} + \dfrac{\partial(\rho v_y)}{\partial y} + \dfrac{\partial(\rho v_z)}{\partial z} = 0$，

不可压缩流体流动($\rho =$ 常数)的连续性方程为 $\dfrac{\partial v_x}{\partial x} + \dfrac{\partial v_y}{\partial y} + \dfrac{\partial v_z}{\partial z} = 0$。

7.2 旋转角速度定义为 $\omega_z = \dfrac{1}{2}\left(\dfrac{\partial v_y}{\partial x} - \dfrac{\partial v_x}{\partial y}\right)$，非旋转流动定义为 $\omega_x = \omega_y = \omega_z = 0$。

7.3 速度环量 Γ 定义为速度绕环线的线积分，$\Gamma = \oint_L \boldsymbol{v} \cdot d\boldsymbol{l}$。旋涡量 Ω 定义为单位面积上的速度环量。非旋转流动时旋涡量 $\Omega = 0$，旋转流动时，$\Omega = 2\omega_z \neq 0$。

7.4 流函数 ψ 定义为 $d\psi = -v_y dx + v_x dy$，ψ 表示流线。复杂流动可以由简单流动的流函数叠加得到。

7.5 速度势函数 φ 定义为 $-d\varphi = v_x dx + v_y dy$，$\varphi$ 表示等速度线。当速度势函数存在时，流动是非旋转的(旋涡量 $\Omega = 0$)。反过来，如果流动是非旋转的，流动就有速度势函数存在。因为有速度势函数存在，所以非旋转和理想流动通常又称为有势流动。

7.6 沿流线，$d\psi = 0$，有 $dy/dx = v_y/v_x$。沿等势线，$d\varphi = 0$，有 $dy/dx = -v_x/v_y$。因此，流线和等势线是正交的。流网是由等速度线 $\varphi = C_i$ 和流线 $\psi = K_i$ 组成的相互垂直的交叉线。

习 题

7.1 下列不可压缩流体流动中,哪些满足连续性方程,如果是非旋转流动,确定其旋涡量;如果有流函数存在,写出流函数;如果有势函数存在,写出势函数,并画出流网。

(1) $v_x = 2$;

(2) $v_x = 2, v_y = 3$;

(3) $v_x = 2+3x, v_y = 4$;

(4) $v_x = 2y, v_y = 3x$;

(5) $v_x = 2y, v_y = -3x$;

(6) $v_x = 3xy, v_y = 1.3x^2$;

(7) $v_x = 4+2x, v_y = -6-2y$;

(8) $v_x = -2xy+2x^2, v_y = 4xy-y^2$。

7.2 在原点处源流向外流量为 $25\,\mathrm{m^3/s}$,从左到右速度为 $5\,\mathrm{m/s}$ 的均匀流叠加在源流上,确定流函数,求驻点位置并确定 $x=3\,\mathrm{m}, y=4\,\mathrm{m}$ 处的流速,应用 Bernoulli 方程,确定点 $A(-14\,\mathrm{m}, 0)$ 和点 $B(0, 2\,\mathrm{m})$ 之间的压差。

7.3 函数 $\varphi = y+2x^2$,判断是否是旋转流动,是否满足 Laplace 方程,为什么?

7.4 流函数分别为(1) $\psi = 3xy+2x$ 和(2) $\psi = 3xy+2x^2$,判断是否有势函数存在,并求势函数是否满足 Laplace 方程。

7.5 流场由流函数表示 $\psi = x^2-y$,画出 $\psi=0$、1 和 2 时的流线,推导出任意一点处的流速,并确定旋涡量。

7.6 一个强度为 8π 的源流放置在 $(2,0)$ 处,另一个强度为 16π 的源流放置在 $(-3,0)$ 处,求组合流动的流场,画出 $\psi=0, 4\pi$ 和 8π 时的流线,求点 $(0,2)$ 和 $(3,-1)$ 处的 ψ 和点 $(-2,5)$ 处的流速。

7.7 如图 7.14 所示,理想流体绕两个 $90°$ 弯板流动,弯板内径和外径分别为 $0.15\,\mathrm{m}$ 和 $0.50\,\mathrm{m}$,如果直流道宽为 $0.35\,\mathrm{m}$,速度是 $2.8\,\mathrm{m/s}$,画出流网并确定内外弯板壁面处流速,推导出流函数。

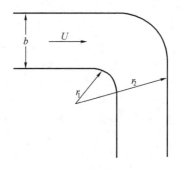

图 7.14 习题 7.7 图

7.8 等强度的两个源流位于距原点为 a 的 x 轴上,求流函数,并确定驻点位置,如果此流场与流函数 $\psi = xy$ 的流场相叠加,画出流线,并确定驻点位置。

7.9 某山脉剖面如图7.15所示,山高为300 m,风速为48 km/h,其地形可以近似用半无限大物体来模拟,为了获得作为滑翔运动的基础数据,试求流函数、势函数、物体轮廓线以及纵向等速度方程。

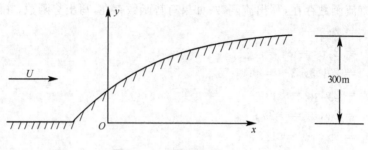

图 7.15 习题 7.9 图

7.10 绕任意角度 α 的二维流动,其速度势和流函数可以分别表示为 $\varphi = -a\,r^{\pi/\alpha}\cos(\pi\theta/\alpha)$ 和 $\psi = -ar^{\pi/\alpha}\sin(\pi\theta/\alpha)$,若 $\alpha = 3\pi/2$,试画出 $\psi = \pm 2a$、$\pm 4a$、$\pm 6a$ 和 $\pm 8a$ 以及 $\varphi = 0$、$\pm 2a$、$\pm 4a$、$\pm 6a$ 和 $\pm 8a$ 时的流线和等势线。

7.11 如图7.16所示,气流绕直角墙面作平面无旋转运动,在距离角顶点 $r = 1\text{m}$ 处,流速为 3 m/s,求流函数和势函数。

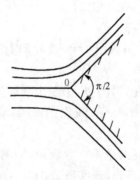

图 7.16 习题 7.11 图

8　流体测量

实验研究从古至今都是流体力学研究与发展的重要手段和方法之一,由于实际流动非常复杂,实验研究和流体测量仍然是检验理论分析和数值计算结果最终的具有说服力的方法。如前面章节中介绍的管道内层流与湍流两种不同的流动状态、管道内湍流流动阻力系数及速度分布、边界层分离及绕流流动中物体的形状阻力等等都是实验研究获得的成果。工程中流体测量通常是各种流体的物性,如密度、粘度和表面张力等的测量,以及各种流动参数,如压力、速度和流量等的测量。流体测量和实验研究是密切联系的,本章主要介绍流体测量的基本原理及方法。因为流体测量与前面各章学习内容相关,所以本章内容也是流体力学理论在工程中的应用实例。

8.1　流体物性测量

流体物性测量包括液体密度、粘度、表面张力、压缩性、蒸汽压、定压比热和定容比热以及气体常数等,其中部分物性通常由物理学家确定。

液体密度测量最普通的方法是称重法,称得已知体积的液体重量,再除以重力加速度而得到液体密度。另外一个方法是利用静压称重,此时,一个已知体积的非多孔的固体首先在空气中称重,然后在需要确定密度的液体中称重,由液体静力学计算得到液体密度,重度计就是利用这种方法。另外一个不很精确的方法是将两种不相混合的液体放入 U 型管中,其中一种液体的密度已知,由液体静力学确定另一种液体密度。

粘度测量一般用粘度计。有各种类型的粘度计,它们都是以层流流动的条件为基础的。因为粘度随温度而显著变化,所以在测量粘度时,液体温度必须保持恒定。通常将粘度计浸没在恒温槽内。旋转式粘度计,由两个同心柱体组成,并相互旋转,被测液体放置在柱体之间的较窄空间内,在给定力矩作用下,旋转速率可以表示出粘度大小。这类粘度计都存在一个必须考虑的难以精确确定的机械摩擦的难题。管式粘度计比较可靠,图 8.1 所示为落差管式粘度计。液体初始量在 M 点,底部管子关闭,底阀打开后,测量一定量的液体流过管子的时间就可以计算得到液体的运动粘度。在这种粘度计中,流动是非稳态的,在如此细小的管子内的流动可以假设为层流。参见第 6 章例

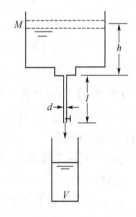

图 8.1　落差管式粘度计

6.11,$-\dfrac{\mathrm{d}p}{\mathrm{d}z} \approx \dfrac{\rho g(h+l)}{l}$,其中,$(h+l)$ 是液体流动过程中水头的平均高度。

所以

$$q_V = \frac{\pi d^4 \rho g (h+l)}{128 \mu l} \tag{8.1}$$

如果 $q_V \approx V/t$,式中 V 是在时间 t 内流出管子的液体体积,则可以得到液体运动粘度:

$$\nu = \frac{\pi d^4 g t}{128 V}\left(1 + \frac{h}{l}\right) \tag{8.2}$$

因为 d、l、h 和 V 都是常数,所以 $\nu = Kgt$,即运动粘度与测得的时间 t 成正比。当管子较长时,式(8.2)得到的结果比较好,如果管子比较短则需要修正。

【例 8.1】 　用图 8.1 所示的粘度计测量渣油混合物的运动粘度,h 高度保持为 30 mm,底部细管长度为 300 mm,直径为 3 mm,在 152 s 的时间内流出的渣油量为 100 cm³,求渣油混合物的运动粘度。

解　由式(8.2)知:

$$\nu = \frac{\pi d^4 g t}{128V}\left(1 + \frac{h}{l}\right) = \frac{\pi(3 \times 10^{-3})^4 \times 9.81 \times 152}{128 \times 100 \times 10^{-6}} \times \left(1 + \frac{0.03}{0.3}\right)$$
$$= 3.26 \times 10^{-5} \text{ m}^2/\text{s}$$

所以,测得渣油混合物的运动粘度为 3.26×10^{-5} m²/s。

落球粘度计是第三类粘度计。在这种粘度计中液体放在一个高高的透明的管子内,一个已知密度 ρ_m 和直径 d 的球在管子内下落,如果球非常小,球下落过程满足 Stokes 定律,球下落速度近似地与液体绝对粘度成反比。落球粘度计中小球受力及下落速度参见第 6.3.2 的内容,当小球下落过程中的 $Re < 1$ 时,可以得到流体动力粘度为:

$$\mu = \frac{1}{18\upsilon}(\rho_m - \rho)d^2 g \tag{8.3}$$

落球分析中,假设球下落无限长的距离。事实上,小球阻力还受到管子壁面的影响,因此小球下落速度需要做一定的修正,即

$$\frac{\upsilon}{\upsilon_t} \approx 1 + \frac{9d}{4d_t} + \left(\frac{9d}{4d_t}\right)^2 \tag{8.4}$$

式中:d_t—— 管子直径;

　　　υ_t—— 管内小球下落速度。

式(8.4)适用于 $d/d_t < 1/3$。

【例 8.2】 　一个钢球直径为 1.5 mm,质量为 13.7×10^{-6} kg,匀速从油中下落,在 56 s 的时间内下落的垂直距离为 500 mm,油密度为 950 kg/m³,盛在一个大容器中,忽略容器壁面影响,求油的粘度。

解　钢球下落速度为 $\upsilon = 0.5/56 = 0.008\,93$ m/s,

钢球密度 $\rho_m = 6 \times (13.7 \times 10^{-6})/[\pi(1.5 \times 10^{-3})^3] = 7\,752.6$ kg/m³,

设钢球下落过程中的雷诺数 $Re = \upsilon d/\nu < 1$,由式(8.3),得到油的动力粘度为:

$$\mu = \frac{1}{18\upsilon}(\rho_m - \rho)d^2 g = \frac{1}{18 \times 0.008\,93} \times (7\,752.6 - 950) \times (1.5 \times 10^{-3})^2 \times 9.807$$
$$= 0.933\,8 \text{ (N} \cdot \text{s)/m}^2$$

校核雷诺数,$Re = \rho \upsilon d/\mu = 950 \times 0.008\,9\,3 \times (1.5 \times 10^{-3})/0.933\,8 = 0.014 < 1$,假设正确,所以,测得的油的动力粘度为 $0.933\,8$ (N·s)/m²。

8.2 静压测量

流动流体中的静压在第2章作了定义,流体中静压不会因测量仪器而变化,为了精确测量流动流体中的静压,测量探头及测点必须与流线一致,保证探头不会产生对流动的扰动。在直管道内,静压一般用测压管、压力表或U管测压计测量。测压管在管道内的开口应该是垂直的并保证表面光滑如图8.2中a管所示。任何像图8.2中c管那样的突出都将产生测量误差。据测算,如果突出达到2.5 mm,将会造成16%的局部速度水头的变化,此时,测得的压力低于未受扰动的液体压力。因为流线扰动将使速度增加,根据Bernoulli方程造成压力降低。在测量管道内静压时,最好在测量断面上管道周围开两个或多个测孔以避免壁面不完善的影响,此时将使用一个环状测压管,如图8.3所示。

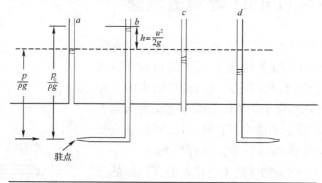

图8.2 测压管结构及布置

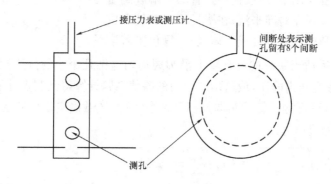

图8.3 环状静压测管

用静压管测量流场静压,如图8.4所示,这种仪器通过在管道周围对称布置的静压测孔将压力传输到压力计或测压表中。如果与流动完全一致则可以得到比较好的结果。事实上,通过测压管孔的平均速度比未受扰动流场的速度略高,因此,测孔处的压力一般比未受扰动的流体压力低一些。采用直径尽可能小的静压管可以使误差减小到最小。如果二维流动中的流动方向不确定,可以用方向探测管,如图8.5,旋转柱体直到b、c两个静压管读数相同,则可以确定出流动方向,正对来流的测压管a测得了流场全压。

为了获得流体压力读数,可以将测压管与压力表或压力变送器相连,压力变送器可以将压力以数字形式显示在屏幕上。

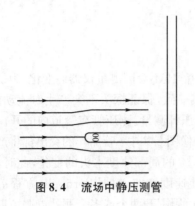

图 8.4 流场中静压测管

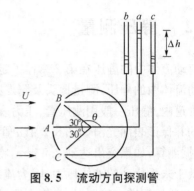

图 8.5 流动方向探测管

8.3 用毕托(Pitot)管测量流速

毕托(Henri Pitot)在 1733 年首次用一根弯成直角的玻璃管测量了塞纳河的流速。这种弯成直角的开口细管就是简单的毕托管,是利用驻点压力原理制成的一种测速仪器。流动流体中,静止物体最前缘点速度为0,称为驻点或前驻点,驻点处的动能全部转换为压力能,驻点处压力称为总压 p_0,由 Bernoulli 能量方程得到 $p_0 = p + \rho u^2/2$,式中 p 和 u 分别是物体前未受扰动的来流的静压和速度。如果测得某点的总压 p_0 和静压 p,就可以得到该点的速度。在工程应用中,一般把毕托管的一端放到压力管内流体中,开口顶端对准来流,在毕托管入口处形成一个驻点。静压管和毕托管组合成一体,静压管包围着毕托

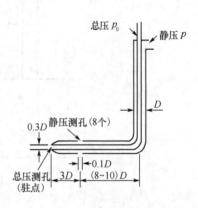

图 8.6 Pitot 管结构

管,并在驻点之后适当距离的外管壁上沿圆周均匀地钻几个小的静压测孔,用 U 型管测出内管总压和环形空间内静压,或这两个压力的差值 Δh,计算得到测点处的流速。总压和静压可以分别连接到 U 型测压管的两端,由 U 型测压管的读数确定出压差 Δh。Pitot 管结构如图 8.6 所示。测点处流速为:

$$u = C_I \sqrt{2 \frac{p_0 - p}{\rho}} = C_I \sqrt{2 \frac{\rho' - \rho}{\rho} g \Delta h} \tag{8.5}$$

式中:C_I—— 修正系数,标准 Pitot 管通常为 1.0;

ρ'——U 型管内流体密度;

ρ—— 被测流体的密度。

式(8.5)适用于马赫数 $Ma < 0.1$ 的不可压缩流体流动。Pitot 管一般用于测量流动流体中的局部速度。

【例 8.3】 如图 8.7 所示,20 ℃ 空气在管道内流过,A 点和 B 点压力表读数分别为 70.2 kPa 和 71.1 kPa,大气压力为 684 mmHg。求:(1) 求空气流速;(2) 能够忽略可压缩性影响时两块压力表之间的最大的压力差。

解 20 ℃ 空气的 $R = 287$ m²/(s² · K)。

（1）绝对压力等于当地大气压力加表压力，$p = p_a + p_g = 101.32 \times (684/760) + 70.2 = 161.4 \text{ kPa}$

由气体状态方程：

$$\rho = \frac{p}{RT} = \frac{161.4 \times 10^3}{287 \times (273 + 20)} = 1.92 \text{ kg/m}^3$$

则

$$u = 1.0 \times \sqrt{2 \frac{(71.1 - 70.2) \times 10^3}{1.92}} = 30.6 \text{ m/s}$$

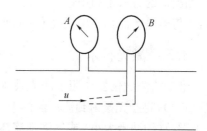

图 8.7　例 8.3 图

（2）20 ℃ 空气，音速 $c = 345 \text{ m/s}$，忽略可压缩性影响的气体最大流速为 $u < 0.1c = u_{max} = 34.5 \text{ m/s}$

因为

$$\Delta p = p_0 - p = \rho \frac{u^2}{2}$$

所以，$\Delta p_{max} = \rho \dfrac{u_{max}^2}{2} = 1.92 \times \dfrac{34.5^2}{2} = 1.142 \text{ kPa} > (71.1 - 70.2) = 0.9 \text{ kPa}$

可见，忽略可压缩性影响是可行的。

8.4　测量速度的其他方法

8.4.1　水流计和风速仪

这两种仪器都基于相同的原理，认为流速是与流动平行或垂直的水杯或叶片的旋转速度的函数。用于水流速度的测量称为水流计，用于空气流速的测量则称为风速仪。因为产生的力取决于流体的密度和速度，所以风速仪必须在比水流计小的摩擦阻力下使用。

8.4.2　热线风速仪

热线风速仪可以测量某点的瞬时速度，由敏感元件与电路连接构成。敏感元件通常是钨丝，放置在被测流场中的测点处。其工作原理为：钨丝的电阻是温度的函数，温度又与周围环境换热有关，传热速率随流过钨丝的流体流速增加而增加。在一个恒定温度下，丝保持适当的电压，当流速增加时，钨丝被冷却，平衡电路使电压增加而使流过的电流增加，冷却的钨丝被加热并维持恒定温度，平衡电路电压的变化反应了流动速度的大小。热线风速仪是非常敏感的测试仪器，特别适用于测量湍流脉动速度。

8.4.3　漂浮测量

这是最原始的方法，用于估计水流的平均流速，漂浮物随水流漂动，一般水流是直线和均匀流动，水面扰动小，水流平均流速为漂浮速度的 (0.85 ± 0.05) 倍。

8.4.4　照相和光学测量

照相是流体力学研究中一种非常有效的方法，例如，在研究水运动时，可以通过适当的喷嘴引入一些与水具有相同重度的苯与四氯化碳混合物的微小颗粒，照相时，这些小颗粒将记忆在图片中。如果将连续拍的照片表示在同一张图中，就可以确定颗粒的运动速度和加速度。相类似的方法是利用作为直流电路负极的细丝上产生的氢气泡,如果在细丝上加脉冲电压,水将被电解而释放出氢气泡,气泡在细丝的固定点处产生,可以进行流动的可视化研究。

8.4.5　激光技术

最新的测试仪器应用了激光技术,激光多普勒测速仪(LDV),也称为激光多普勒风速仪(LDA),将激光投射到流动流体中一个固定的非常小的区域,实际上是一个点处。当流体中小颗粒(约纳米大小)或气泡随流体流过测试区域时,LDV测得了光发散的多普勒偏移,可以精确地确定流速,或三个速度分量,并且不会扰动流场。如果有足够多的颗粒,就可以测得连续的流动过程。

粒子图像速度仪(PIV)基本上与LDV相类似,利用激光发射出的快速脉冲照亮一个面或一定体积内的流体,流体中伴有中等密度、纳米大小的颗粒或气泡。对颗粒或气泡的连续成像能够非常好地可视化流场,并计算出流场中的速度矢量。PIV已经应用于单相和两相流体流动。这种技术不仅精确而且不扰动流场。不过,实际的三维流动非常复杂,这种技术还处于发展的初级阶段,PIV与LDV相比,最主要的优点是可以测量更大区域内的流体流动。

8.4.6　其他测速仪器与方法

其他测量速度的仪器包括磁流速仪和声流速仪。磁流速仪用于测量液体流速,液体作为导体,在通过磁场流动时将产生电压,经过适当的校正,可以测量管内平均流速。小的磁流速仪能够测量流动流体中的局部流速,但是在边界附近精度有所降低。

声流速仪取决于流动流体对声波的效应,如超声波流量计,测得流速并计算出流量。以上这些仪器都非常贵,主要用于研究中,它们的优点是不扰动流场。

8.5　流量测量

测量流量的方法有多种。如管内流动,可以将流通断面看成一系列面积为 A 的同心圆环,用Pitot管确定不同半径的圆环内的流速 u_i,如图8.8所示,总流量等于通过每个圆环流量的和,$q_V = \sum u_i A$。其他断面形状的通道也可以采用类似的办法,将断面分成具有代表性的小区域,用Pitot管测得区域内的流速而得到通道内的总流量。气体通道内及断面大的液体通道内的流量均采用此方法测量。

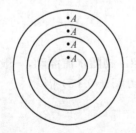
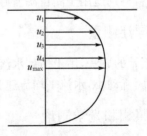

图8.8　用 Pitot 管测管道内流量时测点的布置

工程中管道内流量的在线测量通常应用孔口、喷嘴或文丘里(Venturi)管流量计。

8.6 孔口、喷嘴和管嘴出流

8.6.1 出流的定义

孔口是容器壁面或平板上的开口(通常为圆形)。普通孔口的特征是壁面或平板厚度非常薄(也称为薄壁孔口),如图 8.9(a) 所示。

喷嘴是管径变化的管子,应用于液体时,喷嘴一般是收缩的,如图 8.9(b) 所示,用于气体或蒸汽时,喷嘴一般是先收缩后扩张,以获得超音速流动。除了在流量测量中有应用外,喷嘴还在如灭火等场合用于产生高速水流,以及用于蒸汽轮机或水轮机中的做功等方面。

管嘴是一个短管,其长度不超过两到三倍管径,如图 8.9(c) 所示。管嘴与厚壁孔口之间没有明确的区别,管嘴直径一般是均匀的。

从孔口、喷嘴或管嘴流出的一股流体称为出流,出流的流体流到比出流速度低的另一种流体或同一种流体中。出流可以分为自由出流和淹没出流,自由出流是液体出流到气体中,出流后直接受到重力的作用。淹没出流是流体出流到同种流体中,出流后流体受到周围流体的浮力作用,而不直接受到重力作用。出流不仅在流体测量中有应用,而且在通风、喷流及汽轮机等场合都有应用。

孔口出流中,在孔口上游流线持续收缩一直到 xy 断面,断面 xy 处流线平行,面积最小,称为喉部或收缩断面,如图 8.9(a) 所示,喉部以后因为摩擦作用,流线一般是扩散的。

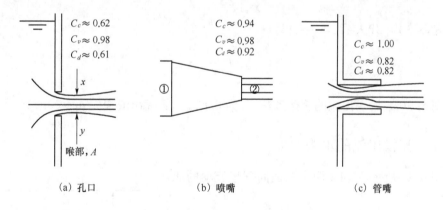

(a) 孔口   (b) 喷嘴   (c) 管嘴

图 8.9   孔口、喷嘴和管嘴出流

出流速度通常定义为图 8.9(a) 中喉部和图 8.9(b)、(c) 中孔口下游边缘处的平均速度,在这些断面处速度通常是恒定的,压力也是恒定的,且等于该断面处出流流体周围的压力。

8.6.2 出流系数

图 8.9(a) 中喉部面积 A 与孔口或开口面积 A_0 之比称为收缩系数,$C_c = A/A_0$。如果没有摩擦存在,流体出流的理想速度为 v_i,在有摩擦作用时实际的平均出流速度为 v,小于理想流速,两者之比称为流速系数,$C_v = v/v_i$。实际的出流流量 q_V 与理想流量 q_{Vi}(没有摩擦和收缩时)之比称为流量系数,$C_d = q_V/q_{Vi}$。因为 $q_V = Av$,所以有 $C_d = C_c C_v$。以上各图中都给出了相应的出流流动时的收缩系数、流速系数和流量系数。

8.6.3 自由出流的水头损失

以图 8.9(b) 为例，1 和 2 两断面间能量方程为：

理想流体：

$$\frac{p_1}{\rho g} + z_1 + \frac{v_1^2}{2g} = \frac{p_2}{\rho g} + z_2 + \frac{v_{2i}^2}{2g}$$

实际流体：

$$\frac{p_1}{\rho g} + z_1 + \frac{v_1^2}{2g} - h_{l1-2} = \frac{p_2}{\rho g} + z_2 + \frac{v_2^2}{2g}$$

由连续性方程：

$$A_1 v_1 = A_2 v_{2i} ; \quad A_1 v_1 = A_2 v_2$$

理想流体的出流速度：

$$(v_2)_i = \frac{1}{\sqrt{1-(A_2/A_1)^2}} \sqrt{2g\left[\left(\frac{p_1}{\rho g} + z_1\right) - \left(\frac{p_2}{\rho g} + z_2\right)\right]}$$

实际流体的出流速度：

$$v_2 = \frac{1}{\sqrt{1-(A_2/A_1)^2}} \sqrt{2g\left[\left(\frac{p_1}{\rho g} + z_1\right) - \left(\frac{p_2}{\rho g} + z_2\right) - h_{l1-2}\right]}$$

将理想流体和实际流体的能量方程相减，有：

$$h_{l1-2} = \frac{1}{2g}(v_{2i}^2 - v_2^2) \tag{8.6}$$

在式(8.6)中代入 $v_{2i} = \dfrac{v_2}{C_v}$，得：

$$h_{l1-2} = \left(\frac{1}{C_v^2} - 1\right)\frac{v_2^2}{2g} \tag{8.7}$$

由图 8.9(c)，管嘴出流的流速系数 C_v 为 0.82 时，管嘴出流损失 h_l 为 $0.5 \times \dfrac{v_2^2}{2g}$。

8.6.4 淹没出流的水头损失

如图 8.10 所示，1 和 2 两个断面间理想流动的能量
方程为：

$$h_1 = h_2 + \frac{v_i^2}{2g}$$

孔口处理想速度：

$$v_i = \sqrt{2g(h_1 - h_2)} = \sqrt{2g(h_1 - h_2)} \tag{8.8}$$

流量：

$$q_V = C_c C_v A_0 \sqrt{2g(h_1 - h_2)} \tag{8.9}$$

由 1 和 3 两个断面实际流动的能量方程得：

$$h_{l1-3} = h_1 - h_3 = \Delta h$$

能量损失还可以表示为：

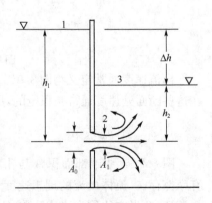

图 8.10　孔口淹没出流

$$h_{l1-3} = \left(\frac{1}{C_v^2} - 1\right)\frac{v_2^2}{2g} + \frac{v_2^2}{2g} = \frac{1}{C_v^2}\frac{v_2^2}{2g} = \frac{v_i^2}{2g} = \Delta h$$

【例 8.4】 直径为 50 mm 的非标准型圆形孔口安装在直径为 75 mm 的管道的末端,当管内压力为 68.9 kPa 时,孔口水的出流流量为 0.016 8 m^3/s,Pitot 管测得孔口出流速度为 11.8 m/s,求流量系数和水头损失。

解 管道内流速 $v_1 = \dfrac{4q_V}{\pi d_1^2} = \dfrac{4 \times 0.016\ 8}{\pi \times 0.075^2} = 3.80$ m/s

孔口出口处理想流速为 v_{2i},列管道内与孔口出口处理想流动能量方程:

$$\frac{p_1}{\rho g} + \frac{v_1^2}{2g} = \frac{v_{2i}^2}{2g}$$

则

$$\frac{v_{2i}^2}{2g} = \frac{68.9 \times 10^3}{998.2 \times 9.807} + \frac{3.8^2}{2 \times 9.807} = 7.78\ \text{m}$$

$$v_{2i} = \sqrt{2 \times 9.807 \times 7.78} = 12.35\ \text{m/s}$$

流速系数:

$$C_v = \frac{v_2}{v_{2i}} = \frac{11.8}{12.35} = 0.955$$

收缩断面面积:

$$A_2 = \frac{q_V}{v_2} = \frac{0.016\ 8}{11.8} = 0.001\ 424\ \text{m}^2$$

收缩系数:

$$C_c = \frac{A_2}{A_0} = \frac{A_2}{\pi d_0^2/4} = \frac{4 \times 0.001\ 424}{\pi \times 0.05^2} = 0.725$$

因此,流量系数:

$$C_d = C_c C_v = 0.725 \times 0.955 = 0.692$$

由式(8.7)得:

$$h_{l1-2} = \left(\frac{1}{C_v^2} - 1\right) \times \frac{v_2^2}{2g} = \left(\frac{1}{0.955^2} - 1\right) \times \frac{11.8^2}{2 \times 9.807} = 0.685\ \text{m}$$

列管道内和收缩断面处实际流动的能量方程,孔口处水头损失为:

$$h_{l1-2} = \left(\frac{p_1}{\rho g} + \frac{v_1^2}{2g}\right) - \frac{v_2^2}{2g} = \left(\frac{68.9 \times 10^3}{998.2 \times 9.807} + \frac{3.8^2}{2 \times 9.807}\right) - \frac{11.8^2}{2 \times 9.807} = 0.675\ \text{m}$$

【例 8.5】 如图 8.11,车间上、下各有一个窗口,面积都为 8 m^2,窗口流量系数为 0.64,求通过窗口的通风量。

解 20 ℃ 空气密度为 1.205 kg/m^3,30 ℃ 空气密度为 1.165 kg/m^3。在下面窗口 20 ℃ 空气中取断面 1,气流温度为 20 ℃,上面窗口取断面 2,气流温度为 30 ℃。

空气流过下面窗口有两种局部损失:孔口损失和突然扩大损失。空气流过上面窗口只有孔口损失。

设空气在下面和上面窗口收缩断面的流速分别为 v_1 和

v_2。

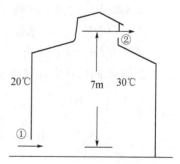

图 8.11　例 8.5 图

由连续性方程:

$$C_c A \rho_1 v_1 = C_c A \rho_2 v_2$$

则

$$v_1 = \frac{\rho_2}{\rho_1} v_2$$

在断面 1 和断面 2 间列能量方程:

$$\Delta \rho g \Delta z = \frac{\rho_2 v_2^2}{2} + \xi \frac{\rho_1 v_1^2}{2} + \frac{\rho_1 v_1^2}{2} + \xi \frac{\rho_2 v_2^2}{2}$$

上式中代入 $v_1 = \frac{\rho_2}{\rho_1} v_2$,

$$2.746 = \frac{\rho_2 v_2^2}{2} + \frac{\rho_2^2 v_2^2}{2\rho_1} + \xi \frac{\rho_2^2 v_2^2}{2\rho_1} + \xi \frac{\rho_2 v_2^2}{2}$$

$$= \left(1 + \frac{\rho_2}{\rho_1}\right) \frac{\rho_2 v_2^2}{2} + \left(1 + \frac{\rho_2}{\rho_1}\right) \xi \frac{\rho_2 v_2^2}{2}$$

即

$$(1 + \xi) \frac{\rho_2 v_2^2}{2} = 1.396$$

$$v_2 = \frac{1.548}{\sqrt{1 + \xi}} = c_v \times 1.548$$

所以通过窗口的通风量:

$$q_m = \rho_2 A_2 v_2 = 1.165 \times C_c \times 8 \times C_v \times 1.548 = 1.165 \times 8 \times 0.64 \times 1.548$$

$$= 9.235 \, \text{kg/s}$$

【例 8.6】 一直径 $D = 2 \, \text{m}$,高 $h = 3 \, \text{m}$ 的圆筒形水箱充满水。向水箱内注入流量 $Q_0 = 21.6 \, \text{L/s}$,同时水箱底部开一直径 $d = 10 \, \text{cm}$ 的孔口排水,孔口的流量系数 $\mu = 0.62$,试求:

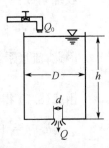

(1) 水箱中的水位达到平衡时的水深 H;

(2) 水箱中的水位达到水深 $H = 1.5 \, \text{m}$ 时所需的时间 T。

解 (1) 水位平衡时孔口排水量等于进水量。

$$q_v = \mu A \sqrt{2gH}$$

$$21.6 \times 10^{-3} = 0.62 \times \frac{\pi}{4} \times 0.1^2 \times \sqrt{2gH}$$

$$H = 1 \, \text{m}$$

图 8.12　例 8.6 图

即水箱水位达到 1 m 时,水箱中的水位不再变化。

(2) 设时刻为 t 时,水位为 y。

时刻为 $t + dt$ 时,水位为 $y + dy$。

在 dt 时间内认为孔口流速不变,则

$$-dy \times \frac{\pi}{4} \times 2^2 = 0.62 \times \frac{\pi}{4} \times 0.1^2 \times \sqrt{2gy} \cdot dt - 0.0216 \times dt$$

$$dt = -\frac{\pi}{0.0216(\sqrt{y} - 1)} dy = -145.44 \frac{dy}{\sqrt{y} - 1}$$

积分上式

$$\int_0^t dt = -145.44 \int_3^{1.5} \frac{dy}{\sqrt{y-1}}$$

上式右端使用数值积分,得:

$$t = -145.44 \times (-3.382\,5) = 492\ s = 8.2\ min$$

8.7   文丘里(Venturi)流量计

如图 8.13 所示,文丘里(Venturi)管由渐缩管、中间的喉部断面和渐扩管组成,渐缩管内速度增加,压力下降,渐扩管内动能又转变为压力能,速度减小,压力增加。因为压力与流速有关,所以可以用来测流量。1 和 2 两断面间理想流动的 Bernoulli 方程为:

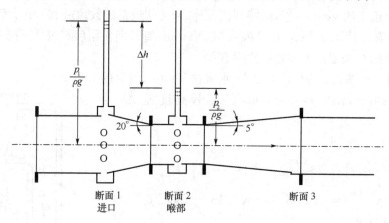

图 8.13   Venturi 流量计

$$\frac{p_1}{\rho g} + z_1 + \frac{v_1^2}{2g} = \frac{p_2}{\rho g} + z_2 + \frac{v_{2i}^2}{2g} \tag{8.8}$$

由连续性方程有:

$$v_1 = (A_2/A_1)v_2 \tag{8.9}$$

喉部理想流速为:

$$v_{2i} = \sqrt{\frac{1}{1-(A_2/A_1)^2}} \sqrt{2g\left[\left(\frac{p_1}{\rho g}+z_1\right)-\left(\frac{p_2}{\rho g}+z_2\right)\right]}$$

$$= \sqrt{\frac{1}{1-(A_2/A_1)^2}} \sqrt{2g\Delta\left(\frac{p}{\rho g}+z\right)}$$

因为,1 和 2 两断面间会有摩擦损失,实际流速小于理想流速,引入流量系数 C,则流量为:

$$q_V = A_2 v_2 = CA_2 v_{2i} = \frac{CA_2}{\sqrt{1-(d_2/d_1)^4}}\sqrt{2g\Delta\left(\frac{p}{\rho g}+z\right)} \tag{8.10a}$$

可见,流量与测压管高度差成比例。如果用 U 型管测得两个断面处的测压管高度差 Δh,则上式可以表示为:

$$q_V = \frac{C}{\sqrt{1-(d_2/d_1)^4}}\frac{\pi d_2^2}{4}\sqrt{2g\frac{\rho'-\rho}{\rho}\Delta h} \tag{8.10b}$$

Venturi 管能够精确测量管道内流体流量,除了安装费用外,Venturi 管唯一的不足是在管路中增加一个摩擦损失。事实上,所有损失都发生在渐扩管中,即图中 2 和 3 断面间,一般为静压差的 10% 到 20%。

d_2/d_1 通常在 1/4 到 3/4 之间变化,常用比率是 1/2。小比率可以提高压力表读数精度,但也伴随了更大的摩擦损失并可能在喉部产生不希望的低压,这一低压在某些情况下会导致液体内空气释放甚至液体汽化,这种现象称为汽蚀。最佳的收缩角和扩散角表示在图8.13中,角度稍微增加,可以缩短长度和降低成本。

为了测量精确,在 Venturi 管前面应该至少有管道直径的 $5 \sim 10$ 倍的直管段。所需要的直管段长度取决于进口断面的条件。随管径比率增加,进口断面处流动影响更加重要。例如,在两个短弯头处形成的旋涡在 30 倍的管长范围内都不会消除,因此,可以在流量计前安装直的导流叶片以减小扰动影响。压力差测量应该用管道周围的环形测压管,并保证在两个断面处有适当的开孔数。事实上,开孔常常由沿管道周围的非常窄的狭缝所代替。

对于一个给定的 Venturi 管,除特殊情况外,通常假设雷诺数超过 10^5,在大管径时,取 $C = 0.99$,在小管径时,C 大约为 0.97 或 0.98。Venturi 管长期使用后 C 可能下降 $1\% \sim 2\%$。量纲分析得到的 C 与雷诺数和管径比率有关。

【例8.7】　如图 8.14 所示,求 20 ℃ 水流过 Venturi 管时的流量,$d_1 = 800$ mm,$d_2 = 400$ mm,测压管高度差 $\Delta h = 150$ mmHg。

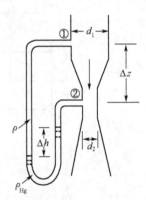

图 8.14　例 8.7 图

解　取 $C = 0.98$,

$$\Delta\left(\frac{p}{\rho g} + z\right) = \frac{\rho_{Hg} - \rho}{\rho}\Delta h = \left(\frac{\rho_{Hg}}{\rho} - 1\right)\Delta h$$
$$= (13.55 - 1) \times 0.15 = 1.8825 \text{ m}$$

由式(8.10)知:

$$q_V = \frac{CA_2}{\sqrt{1 - (d_2/d_1)^4}}\sqrt{2g\Delta\left(\frac{p}{\rho g} + z\right)}$$
$$= \frac{0.98 \times \pi \times (0.4/2)^2}{\sqrt{1 - (0.4/0.8)^4}}\sqrt{2 \times 9.807 \times 1.8825}$$
$$= 0.773 \text{ m}^3/\text{s}$$

管内水流量为 $0.773 \text{ m}^3/\text{s}$。

例中,Venturi 管流量计算仅与 U 型测压管读数 Δh 有关,与高度差 Δz 无关,因此,Venturi 管放置方法(平放、斜放、竖放)对流量计算没有影响。

8.8　喷嘴流量计

如果 Venturi 管中去掉渐扩管,则成为喷嘴流动,如图 8.15 所示,这种结构比 Venturi 管更适宜安装在管道的法兰之间。虽然管道内阻力有所增加,但是它与 Venturi 管具有相同的功能。Venturi 管的计算式同样可以应用于喷嘴流动,习惯上用流动系数对来流速度作修正,所以:

$$q_V = KA_2\sqrt{2g\Delta\left(\frac{p}{\rho g} + z\right)} \qquad (8.11)$$

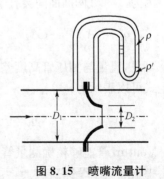

图 8.15　喷嘴流量计

式中：K——流动系数；

　　　A_2——喷嘴喉部面积；

$$K = \frac{C}{\sqrt{1-(d_2/d_1)^4}} \text{。} \tag{8.12}$$

国际标准协会(ISA)推荐的标准喷嘴如图 8.16 所示，喷嘴直径是喉部直径 d_2。不同直径比率的流动系数 K 随雷诺数变化，表示在图 8.17 中。像 Venturi 管流量计一样，为了测量精确，喷嘴前直管段至少为 10 倍管径。两种不同布置的测压孔结构如图 8.16 所示。

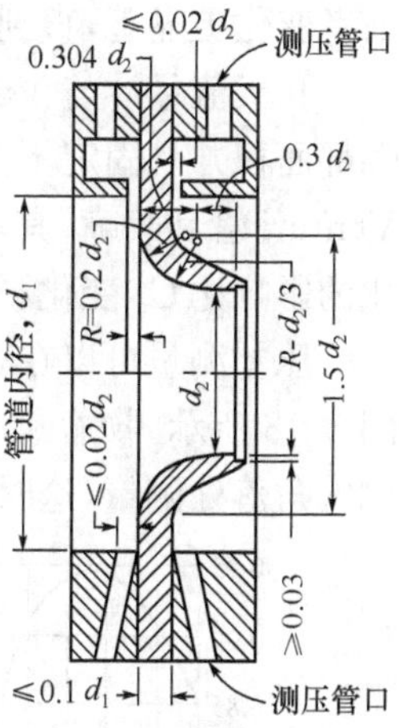

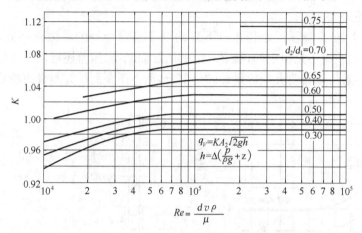

图 8.16　标准喷嘴结构图

图 8.17　喷嘴流动系数曲线

8.9　孔板流量计

在管道中用具有孔口的孔板作流量计，如图 8.18 所示，其工作原理与 Venturi 管和喷嘴相同。通过孔板流量计的流量可以表示为：

$$q_V = KA_0\sqrt{2g\Delta\left(\frac{p}{\rho g}+z\right)} \tag{8.13}$$

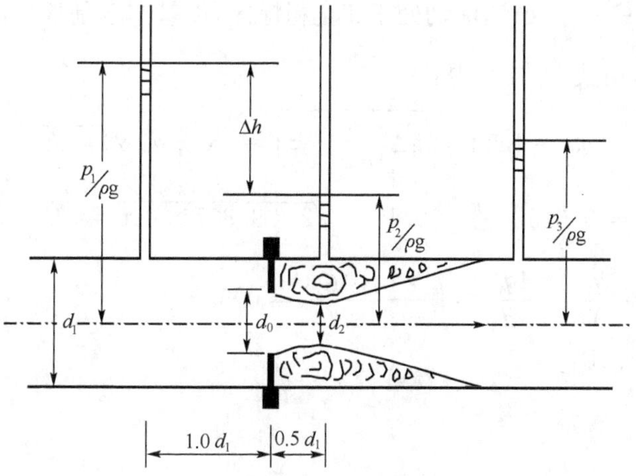

图 8.18　孔板流量计

式中,A_0 是孔口面积,标准的孔板流量计及流动系数 K 表示在图 8.19 中。K 随雷诺数的变化,与 Venturi 管和喷嘴显著不同,高雷诺数下,流动处于完全粗糙区,K 基本上是常数,但雷诺数变小时,孔板流动系数 K 是增加的,不同的 d_0/d_1 时,在雷诺数为 $200 \sim 600$ 时,K 达到最大值。低雷诺数下,粘性作用增加,使流速系数 C_v 降低和收缩系数 C_c 增大,并且后者比前者变化更显著,直到 C_c 接近 1.0 的最大值,随雷诺数进一步降低,K 因 C_v 降低而变小。

孔板流量计与 Venturi 管流量计和喷嘴流量计的差别是后两者没有收缩断面,A_2 就是喉部面积并且固定不变,而孔口的 A_2 是出流收缩断面,是变化的,比孔口面积 A_0 小。对于 Venturi 管和喷嘴,其流量系数实际上就等于流速系数,而对于孔口,其流量系数受到 C_c 变化的影响比 C_v 变化影响还要大。

压差测量可以在孔口上游 1 倍管径处和孔口下游约 0.5 倍管径处的收缩断面处,如图 8.18 所示。收缩断面处的距离不是恒定的,随 d_0/d_1 的增加而减小。压差还可以在孔板两侧的角落处测量,这时法兰盖可以作为孔板流量计的一部分,而不需要测压管与管道相连。

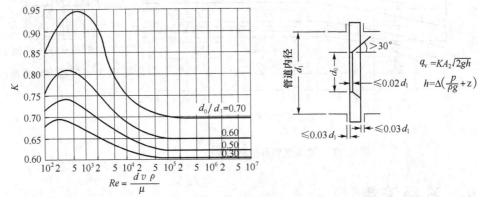

图 8.19   孔板结构及流量系数曲线

孔板流量计的突出优点是在管道安装时麻烦最小,费用最低,其主要缺点是产生的阻力损失比 Venturi 管和喷嘴更大。

【**例 8.8**】 孔板流量计,测得测压管高度差 $\Delta h = 600 \, \mathrm{mmH_2O}$,管道直径为 $200 \, \mathrm{mm}$,孔板直径为 $100 \, \mathrm{mm}$,求管内 $20 \, ℃$ 水的流量,若其他条件不变,求管内 $20 \, ℃$ 空气的流量。

解   设 $Re = \dfrac{\rho v d_1}{\mu} > 10^5$,流动处于完全粗糙区,$K$ 基本上是常数,图中 $K \approx 0.625$。

管内水流动时,由式(8.13),得:

$$q_V = K A_0 \sqrt{2g \Delta\left(\frac{p}{\rho g} + z\right)} = K \frac{\pi}{4} d_0^2 \sqrt{2g \Delta h}$$

$$q_V = 0.625 \times \frac{\pi}{4} \times 0.1^2 \times \sqrt{2 \times 9.807 \times 0.6} = 0.016\,8 \, \mathrm{m^3/s}$$

$$v = \frac{q_V}{A_1} = \frac{4 q_V}{\pi d_1^2} = \frac{4 \times 0.016\,8}{\pi \times 0.2^2} = 0.53 \, \mathrm{m/s}$$

如果管内是空气,则:

$$q_V = KA_0 \sqrt{2g\Delta\left(\frac{p}{\rho g} + z\right)} = K\frac{\pi}{4}d_0^2 \sqrt{2g\left(\frac{\rho_{H_2O}}{\rho} - 1\right)\Delta h}$$

$$q_V = 0.625 \times \frac{\pi}{4} \times 0.1^2 \times \sqrt{2 \times 9.807 \times \left(\frac{998.2}{1.205} - 1\right) \times 0.6} = 0.48 \text{ m}^3/\text{s}$$

$$v = \frac{4 \times 0.48}{\pi \times 0.2^2} = 15.28 \text{ m/s}$$

管道内水流动:

$$Re = \frac{998.2 \times 0.53 \times 0.2}{1.002 \times 10^{-3}} = 1.06 \times 10^5$$

管道内空气流动:

$$Re = \frac{1.205 \times 15.28 \times 0.2}{1.81 \times 10^{-5}} = 2.03 \times 10^5$$

管道内流动雷诺数均大于 10^5 的初始假设,计算结果正确。

8.10　可压缩流体的流量测量

严格地讲,前面提到的绝大多数公式只适用于不可压缩流体,但是,事实上,它们可以应用于所有的液体以及压力变化不大的气体和蒸汽。对于可压缩流体,可以推导出理想的无摩擦流动方程,再引入修正系数。可压缩流体流动的理想状态是等熵流动,即无摩擦的绝热过程(没有热量传递),对于计量仪表来讲,因为流体通过仪表的时间非常短而几乎没有传热发生,可以近似认绝热过程。

亚音速可压缩流体用 Pitot 管测量流速,正对来流的测孔处 $v_2 = 0$,$p_2 = p_0$,可以得到:

$$\frac{v_1^2}{2} = c_p T_1 \left[\left(\frac{p_2}{p_1}\right)^{(k-1)/k} - 1\right] = c_p T_2 \left[1 - \left(\frac{p_1}{p_2}\right)^{(k-1)/k}\right] \tag{8.14}$$

静压 p_1 可以由 Pitot 管侧面测孔得到,p_2 等于驻点处压强,即 $p_2 = p_0$,由正对来流的测孔得到。式(8.14)不适用于超音速流动,因为超音速流动时,在驻点前的流动将产生激波。

利用 Venturi 管、喷嘴和孔板测量可压缩流体亚音速流动时理想流体的质量流量计算式如下

$$q_m = A_2 \sqrt{2\frac{k}{k-1}p_1\rho_1\left(\frac{p_2}{p_1}\right)^{2/k}\frac{1-(p_2/p_1)^{(k-1)/k}}{1-(A_2/A_1)^2(p_2/p_1)^{2/k}}}$$

引入流量系数 C 和膨胀系数 Y,可以得到实际流体的质量流量计算式

$$q_m = CYA_2 \sqrt{2\rho_1\frac{p_1 - p_2}{1 - (d_2/d_1)^4}}$$

$$= CYA_2 \sqrt{2\frac{p_1}{RT_1}\frac{p_1 - p_2}{1 - (d_2/d_1)^4}} \tag{8.15}$$

式中,C 与不可压缩流体中流量系数值相等,可以由 Re 查得,$Y(k = 1.4$ 时)可以由图 8.20 得到。

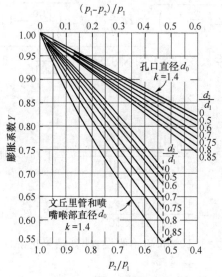

图 8.20　膨胀系数曲线

【例 8.9】　20 ℃ 空气,绝对压力为 700 kN/m², 流过 Venturi 流量计时,喉部绝对压力为 400 kN/m², 求质量流量。设 $C = 0.985$,Venturi 管进口和喉部直径分别为 250 mm 和 125 mm。

解　$p_2/p_1 = 400/700 = 0.571$,$d_2/d_1 = 125/250 = 0.5$,查图 8.18,得 $Y \approx 0.69$
由式(8.15),得:

$$q_m = CY \frac{\pi}{4} d_2^2 \sqrt{2 \frac{p_1}{RT_1} \frac{p_1 - p_2}{1 - (d_2/d_1)^4}}$$

$$q_m = 0.985 \times 0.69 \times \frac{\pi}{4} \times 0.125^2 \sqrt{2 \times \frac{700 \times 10^3}{287 \times (273 + 20)} \frac{(700 - 400) \times 10^3}{1 - 0.5^4}}$$

$$= 19.25 \text{ kg/s}$$

20 ℃ 管道中空气的密度:

$$\rho = \frac{700 \times 10^3}{287 \times 293} = 8.324 \text{ kg/m}^3$$

因此,管道中空气的流速为:

$$19.25 = 8.324 \times \frac{\pi}{4} \times 0.25^2 \times v$$

$$v = 47.11 \text{ m/s}$$

$$Re = \frac{47.11 \times 0.25 \times 8.324}{18.1 \times 10^{-6}} = 5.42 \times 10^6$$

处于旺盛紊流状态,以上计算成立。

8.11　测量流量的其他方法

除了前面介绍的测量流体流量的"标准"方法外,还有一些其他的测量方法。管道流动中测量流量的最简单的方法是弯管流量计,如图 8.21 所示,它由管路中一个 90° 弯头的内侧和外侧测压管组成,在弯头处由于离心力作用产生的压力差随管内速度水头变化,像其他流量计一样,弯头的上游和下游应该有一定长度的直管段,并且需要现场校正。

转子流量计如图 8.22 所示,是一个垂直的逐渐变细的玻璃管,管内计量浮子在向上流动的流体作用下悬浮,浮子正对来流的 V 型迎流面使浮子旋转,并不受壁面摩擦的影响,流动速率决定了浮子平衡高度,玻璃管的刻度可以直接读数得到流量。转子流量计也可以用于测量气体流量,但是浮子的重量和刻度必须作相应的变化。

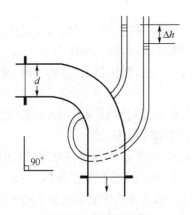

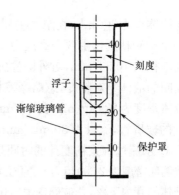

图 8.21　弯管流量计　　　　　　　　　图 8.22　转子流量计

涡轮流量计或透平流量计由弯曲叶片和叶轮组成,流过的气体或液体驱使弯曲的叶片旋转。这种流量计常常有导流叶片来调节和校正。

本　章　小　结

8.1　流体测量和实验研究是流体力学研究与发展的重要手段和方法之一,由于实际流动非常复杂,实验研究仍然是检验理论分析和数值计算结果最具有说服力的方法。

8.2　液体粘度用粘度计测量,主要型式有旋转式粘度计、管式粘度计和落球粘度计。

8.3　流体中的静压用测压管测量,注意探头与流线一致。测量管道内静压时,最好用有两个或多个测孔的环状测压管。

8.4　流体中局部速度可以用 Pitot 管测量,$u=C_I\sqrt{2\dfrac{p_0-p}{\rho}}$,适用于马赫数 $Ma<0.1$ 的不可压缩流体流动。测量速度的其他方法和仪器有水流计、风速仪、热线风速仪、漂浮测量、照相和光学测量、激光多普勒测速仪(LDV)、粒子图像速度仪(PIV)、磁流速仪和声流速仪等。

8.5　从孔口、喷嘴和管嘴流出的流体称为出流,出流可以分自由出流和淹没出流,出流不仅在流体测量中,而且在通风、喷流及汽轮机等场合都有应用。

8.6　管道内流量测量通常用孔口、喷嘴和 Venturi 管流量计。Venturi 管由渐缩管、喉部断面和渐扩管组成,流量计算式为 $q_V = \dfrac{CA_2}{\sqrt{1-(d_2/d_1)^4}}\sqrt{2g\Delta\left(\dfrac{p}{\rho g}+z\right)}$,喷嘴流量计和

孔板流量计的流量计算式分别为 $q_V = KA_2\sqrt{2g\Delta\left(\dfrac{p}{\rho g}+z\right)}$ 和 $q_V = KA_0\sqrt{2g\Delta\left(\dfrac{p}{\rho g}+z\right)}$。

流量计安装时在流量计前面至少有管道直径的 $5\sim10$ 倍的直管段。测量流量的其他方法有转子流量计、涡轮流量计或透平流量计等。

8.7 亚音速可压缩流体可以用 Pitot 管测量流速,也可以用 Venturi 管、喷嘴和孔板测量流量,质量流量计算式为 $q_m = CYA_2\sqrt{2g\dfrac{p_1}{RT_1}\dfrac{p_1-p_2}{1-(d_2/d_1)^4}}$。

习　题

8.1　物体体积为 300 mL,在空气中秤重为 15.50 N,在液体中秤重为 10.50 N,求液体密度。

8.2　一个旋转粘度计由两个高度为 300 mm 的同心柱体组成,内圆柱外径为 100 mm,外圆柱内径为 102.0 mm,对外圆柱施加力矩为 8.0 N·m 时,圆柱每 4.0 s 转 1 圈,求两圆柱间的液体绝对粘度。忽略摩擦损失。

8.3　液体密度为 889 kg/m³,在 500 mm 的压头作用下,稳态流过直径为 2.0 mm,长度为 4.5 m 的玻璃管,流量为 30 mL/min,求液体的绝对粘度和运动粘度。

8.4　15 ℃ 水流过管式粘度计的时间是 85 s,求相同体积的 40 ℃ 水流过该粘度计的时间。

8.5　玻璃珠密度为 2 600 kg/m³,直径为 16 mm,在直径为 100 mm 盛有密度为 1 590 kg/m³ 的液体的管内下落,若玻璃珠恒定速度为 145 mm/min,求液体的绝对粘度和运动粘度。

8.6　Pitot 管与盛有密度为 875 kg/m³ 的油的 U 型管相连接,若 U 型压力计读数为 127 mm,求管内空气的流速。$C_I = 0.992$。

8.7　如图 8.23,在标准大气压下空气温度为 60 ℃,Pitot 管与盛有液体密度为 800 kg/m³ 的压差计相连,画出速度 u 与压差计读数关系曲线,设修正系数 $C_I = 0.93$。

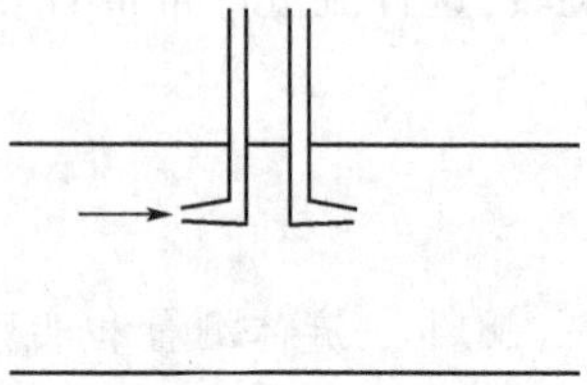

8.8　如图 8.7,管道直径为 480 mm,流动为层流,$u = u_{max} - kr^2$,且 $u_{max} = 30$ mm/s,将管道分为直径为 60mm、120mm、180mm 和 240 mm 的同心圆环,用圆环中心直径为 30mm、90mm、150mm 和 210 mm 处的流速,确定管内流量并与积分计算作比较。

图 8.23　习题 8.7 图

8.9　标准喷嘴直径为 80 mm,管道直径为 160 mm,水温为 40 ℃,当流量分别为 3.8 L/s、38 L/s 和 380 L/s 时,求水银压差计的读数。

8.10　房间通过顶部夹层的孔板送风,若夹层内空气压力为 300 N/m²,求每个孔口送风量和空气出流速度,设孔口直径为 10 mm,空气温度为 10 ℃。

8.11　两个大容器之间有一个直径为 60 mm 的孔口,容器液面高度分别为 2.5 m 和 0.5 m,若 $C_c = 0.62$ 和 $C_v = 0.95$,求流量。

8.12　孔板流量计的压差计读数为 50 mm 水柱,管道直径为 200 mm,孔板直径为 100 mm,求管内水的流量和管道内空气流量。

8.13　如图 8.24，管嘴直径为 80 mm，水面高度差为 3 m，若水流量为 0.05 m^3/s，求液面上的压强。

8.14　恒温室采用孔板送风，风道内静压为 200 N/m^2，孔口直径为 10 mm，空气温度为 20 ℃，若通风量为 1 m^3/s，求需要的孔口数，若改用管嘴送风，则管嘴数为多少。

8.15　图 8.11，Venturi 管直径 $d_1 = 200$ mm，$d_2 = 100$ mm，高度差 $\Delta z = 450$ mm，若压差计内盛密度为 1 590 kg/m^3 的四氯化碳，其读数 $\Delta h = 100$ mm，求 20 ℃ 水的流量。若 Venturi 管水平放置 $\Delta z = 0$，流量将如何变化。

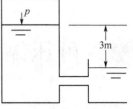

图 8.24　习题 8.13 图

8.16　水以 3.5 m/s 的速度流过直径为 120 mm 的水平管道，管道出口喷嘴流速系数为 0.98，若管道内压力为 45 kPa，求喷嘴出流速度，出流流量，喷嘴直径和通过喷嘴的能量损失。

8.17　容器内空气绝对压力为 1 460 kPa，温度 44 ℃，经面积为 1 250 mm^2 孔口流到绝对压力为 713 kPa 的空间，若 $C = 0.62$，求空气质量流量。

8.18　20 ℃ 空气在绝对压力为 700 kPa 时流过 Venturi 管，系数 C 为 0.98，喉部绝对压力为 420 kPa，进口面积为 0.060 m^2，喉部面积为 0.015 m^2，求理想的质量流量、实际质量流量和喉部速度。

8.19　空气流过进口直径为 200 mm 和喉部直径为 100 mm 的 Venturi 管流量计，进口温度为 15 ℃，表压为 150 kPa，当水银压差计读数为 180 mm 时，求空气流量，大气压力为标准大气压。

9 可压缩流体的流动

严格地说,任何真实流体都是可压缩的,密度是变化的。在前面章节中,除个别问题(如水锤)外,流体都假定为不可压缩流体,流体的密度为常数,这种假定使问题得到了简化。通常情况下,液体流动和流速低、压力变化小的气体流动,假定密度为常数的不可压缩流体是合理的。但是对于流动速度较高、压差较大的气体流动,气体密度显著变化,流动状态和参数都有实质性或突跃性的变化,这时必须考虑压缩性的影响。本章讨论可压缩性流体的运动规律及应用。注意本章中涉及的压力和温度一般都为绝对压力和绝对温度。

9.1 音速 马赫数

9.1.1 音速

音速是指微弱扰动波在流体介质中的传播速度。音速是判断气体压缩性对流动影响的一个重要参数。

假设有一半无限长的直圆管,左端由一个活塞封住,如图 9.1。圆管内充满静止的气体,其压力、密度和温度分别为 p、ρ、T。将活塞轻轻地向右推动,使活塞的速度由零增加到 $\mathrm{d}v$,紧贴活塞的那层气体最先受到压缩,压力、密度和温度略有增加,并以速度 $\mathrm{d}v$ 运动,然后

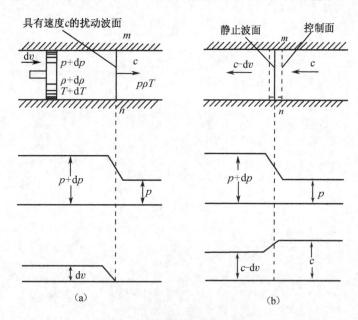

图 9.1 微弱扰动的一维传播

传及第二层气体,使其压力、密度和温度略有增加,同样以速度 dv 运动。这种压缩作用一层一层地以速度 c 传播出去,形成一道微弱扰动压缩波,如图 9.1(a)。波经过的气体,压力为 $p+dp$、密度为 $\rho+d\rho$、温度为 $T+dT$,并以微小速度 dv 向右运动。波前方的气体压力为 p,密度为 ρ,温度为 T,并且静止不动。对于静止的观察者,波扰动显然是一个非定常的一维流动。

如果观察者位于扰动波上并随扰动波一起运动,则上述流动是定常流动。相对于观察者,气体从右向左流动,经过波面,速度由 c 降为 $c-dv$,同时压力由 p 升高到 $p+dp$,密度由 ρ 升高到 $\rho+d\rho$。取包围扰动波的虚线为控制体,如图 9.1(b),由连续性方程,有:

$$\rho A c = (\rho + d\rho)A(c - dv)$$

整理并略去二阶无穷小量,得:

$$c\,d\rho = \rho\,dv \tag{9.1a}$$

式中 A 为直圆管的横截面积。

由动量方程:

$$pA - (p + dp)A = \rho A c[(c - dv) - c]$$

整理后:

$$dp = \rho c\,dv \tag{9.1b}$$

联立式(a)和(b):

$$c^2 = \frac{dp}{d\rho}$$

或

$$c = \sqrt{\frac{dp}{d\rho}} \tag{9.1c}$$

在微弱扰动的传播过程中,气流的压力、密度和温度的变化是一无限小量,整个过程接近于可逆过程。并且此过程进行得相当迅速,来不及和外界交换热量,接近于绝热过程。因此微弱扰动波的传播可以认为是一个可逆绝热过程,即等熵过程。根据等熵过程关系式 $\frac{p}{\rho^k}=$ 常数,以及气体状态方程式 $p=\rho RT$,可得:

$$\frac{dp}{d\rho} = k\frac{p}{\rho} = kRT$$

由式(9.1c),得:

$$c = \sqrt{\frac{dp}{d\rho}} = \sqrt{k\frac{p}{\rho}} = \sqrt{kRT} \tag{9.2}$$

式(9.2)与物理学中计算声音在弹性介质中传播速度的公式完全相同,所以一般都以声波的传播速度(音速)作为微弱扰动波传播速度的统称。

式(9.2)适用于任意的连续介质,包括气体、液体和固体。流体的可压缩性越大,扰动波传播得越慢,音速越小。例如 0℃ 时,水中的音速为 1450 m/s,而空气中的音速为 332 m/s。在同一气体中,音速随着气体温度升高而增大,与气体的热力学温度的平方根成正比。

9.1.2　马赫数(Ma 数)

音速是状态参数的函数。气流流场中,各个点及各个瞬时流体的状态参数是不相同的,所以,各个点及各个瞬时的音速也都不相同。音速通常是指某一点在某一瞬时的音速,即所谓当地音速。

马赫数是表征气流的可压缩性程度的另一个重要参数,在研究气体高速运动规律以及气体流动计算等方面,有极为重要和广泛的作用。

流场中任一点的流速与当地音速之比,称为该点处气流的马赫数,以符号 Ma 表示

$$Ma = \frac{v}{c} \tag{9.3}$$

根据马赫数的大小,可压缩气体的流动分为:亚音速流动($Ma < 1$),跨音速流动($Ma = 1$),超音速流动($1 < Ma < 3$),高超音速流动($Ma > 3$)。

9.1.3 微弱扰动在气体中的传播

弱扰动波在静止的气体空间的传播,如飞机发动机发出的声音在空气中传播,可以分四种情况讨论。

(1) 扰动源静止不动($v = 0$)。若有一个静止的弱扰动源位于 O 点,如图9.2(a),它在静止气体中所造成的弱扰动是以球面波的形式向周围传播,即受扰动的气体与未受扰动的气体的分界面是一个球面。

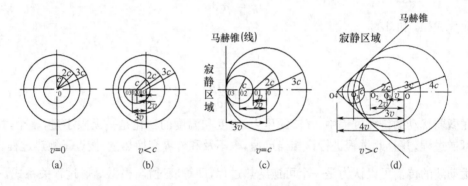

图9.2 微弱扰动在气体中的传播

(2) 扰动源以亚音速向左运动($v < c$)。扰动源以小于音速的速度 v 在静止气体中作直线运动,此时,扰动源发出的弱扰动波是一系列不同心的球面。假如扰动源从 O 点自右向左作直线等速运动,经过一秒钟,扰动源的中心移至 O_1,点 O 与点 O_1 间的距离为 v。经过两秒钟,扰动源的中心移至 O_2,点 O 与点 O_2 间的距离为 $2v$,依此类推,如图9.2(b)。因为 $v < c$,球面扰动波始终在扰动源的前面,即在扰动源还没有到达之前气体就被扰动了。这时,扰动波在各方向上传播速度不一样,顺流方向为 $v + c$,逆流方向为 $v - c$,其他方向上则介于二者之间。在亚音速气流中,弱扰动波可以传遍整个流场,这是弱扰动在亚音速气流中传播的主要特点。

(3) 扰动源以音速向左运动($v = c$)。扰动源速度 v 恰好等于音速 c 在静止气体中运动,则弱扰动波的传播情况如图9.2(c)。此时扰动波和扰动源同时到达某一位置,无数的球面扰动波相切,在该切点处出现了一个分界面。分界面上游的流场不受扰动的影响,称为寂静区域,只有分界面下游的流场受扰动影响。

(4) 扰动源以超音速向左运动($v > c$)。扰动源以超音速在静止气体中运动,扰动源总是赶到扰动波的前面,如图9.2(d)。受扰动和未受扰动的气体的分界面是一个圆锥面,扰动永

远不能传到圆锥之外。这个圆锥叫马赫锥,锥顶就是扰动源。马赫锥外面的气体不受扰动的影响,为寂静区域。锥面与运动方向的夹角称为马赫角,用符号 α 表示。马赫角的大小,反映了受扰动区域的大小,随马赫数 $Ma = \dfrac{v}{c}$ 的增大而减小,关系为:

$$\sin\alpha = \frac{c}{v} = \frac{1}{Ma} \tag{9.4}$$

$\alpha = 90°$ 时,相当于 $Ma = 1$,即图 9.2(c)。

生活中当超音速飞机低空飞行时,马赫锥以飞机为顶点并随着飞机前进,锥前面的空气不受影响,所以前方地面上的人即使看见了超音速飞机飞行,也听不到声音,只有当飞机飞过头顶之后才能听到其声音。超音速弱扰动在气流中不能传遍整个流场的特点是超音速弱扰动与亚音速弱扰动的一个重要差别。

9.2　气体一维定常等熵流动

9.2.1　基本方程

连续性方程:
$$\rho_1 v_1 A_1 = \rho_2 v_2 A_2 \qquad 或 \qquad \rho v A = 常数$$
式中,A 为通道截面积,对上式微分并除以 $\rho v A$,得:

$$\frac{\mathrm{d}\rho}{\rho} + \frac{\mathrm{d}A}{A} + \frac{\mathrm{d}v}{v} = 0 \tag{9.5}$$

能量方程:

根据热力学第一定律,对于绝热可逆流动过程,换热量 $q = 0(\delta q = 0)$,对外机械功 $W_s = 0(\delta W_s = 0)$,所以:

$$h + \frac{v^2}{2} = 常数 \tag{9.6}$$

式中,h 为气体熵。

微分形式为:

$$\mathrm{d}h + v\mathrm{d}v = 0 \tag{9.7}$$

对于完全气体:

$$h = c_p T = \frac{c_p}{R}\frac{p}{\rho} = \frac{\dfrac{c_p}{c_V}}{\dfrac{c_p - c_V}{c_V}}\frac{p}{\rho} = \frac{k}{k-1}\frac{p}{\rho}$$

故式(9.6)可表示为:

$$\frac{k}{k-1}\frac{p_1}{\rho_1} + \frac{v_1^2}{2} = \frac{k}{k-1}\frac{p_2}{\rho_2} + \frac{v_2^2}{2} = 常数$$

或

$$\frac{k}{k-1}\frac{p}{\rho} + \frac{v^2}{2} = 常数 \tag{9.8}$$

由式(9.8)知:

$$\frac{1}{k-1}\frac{p}{\rho}+\frac{p}{\rho}+\frac{v^2}{2} = 常数$$

其中，
$$\frac{1}{k-1}\frac{p}{\rho}=\frac{c_V}{c_p-c_V}\frac{p}{\rho}=\frac{c_V}{R}\frac{p}{\rho}=c_VT=u$$

由热力学可知，前式第一项表示单位质量气体所具有的内能 u，后两项分别表示单位质量气体的压力能和动能。所以能量方程表示在完全气体的一维定常流动中，在气流流过的任意截面上单位质量的内能、压力能和动能之和保持不变。

状态方程

完全气体状态方程：
$$p = \rho RT \qquad\qquad (9.9)$$

由热力学第一定律和热力学第二定律，纯物质的熵 s 变化为：
$$Tds = dh-\frac{dp}{\rho} \qquad\qquad (9.10)$$

等熵过程，$ds = 0$，有：
$$dh = \frac{dp}{\rho} \qquad\qquad (9.11)$$

将式(9.11)代入式(9.7)得：
$$\frac{dp}{\rho}+vdv = 0 \qquad\qquad (9.12)$$

式(9.12)是定常等熵流动伯努里方程。

9.2.2　三种特定状态

1) 滞止状态

设想以可逆和绝热(等熵)的方式将气流速度降低到零，此状态下气流参数就称为滞止参数，以下标 0 表示，如 p_0、ρ_0、T_0、c_0 等。气体绕流物体时，在驻点处受到阻滞，气流速度降为零，气体在该点的状态是滞止状态。因此，滞止参数容易测量并得到了广泛的应用。

在滞止状态下，能量方程为：
$$h+\frac{1}{2}v^2 = h_0 \qquad\qquad (9.13)$$

上式说明，气流的滞止焓 h_0 由两项组成，第一项 h 是气体的焓，又称静焓，第二项 $\frac{1}{2}v^2$ 相当于气流速度滞止到零时，动能转变成的焓。因此滞止焓又称总焓，代表气流所具有的总能量。

定比热容的气体，$h = c_pT$，式(9.13)可表示为：
$$T_0 = T+\frac{v^2}{2c_p} \qquad\qquad (9.14)$$

滞止音速 c_0：
$$c_0 = \sqrt{kRT_0} \qquad\qquad (9.15)$$

利用 $c_pT = \frac{k}{k-1}RT = \frac{c^2}{k-1}$，式(9.14)可变为：
$$\frac{T_0}{T} = 1+\frac{(k-1)v^2}{2c^2}$$

或
$$\frac{T_0}{T} = 1 + \frac{k-1}{2}Ma^2 \tag{9.16}$$

完全气体等熵过程的压力、温度和密度比为：

$$\frac{p_2}{p_1} = \left(\frac{T_2}{T_1}\right)^{\frac{k}{k-1}} = \left(\frac{\rho_2}{\rho_1}\right)^k \tag{9.17}$$

则

$$\frac{p_0}{p} = \left(1 + \frac{k-1}{2}Ma^2\right)^{\frac{k}{k-1}} \tag{9.18}$$

$$\frac{\rho_0}{\rho} = \left(1 + \frac{k-1}{2}Ma^2\right)^{\frac{1}{k-1}} \tag{9.19}$$

可见，等熵流动，随马赫数增大，气流温度、音速、压力和密度都将降低。

2) 最大速度状态

与滞止状态相反，使气流在绝热条件下压强降低到零、温度降低到零，气流的焓全部转化为动能，速度达到最大值 v_{max}，得到最大速度状态，又称极限状态。由式(9.6)和 $h = c_p T = \frac{k}{k-1}RT$，得：

$$\frac{k}{k-1}RT + \frac{v^2}{2} = \frac{k}{k-1}RT_0 = 常数$$

$T = 0$ 时，$v = v_{max}$，则：

$$v_{max} = \sqrt{\frac{2}{k-1}kRT_0} \tag{9.20}$$

或

$$\frac{k}{k-1}\frac{p}{\rho} + \frac{v^2}{2} = \frac{c^2}{k-1} + \frac{v^2}{2} = \frac{c_0^2}{k-1} = \frac{v_{max}^2}{2} = 常数 \tag{9.21}$$

极限速度仅仅是一个理论上极限值，实际上并不可能达到。极限速度是另一种表示气流总能量的参数。

3) 临界状态

设想经过一个可逆和绝热过程，使气流达到气流速度恰好等于当地音速的状态，即 $Ma = 1$，该状态称为临界状态。临界状态以下标 crit 表示，相应的音速称为临界音速 c_{crit}。相应的速度称为临界速度，以 v_{crit} 表示，显然，$c_{crit} = v_{crit}$。

由式(9.21)，$v = c_{crit} = v_{crit}$，得：

$$c_{crit} = \sqrt{\frac{2}{k+1}}\, c_0 = \sqrt{\frac{k-1}{k+1}}\, v_{max} = \sqrt{\frac{2k}{k+1}RT_0} \tag{9.22}$$

可见临界音速 c_{crit} 只取决于总温 T_0，是一个参考速度。

由式(9.16)～式(9.19)可求出临界参数与滞止参数之比。上述各式中 $Ma = 1$，得：

$$\frac{T_{crit}}{T_0} = \frac{c_{crit}^2}{c_0^2} = \frac{2}{k+1} \tag{9.23}$$

$$\frac{p_{crit}}{p_0} = \left(\frac{2}{k+1}\right)^{\frac{k}{k-1}} \tag{9.24}$$

$$\frac{\rho_{crit}}{\rho_0} = \left(\frac{2}{k+1}\right)^{\frac{1}{k-1}} \tag{9.25}$$

对于 $k = 1.4$ 的空气,有 $\dfrac{T_{\text{crit}}}{T_0} = 0.8333$;$\dfrac{p_{\text{crit}}}{p_0} = 0.5283$;$\dfrac{\rho_{\text{crit}}}{\rho_0} = 0.6339$。

应该特别注意音速和临界音速的区别,只有在临界截面上才有 $c = c_{\text{crit}}$,其他截面上两者并不相等。

上述三种状态对应着同一气体的总能量,所以各种状态参数之间的关系是确定的。式(9.22)反映了三种状态间各参数间关系。

【**例 9.1**】　$k = 1.4$ 的空气,在一无摩擦的渐缩管道中流动,在位置 1 处的平均流速为 150 m/s,温度为 333.3 K,压力为 2×10^5 Pa,在管道的出口 2 处达到临界状态。试计算出口气流的平均流速、温度、压力和密度。

解　位置 1 处的音速、马赫数、总温和总压分别为:

$$c_1 = \sqrt{kRT_1} = \sqrt{1.4 \times 287 \times 333.3} = 366.0 \text{ m/s}$$

$$Ma_1 = \frac{v_1}{c_1} = \frac{150}{366} = 0.41$$

$$T_0 = T_1\left(1 + \frac{k-1}{2}Ma_1^2\right) = 333.3 \times \left(1 + \frac{1.4-1}{2} \times 0.41^2\right) = 344.5 \text{ K}$$

$$p_0 = p_1\left(\frac{T_0}{T_1}\right)^{\frac{k}{k-1}} = 2 \times 10^5 \times \left(\frac{344.5}{333.3}\right)^{\frac{1.4}{1.4-1}} = 2.245 \times 10^5 \text{ Pa}$$

在出口 2 处,$Ma_2 = 1$,温度、流速、压力和密度分别为:

$$T_2 = T_{\text{crit}} = \frac{2}{k+1}T_0 = \frac{2}{1+1.4} \times 344.5 = 287.1 \text{ K}$$

$$v_2 = v_{\text{crit}} = c_{\text{crit}} = \sqrt{kRT_{\text{crit}}} = \sqrt{1.4 \times 287 \times 287.1} = 339.6 \text{ m/s}$$

$$p_2 = p_{\text{crit}} = \left(\frac{2}{k+1}\right)^{\frac{k}{k-1}} p_0 = \left(\frac{2}{1.4+1}\right)^{\frac{1.4}{1.4-1}} \times 2.245 \times 10^5 = 1.186 \times 10^5 \text{ Pa}$$

$$\rho_2 = \rho_{\text{crit}} = \frac{p_{\text{crit}}}{RT_{\text{crit}}} = \frac{1.186 \times 10^5}{287 \times 287.1} = 1.439 \text{ kg/m}^3$$

9.2.3　速度系数

气流速度与临界音速之比称为速度系数,用 M_* 表示:

$$M_* = \frac{v}{c_{\text{crit}}} \tag{9.26}$$

速度系数 M_* 是与马赫数 Ma 相类似的无量纲速度。与 Ma 相比,应用速度系数 M_* 的好处是:(1) 临界音速 c_{crit} 是一个常数,由 M_* 求流速 v,用 M_* 乘常数 c_{crit},就可以得到 v。而由 Ma 求 v 时,则要先求当地音速 c,然后才能求出 v,比用 M_* 繁杂。(2) 当气流速度由零增加到 v_{max} 时,c 下降为零,Ma 趋向于无限大,这样,在作图表曲线时很不方便,而 M_* 是一个有限量,为

$$M_* = \frac{v_{\text{max}}}{c_{\text{crit}}} = \sqrt{\frac{k+1}{k-1}} \tag{9.27}$$

M_* 与 Ma 之间有确定的对应关系。将 $c_0 = \sqrt{\dfrac{k+1}{2}}\, c_{\text{crit}}$ 代入 $\dfrac{1}{k-1}c^2 + \dfrac{v^2}{2} = \dfrac{1}{k-1}c_0^2$ 得:

$$\frac{1}{k-1}c^2 + \frac{v^2}{2} = \frac{k+1}{2(k-1)}c_{\text{crit}}^2$$

上式两边同除以 v^2,得:

$$\frac{1}{k-1}\frac{1}{Ma^2}+\frac{1}{2}=\frac{k+1}{2(k-1)}\frac{1}{M_*^2}$$

$$M_*^2=\frac{(k+1)Ma^2}{2+(k-1)Ma^2} \tag{9.28a}$$

$$Ma^2=\frac{2M_*^2}{(k+1)-(k-1)M_*^2} \tag{9.28b}$$

9.3 喷管中的等熵流动

9.3.1 气流参数与通道截面的关系

一维定常完全气体流动,假设流动中气体没有热与功交换,没有流量加入或流出,不计气体与管壁的摩擦作用,确定管道截面变化对气体流动的影响。

由式(9.12),并利用 $c^2=\dfrac{\mathrm{d}p}{\mathrm{d}\varrho}$,则:

$$v\mathrm{d}v=-\frac{\mathrm{d}p}{\varrho}=-\frac{\mathrm{d}p}{\mathrm{d}\varrho}\frac{\mathrm{d}\varrho}{\varrho}=-c^2\frac{\mathrm{d}\varrho}{\varrho}$$

两边同除以 v^2,可得:

$$\frac{\mathrm{d}v}{v}=-\frac{\mathrm{d}p}{v^2\varrho} \tag{9.29}$$

$$\frac{\mathrm{d}v}{v}=-\frac{c^2}{v^2}\frac{\mathrm{d}\varrho}{\varrho} \tag{9.30}$$

由 $Ma=\dfrac{v}{c}$,式(9.30)表示为:

$$\frac{\mathrm{d}\varrho}{\varrho}=-Ma^2\frac{\mathrm{d}v}{v} \tag{9.31}$$

代入连续性方程的微分形式 $\dfrac{\mathrm{d}\varrho}{\varrho}+\dfrac{\mathrm{d}A}{A}+\dfrac{\mathrm{d}v}{v}=0$ 中,可得:

$$-Ma^2\frac{\mathrm{d}v}{v}+\frac{\mathrm{d}A}{A}+\frac{\mathrm{d}v}{v}=0$$

$$\frac{\mathrm{d}A}{A}=(Ma^2-1)\frac{\mathrm{d}v}{v} \tag{9.32}$$

由 $v=Ma\cdot c=Ma\cdot\sqrt{k\dfrac{p}{\varrho}}$,代入式(9.12),可得:

$$\frac{\mathrm{d}v}{v}=-\frac{1}{kMa^2}\frac{\mathrm{d}p}{p}$$

结合式(9.32),可得

$$\frac{\mathrm{d}A}{A}=\frac{1-Ma^2}{kMa^2}\frac{\mathrm{d}p}{p} \tag{9.33}$$

式(9.32)、式(9.33)分别为流速变化率和压力变化率与气流的通道截面变化率的关系式,根据 Ma 的大小可分三种情况来讨论:

(1)亚音速流($Ma<1$)

$Ma^2-1<0$，dv 与 dA 异号，dp 与 dA 同号。因此在收缩形管道内($dA<0$)，亚音速气流加速($dv>0$)，压力降低($dp<0$)。在扩张形管道内($dA>0$)，亚音速气流减速($dv<0$)，压力升高($dp>0$)。

因此，亚音速气流在变截面管道中流动时，气流速度与管道截面积间关系与不可压缩流体流动规律一致。

(2) 超音速流($Ma>1$)

$Ma^2-1>0$，dv 与 dA 同号，dp 与 dA 异号。因此，超音速气流在变截面管道中流动时，气流速度与截面积之间的关系刚好与亚音速流的情况相反。

在收缩形管道内($dA<0$)，超音速气流减速($dv<0$)，压力升高($dp>0$)。在扩张形管道内($dA>0$)，超音速气流加速($dv>0$)，压力降低($dp<0$)。因为可压缩流体的超音速流动中，流体密度 ρ 的降低量大于速度 v 的增加量，所以管道截面积必须增加以维持质量守恒，即 $m=\rho v A=$ 常数。

(3) 音速流($Ma=1$)

当 $Ma=1$ 时，$dA=0$，说明音速流动只能发生在管道的等截面部分或最小截面处。对于亚音速气流，气流降压加速时，截面必须缩小，而超音速气流，截面必须增大。所以，当气流连续地由亚音速加速变为超音速时，气流截面先收缩后扩大，在最小截面($dA=0$)处速度达到音速，即 $v=c$。对于超音速气流，当由超音速连续减速到亚音速时，截面也是先收缩后扩大，在最小截面处达到音速。这一最小截面称为临界截面，也称为喉部。因此，气流速度只能在管道的最小截面处达到当地音速。一般而言，使气流加速的管道称为喷管，使气流减速的管道称为扩压器。

气流参数与通道截面关系表明，亚音速气流要达到超音速流动，必须在收缩通道内膨胀加速，到气流的最小截面上气流速度达到当地音速，然后在渐扩通道内才能得到超音速。这种渐缩渐扩的喷管是十九世纪末瑞典工程师拉伐尔发明的，称为拉伐尔喷管或缩放喷管。气体在喷管扩大段要得到超音速流动，需要有一个相当高的压力梯度，以便在收缩段流动加速并在喉部达到音速。否则，气流速度仍为亚音速，在截面积扩大段，流体被减速，压力升高，气流不会被加速成超音速，缩放喷管就成为文丘里管。

9.3.2 喷管

1) 渐缩喷管

假设气体从很大的容器中经过渐缩喷管流出来，由于容器容量很大，可以近似地认为气体是静止的，且不计流动损失。容器中的气体参数为 p_0、ρ_0、T_0，喷管出口截面处的气流参数为 p_1、ρ_1、T_1。

喷管出口处的流速及通过喷管的流量

能量方程为：

$$h_1+\frac{1}{2}v_1^2=h_0$$

对比热为常数的完全气体，可写为：

$$c_p T_1+\frac{1}{2}v_1^2=c_p T_0$$

喷管出口的气流速度为：

$$v_1 = \sqrt{2(h_0 - h_1)} = \sqrt{2c_p(T_0 - T_1)} = \sqrt{\frac{2kRT_0}{k-1}\Big(1 - \frac{T_1}{T_0}\Big)} \qquad (9.34a)$$

引用等熵过程方程和气体状态方程，上式表示为：

$$v_1 = \sqrt{\frac{2kRT_0}{k-1}\Big[1 - \Big(\frac{p_1}{p_0}\Big)^{\frac{k}{k-1}}\Big]} = \sqrt{\frac{2k}{k-1}\frac{p_0}{\rho_0}\Big[1 - \Big(\frac{p_1}{p_0}\Big)^{\frac{k}{k-1}}\Big]} \qquad (9.34b)$$

通过喷管的质量流量为：

$$q_m = \rho_1 v_1 A_1 = A_1 \rho_0 \Big(\frac{p_1}{p_0}\Big)^{\frac{1}{k}} v_1$$

式中，A_1 为喷管出口截面积，将式 (9.34b) 代入上式，得：

$$q_m = A_1 \rho_0 \sqrt{\frac{2k}{k-1}\frac{p_0}{\rho_0}\Big[\Big(\frac{p_1}{p_0}\Big)^{\frac{2}{k}} - \Big(\frac{p_1}{p_0}\Big)^{\frac{k+1}{k}}\Big]} \qquad (9.35)$$

式 (9.35) 流量 q_m 与压力 p_1 的关系曲线如图 9.3。当 $p_1 = 0$ 时，$q_m = 0$，$v_1 = v_{max}$，为理论上的极限值，实际上达不到。当 $p_1 = p_0$ 时，$q_m = 0$，$v_1 = 0$。所以，在 $0 < p_1 < p_0$ 之间，流量从零增加到一个最大值 $q_{m,max}$，对应的压力可以由 $\dfrac{\mathrm{d}q_m}{\mathrm{d}p_1} = 0$ 求得，即

$$\frac{d}{\mathrm{d}p_1}\Big[\Big(\frac{p_1}{p_0}\Big)^{\frac{2}{k}} - \Big(\frac{p_1}{p_0}\Big)^{\frac{k+1}{k}}\Big] = 0$$

得

$$p_1 = p_0\Big(\frac{2}{k+1}\Big)^{\frac{k}{k-1}} = p_{crit}$$

即当出口截面上的压力等于临界压力 p_{crit} 时，通过喷管的流量达到最大值，此时出口截面上速度达到临界音速，流量为临界流量，分别为：

$$v_1 = c_{crit} = \sqrt{\frac{2k}{k+1}\frac{p_0}{\rho_0}} \qquad (9.36)$$

$$q_{m,crit} = A_1\Big(\frac{2}{k+1}\Big)^{\frac{k+1}{2(k-1)}}\sqrt{kp_0\rho_0} \qquad (9.37)$$

由此可见，对于给定的气体，收缩喷管出口的临界速度取决于进口气流的滞止参数，经过喷管的最大流量取决于进口气流的滞止参数和出口截面积（见图 9.3）。

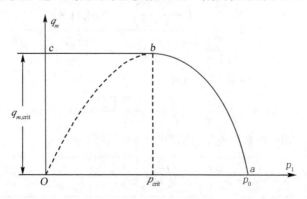

图 9.3　收缩喷管流量与出口压力关系

2) 缩放喷管

渐缩喷管出口达到音速,要得到超音速气流,可在渐缩喷管后接上一段渐扩形管,成为缩放喷管,使气流继续膨胀加速,在喷管出口处得到超音速气流。如果喷管内的气流是在设计工况下完全膨胀的正常的一维等熵流动,缩放喷管的流量仍然由最小截面上的参数决定,流量和出口截面上的流速计算与渐缩喷管公式相同。

【例 9.2】 大容器中空气参数为 $p_0 = 200\,\text{kPa}$, $T_0 = 500\,\text{K}$,欲使其通过喷管膨胀至出口背压 $p_b = 11.7\,\text{kPa}$,质量流量为 $q_m = 3\,\text{kg/s}$。试分析应采用何种型式的喷管?并求出喉部截面面积、出口面积、临界流速、出口流速、出口马赫数。假设此流动是等熵流动。

解 空气的临界压力

$$p_{\text{crit}} = p_0 \left(\frac{2}{k+1}\right)^{\frac{k}{k-1}} = 200 \times \left(\frac{2}{1.4+1}\right)^{\frac{1.4}{1.4-1}} = 105.65(\text{kPa}) > p_b$$

故采用缩放喷管。喉部流动为音速,喉部面积为:

$$A_t = \frac{q_{\text{mcrit}}}{\left(\dfrac{2}{k+1}\right)^{\frac{k+1}{2(k-1)}} \sqrt{k p_0 \rho_0}}$$

$$= \frac{q_{\text{mcrit}}}{\left(\dfrac{2}{k+1}\right)^{\frac{k+1}{2(k-1)}} \sqrt{k \dfrac{p_0^2}{RT_0}}}$$

$$= \frac{3}{\left(\dfrac{2}{2.4}\right)^{\frac{2.4}{0.8}} \sqrt{1.4 \dfrac{200\,000^2}{287 \times 500}}}$$

$$= 0.008\,3\,\text{m}^2$$

喉部直径为:
$$D_t = \sqrt{\frac{4A_t}{\pi}} = \sqrt{\frac{4 \times 0.008\,3}{3.14}} = 10.3\,\text{cm}$$

出口面积为:

$$A_1 = \frac{\left(\dfrac{2}{k+1}\right)^{\frac{1}{k-1}} A_t}{\left\{\dfrac{k+1}{k-1}\left[\left(\dfrac{p_1}{p_0}\right)^{\frac{2}{k}} - \left(\dfrac{p_1}{p_0}\right)^{\frac{k+1}{k}}\right]\right\}^{\frac{1}{2}}}$$

$$= \frac{\left(\dfrac{2}{1.4+1}\right)^{\frac{1}{1.4-1}} \times 0.008\,3}{\left\{\dfrac{1.4+1}{1.4-1}\left[\left(\dfrac{11.7}{200}\right)^{\frac{2}{1.4}} - \left(\dfrac{11.7}{200}\right)^{\frac{1.4+1}{1.4}}\right]\right\}^{\frac{1}{2}}}$$

$$= 0.021\,9\,\text{m}^2$$

出口直径为:
$$D_1 = \sqrt{\frac{4A_1}{\pi}} = \sqrt{\frac{4 \times 0.021\,9}{3.14}} = 16.7\,\text{cm}$$

空气流经喷管喉部时的临界速度、出口流速和马赫数分别为

$$v_{\text{crit}} = c_{\text{crit}} = \sqrt{\frac{2k}{k+1}RT_0} = \sqrt{\frac{2 \times 1.4}{1.4+1} \times 287 \times 500} = 109.2\,\text{m/s}$$

$$v_1 = \sqrt{\frac{2kRT_0}{k-1}\left[1 - \left(\frac{p_1}{p_0}\right)^{\frac{k}{k-1}}\right]} = \sqrt{\frac{2 \times 1.4}{1.4-1} \times 287 \times 500 \times \left[1 - \left(\frac{11.7}{200}\right)^{\frac{1.4-1}{1.4}}\right]} = 747\,\text{m/s}$$

$$Ma_1 = \sqrt{\frac{2}{k-1}\left[\left(\frac{p_0}{p_1}\right)^{\frac{k-1}{k}} - 1\right]} = \sqrt{\frac{2}{1.4-1}\left[\left(\frac{200}{11.7}\right)^{\frac{1.4-1}{1.4}} - 1\right]} = 2.5$$

【例 9.3】 空气气流在收缩管内作等熵流动,截面 1 处的马赫数 $Ma_1 = 0.3$,截面 2 处的马赫数 $Ma_2 = 0.7$,试求两处的面积比 A_2/A_1。

解 二断面间连续性方程

$$\rho_1 v_1 A_1 = \rho_2 v_2 A_2$$

$$\frac{A_2}{A_1} = \frac{\rho_1 v_1}{\rho_2 v_2} = \frac{\rho_1}{\rho_2} \cdot \frac{Ma_1 c_1}{Ma_2 c_2} = \frac{3}{7} \frac{\rho_1 c_1}{\rho_2 c_2}$$

流动为等熵过程,有

$$\frac{\rho_1}{\rho_2} = \left(\frac{T_1}{T_2}\right)^{\frac{1}{k-1}}, \quad k = 1.4$$

$$c = \sqrt{kRT}$$

其中 $k = 1.4$,$\dfrac{A_2}{A_1} = \dfrac{3}{7} \cdot \left(\dfrac{T_1}{T_2}\right)^{\frac{1}{0.4}} \cdot \left(\dfrac{T_1}{T_2}\right)^{\frac{1}{2}} = \dfrac{3}{7}\left(\dfrac{T_1}{T_2}\right)^3$

由能量方程

$$\frac{k}{k-1}RT_1 + \frac{v_1^2}{2} = \frac{k}{k-1}RT_2 + \frac{v_2^2}{2}$$

即

$$\frac{k}{k-1}RT_1 + \frac{1}{2}Ma_1^2 kRT_1 = \frac{k}{k-1}RT_2 + \frac{1}{2}Ma_2^2 kRT_2$$

$$\frac{T_1}{T_2} = \frac{\dfrac{k}{k-1} + \dfrac{k}{2}Ma_2^2}{\dfrac{k}{k-1} + \dfrac{k}{2}Ma_1^2} = 1.079$$

即

$$\frac{A_2}{A_1} = \frac{3}{7} \times 1.079^3 = 0.54$$

9.4 有摩擦的绝热管流

9.4.1 有摩擦管流流动分析

工程上有保温措施、流动接近于绝热过程的等截面管道流动称为有摩擦的绝热管流。

如图 9.4,在等截面管流中取控制体,轴向长度为 dx,壁面对气流的摩擦应力为 τ_w。

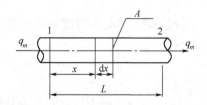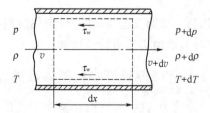

图 9.4 绝热摩擦管流

连续方程：$\qquad\qquad\qquad \rho v = 常数$

或
$$\frac{\mathrm{d}\rho}{\rho} + \frac{\mathrm{d}v}{v} = 0 \qquad\qquad (9.38\mathrm{a})$$

x 方向动量方程：$pA - (p + \mathrm{d}p)A - \tau_w \pi D \mathrm{d}x = \rho v A(v + \mathrm{d}v - v)$

或
$$\mathrm{d}p + \frac{4\tau_w \mathrm{d}x}{D} + \rho v \mathrm{d}v = 0 \qquad\qquad (9.38\mathrm{b})$$

能量方程：$\qquad h + \frac{1}{2}v^2 = h_0 = c_p T_0 = c_p T + \frac{1}{2}v^2$

或
$$c_p \mathrm{d}T + v \mathrm{d}v = 0 \qquad\qquad (9.38\mathrm{c})$$

气体状态方程式：$\qquad\qquad p = \rho RT$

或
$$\frac{\mathrm{d}p}{p} = \frac{\mathrm{d}\rho}{\rho} + \frac{\mathrm{d}T}{T} \qquad\qquad (9.38\mathrm{d})$$

将壁面应力 $\tau_w = \frac{1}{8}\lambda \rho v^2$ 代入式(9.38b)，同除 ρv^2，并引入 $c^2 = \frac{kp}{\rho}$ 和 $Ma = \frac{v}{c}$，得：

$$\frac{\mathrm{d}v}{v} + \frac{1}{kMa^2}\frac{\mathrm{d}p}{p} + \frac{\lambda \mathrm{d}x}{2D} = 0 \qquad\qquad (a)$$

将式(9.38c) 同除 $c_p T$，并引入 $c^2 = kRT$、$c_p = \frac{k}{k-1}R$ 和 $Ma = \frac{v}{c}$，得：

$$\frac{\mathrm{d}T}{T} + (k-1)Ma^2 \frac{\mathrm{d}v}{v} = 0 \qquad\qquad (b)$$

将式(9.38a)、式(9.38d)、式(a) 和式(b) 联列求解，得：

$$\frac{\mathrm{d}v}{v} = \frac{kMa^2}{1-Ma^2}\frac{\lambda \mathrm{d}x}{2D} \qquad\qquad (9.39\mathrm{a})$$

$$\frac{\mathrm{d}p}{p} = -\frac{kMa^2[1+(k-1)Ma^2]}{1-Ma^2}\frac{\lambda \mathrm{d}x}{2D} \qquad\qquad (9.39\mathrm{b})$$

$$\frac{\mathrm{d}\rho}{\rho} = -\frac{\mathrm{d}v}{v} = -\frac{kMa^2}{1-Ma^2}\frac{\lambda \mathrm{d}x}{2D} \qquad\qquad (9.39\mathrm{c})$$

$$\frac{\mathrm{d}T}{T} = -\frac{k(k-1)Ma^4}{1-Ma^2}\frac{\lambda \mathrm{d}x}{2D} \qquad\qquad (9.39\mathrm{d})$$

由马赫数的定义，$Ma^2 = v^2/kRT$，取对数并微分，得：

$$\frac{\mathrm{d}Ma^2}{Ma^2} = \frac{\mathrm{d}v^2}{v^2} - \frac{\mathrm{d}T}{T} = \frac{kMa^2[2+(k-1)Ma^2]}{1-Ma^2}\frac{\lambda \mathrm{d}x}{2D} \qquad\qquad (9.39\mathrm{e})$$

上述各式表明，在超音速气流和亚音速气流中，各种参数的变化刚好相反。摩擦的作用，当 $Ma < 1$ 时，$\mathrm{d}v > 0$，使亚音速气流加速；当 $Ma > 1$ 时，$\mathrm{d}v < 0$，使超音速气流减速。因此，不论进口的流动是亚音速还是超音速，管道的马赫数总是往 $Ma = 1$ 的方向趋近，极限条件为 $Ma = 1$。

根据热力学第二定律，在一个绝热过程中，熵不可能减小，因此不论流动是超音速的还是亚音速的，熵值必然沿管道增加。

9.4.2　有摩擦管流中气流参数的计算

在摩擦管中，选择任意两个截面 1 和 2，距离为 L(如图9.4)，两个截面上气流参数的关系为：

由式(9.39e) 积分得：

$$\int_0^L \frac{\lambda \mathrm{d}x}{D} = \int_{Ma_1}^{Ma_2} \frac{1-Ma^2}{kMa^4\left(1+\dfrac{k-1}{2}Ma^2\right)} \mathrm{d}Ma^2$$

或

$$\bar{\lambda}\frac{L}{D} = \frac{Ma_2^2 - Ma_1^2}{kMa_1^2 Ma_2^2} + \frac{k+1}{2k}\ln\left[\frac{Ma_1^2\left(1+\dfrac{k-1}{2}Ma_2^2\right)}{Ma_2^2\left(1+\dfrac{k-1}{2}Ma_1^2\right)}\right] \qquad (9.40)$$

式中，$\bar{\lambda}$——按长度平均的摩擦系数。

$$\bar{\lambda} = \frac{1}{L}\int_0^L \lambda \mathrm{d}x \qquad (9.41)$$

其他流动参数间的关系，可根据相距管长为 L 的截面 1 和 2 上的无量纲速度及利用一些基本关系式求得。根据等截面管流的连续性方程及临界音速不变，得到密度和速度比为：

$$\frac{\rho_2}{\rho_1} = \frac{v_1}{v_2} = \frac{M_{*1}}{M_{*2}} = \frac{Ma_1}{Ma_2}\left[\frac{2+(k-1)Ma_2^2}{2+(k-1)Ma_1^2}\right]^{\frac{1}{2}} \qquad (9.42)$$

由于绝能流动中 $T_{01} = T_{02} = T_0$，所以由静总温度比得到温度比：

$$\frac{T_2}{T_1} = \frac{2+(k-1)Ma_1^2}{2+(k-1)Ma_2^2} \qquad (9.43)$$

根据理想气体状态方程式，可得压力比：

$$\frac{p_2}{p_1} = \frac{Ma_1}{Ma_2}\left[\frac{2+(k-1)Ma_1^2}{2+(k-1)Ma_2^2}\right]^{\frac{1}{2}} \qquad (9.44)$$

静压比可得总压比为：

$$\frac{p_{02}}{p_{01}} = \frac{Ma_1}{Ma_2}\left(\frac{2+(k-1)Ma_2^2}{2+(k-1)Ma_1^2}\right)^{\frac{k+1}{2(k-1)}} \qquad (9.45)$$

熵增为：

$$\frac{s_2 - s_1}{R} = \ln\left[\frac{Ma_2}{Ma_1}\left(\frac{2+(k-1)Ma_1^2}{2+(k-1)Ma_2^2}\right)^{\frac{k+1}{2(k-1)}}\right] \qquad (9.46)$$

等截面摩擦管流计算应注意，截面 1 和 2 之间的实际管长不应超过由 Ma_1 发展到极限状态 $Ma_2 = 1$ 时的极限管长 L_{crit}（又称最大管长）。摩擦作用使气流总压下降，临界截面下游允许通过的流量减小，导致一部分气体堆积在临界截面之前，产生壅塞现象。由临界截面的概念，可以得到极限管长与极限状态及进口的流动参数比：

$$\bar{\lambda}\frac{L_{\text{crit}}}{D} = \frac{1-Ma^2}{kMa^2} + \frac{k+1}{2k}\ln\left[\frac{Ma^2\left(1+\dfrac{k-1}{2}\right)}{\left(1+\dfrac{k-1}{2}Ma^2\right)}\right] \qquad (9.47)$$

$$\frac{\rho_{\text{crit}}}{\rho} = \frac{v}{v_{\text{crit}}} = Ma\left(\frac{k+1}{2+(k-1)Ma^2}\right)^{\frac{1}{2}} \qquad (9.48)$$

$$\frac{T_{\text{crit}}}{T} = \frac{2+(k-1)Ma^2}{k+1} \qquad (9.49)$$

$$\frac{p_{\text{crit}}}{p} = Ma\left[\frac{2+(k-1)Ma^2}{k+1}\right]^{\frac{1}{2}} \qquad (9.50)$$

$$\frac{p_{0\text{crit}}}{p_0} = Ma \left(\frac{k+1}{2+(k-1)Ma^2}\right)^{\frac{k+1}{2(k-1)}} \tag{9.51}$$

$$\frac{s_{\text{crit}} - s}{R} = \ln\left[\frac{1}{Ma}\left(\frac{2+(k-1)Ma^2}{k+1}\right)^{\frac{k+1}{2(k-1)}}\right] \tag{9.52}$$

可见,极限管长、极限状态及进口的流动参数等仅是气流 Ma 与绝热指数 k 的函数。

对短管道,通常达不到音速,由 Ma_1 发展到 Ma_2 所需的管长度为

$$\bar{\lambda}\frac{\Delta L}{D} = \left(\bar{\lambda}\frac{L_{\text{crit}}}{D}\right)_1 - \left(\bar{\lambda}\frac{L_{\text{crit}}}{D}\right)_2 \tag{9.53}$$

【例 9.4】　压力为 3.667×10^5 Pa、温度为 360 K 的空气流进口 $Ma = 0.3$,流进内径为 5 cm 的等截面直管道,管道摩擦系数平均值 $\bar{\lambda} = 0.02$。试求管道进口的气流速度、极限管长和极限状态下气流的速度、温度和压力。

解　管道进口的气流速度为:

$$v = Ma\sqrt{kRT} = 0.3 \times \sqrt{1.4 \times 287 \times 360} = 114.1 \text{ m/s}$$

由式(9.47)、(9.48)、(9.49)、(9.50) 可得极限管长、临界速度、临界温度、临界压力

$$\bar{\lambda}\frac{L_{\text{crit}}}{D} = \frac{1-0.3^2}{1.4 \times 0.3^2} + \frac{1.4+1}{2 \times 1.4} \times \ln\left[\frac{0.3^2\left(1+\frac{1.4-1}{2}\right)}{\left(1+\frac{1.4-1}{2}0.3^2\right)}\right] = 5.299$$

$$L_{\text{crit}} = 5.299 \times \frac{0.05}{0.02} = 13.25 \text{ m}$$

$$\frac{v}{v_{\text{crit}}} = 0.3 \times \left(\frac{1.4+1}{2+(1.4-1)0.3^2}\right)^{\frac{1}{2}} = 0.3257$$

$$v_{\text{crit}} = \frac{v}{0.3257} = \frac{114.1}{0.3257} = 350.3 \text{ m/s}$$

$$\frac{T_{\text{crit}}}{T} = \frac{2+(1.4-1)0.3^2}{1.4+1} = 0.8483$$

$$T_{\text{crit}} = 0.8483 T = 0.8483 \times 360 = 305.4 \text{ K}$$

$$\frac{p_{\text{crit}}}{p} = 0.3\left[\frac{2+(1.4-1)0.3^2}{1.4+1}\right]^{\frac{1}{2}} = 0.2763$$

$$p_{\text{crit}} = 0.2763 \times p = 0.2763 \times 3.667 \times 10^5 = 1.013 \times 10^5 \text{ Pa}$$

9.5　在等截面管中有摩擦的等温流动

绝热摩擦流的假设适用于短管内的高速流,对于长管内的流动,如高压蒸汽管道、煤气管道、天然气管道等等,其气体状况接近于等温管流。

等温管流的能量方程为:

$$T = 常数, \quad dT = 0 \tag{9.54}$$

将式(9.39a)、式(9.39d)、式 $\dfrac{dv}{v} + \dfrac{1}{kMa^2}\dfrac{dp}{p} + \dfrac{\lambda dx}{2D} = 0$ 和式(9.54)联列求解,得:

$$\frac{dv}{v} = \frac{kMa^2}{1-kMa^2}\frac{\lambda dx}{2D} \tag{9.55a}$$

$$\frac{\mathrm{d}p}{p} = \frac{\mathrm{d}\rho}{\rho} = -\frac{\mathrm{d}v}{v} = \frac{kMa^2}{kMa^2 - 1} \frac{\lambda \mathrm{d}x}{2D} \tag{9.55b}$$

以上两式表明:

(1) 摩擦的作用,当 $kMa^2 < 1$ 时,使 v 增加,p、ρ 减小;当 $kMa^2 > 1$ 时,使 v 减小,p、ρ 增加,变化率随摩擦阻力的增加而增加。

(2) 虽然在 $kMa^2 < 1$ 时,摩擦使速度不断增加,但 $1 - kMa^2$ 等于零时,流速无限增大,所以管道出口截面上的 Ma 数不可能超过 $\sqrt{\frac{1}{k}}$,即管道中间绝不会出现临界截面,等温管流的最大管长在 $Ma = \sqrt{\frac{1}{k}}$ 处。

等温流动中压力降与质量流量的关系可以由式(9.39b)得到,两边同除以 ρv^2,并将 $v^2 = \frac{q_m^2}{A^2 \left(\frac{p}{RT}\right)^2}$ 代入,得:

$$\frac{pA^2 \mathrm{d}p}{q_m^2 RT} + \frac{1}{2} \lambda \frac{\mathrm{d}x}{D} + \frac{\mathrm{d}v}{v} = 0 \tag{9.56}$$

由式(9.55b)可得,$\frac{\mathrm{d}v}{v} = -\frac{\mathrm{d}p}{p} = -\frac{\mathrm{d}\rho}{\rho}$,故式(9.56)可写成:

$$\frac{pA^2 \mathrm{d}p}{q_m^2 RT} + \frac{1}{2} \lambda \frac{\mathrm{d}x}{D} - \frac{\mathrm{d}p}{p} = 0 \tag{9.57}$$

因为是等截面管的等温流动,A、$q_m^2 RT$ 为常数,对式(9.56)进行积分:

$$\int_{p_1}^{p_2} \left(\frac{pA^2}{q_m^2 RT} - \frac{1}{p}\right) \mathrm{d}p + \int_0^L \frac{1}{2} \lambda \frac{\mathrm{d}x}{D} = 0$$

整理得:

$$q_m = \left(\frac{\pi D^2}{4}\right) \sqrt{\frac{(p_1^2 - p_2^2)}{RT\left[\frac{\lambda L}{D} + 2\ln\left(\frac{p_2}{p_1}\right)\right]}} \tag{9.58}$$

用式(9.58)计算质量流量或压力降时,必须计算出口 Ma_2,以确定进口亚音速时,且 Ma_2 不大于 $\sqrt{\frac{1}{k}}$。

【例 9.5】 已知压缩空气流入 20 m 长的管道,管道直径为 4 cm,气流的绝对压力和绝对温度分别为 $p_1 = 261\,\mathrm{kPa}$,$T_1 = 473\,\mathrm{K}$,管道摩擦阻力系数平均值 $\bar{\lambda} = 0.018$,出口压力为 101 kPa,求质量流量。

解 $q_m = \left(\frac{\pi D^2}{4}\right) \sqrt{\dfrac{(p_1^2 - p_2^2)}{RT\left[\frac{\lambda L}{D} + 2\ln\left(\frac{p_2}{p_1}\right)\right]}}$

$$= \frac{3.14 \times 0.04^2}{4} \times \sqrt{\frac{261\,000^2 - 101\,000^2}{287 \times 473\left[\frac{0.018 \times 20}{0.04} + 2\ln\left(\frac{261}{101}\right)\right]}} = 0.249\,\mathrm{kg/s}$$

$$\rho_1 = \frac{p_1}{RT_1} = \frac{261\,000}{287 \times 473} = 1.92\,\mathrm{kg/m^3}$$

$$\rho_2 = \frac{p_2}{RT_2} = \frac{101\,000}{287 \times 473} = 0.744 \text{ kg/m}^3$$

$$c_1 = \sqrt{kRT_1} = \sqrt{1.4 \times 287 \times 473} = 435.9 \text{ m/s}$$

校核进、出口马赫数:

$$v_1 = \frac{q_m}{A\rho_1} = \frac{0.249}{\dfrac{3.14 \times 0.04^2}{4} \times 1.92} = 103.3 \text{ m/s}$$

$$v_2 = \frac{q_m}{A\rho_2} = \frac{0.249}{\dfrac{3.14 \times 0.04^2}{4} \times 0.744} = 266.5 \text{ m/s}$$

$$Ma_1 = \frac{v_1}{c_1} = \frac{103.3}{435.9} = 0.237$$

等温流动:
$$c_1 = c_2$$

$$Ma_2 = \frac{v_2}{c_1} = \frac{266.5}{435.9} = 0.611 < \sqrt{\frac{1}{k}} = 0.845$$

故计算有效。

9.6　超音速气流的绕流与激波

9.6.1　激波的产生及分类

当超音速气流流过大的障碍物(或超音速飞机、炮弹和火箭等在空中的飞行) 时,气流在障碍物前将受到急剧的压缩,气流压力、温度和密度等参数都将突跃地升高,而速度则突跃地降低。这种强的压缩波叫激波。

气流通过激波时的压缩过程是在非常小的距离内完成的,即激波的厚度非常小,理论计算和实际测量表明,在标准大气中,当来流 $Ma = 2$ 时,激波的厚度约为 2.54×10^{-4} mm,而此条件下,分子的平均自由行程是 7.0×10^{-5} mm,即激波的厚度和气体分子的自由行程是同一数量级。此外,激波的厚度还随着马赫数的增大而迅速减小。在工程上通常把激波视为没有厚度的流动参数的突跃面或间断面。气流参数在极小的距离内发生突跃变化,速度梯度和温度梯度很大,气体粘性和导热性有重要影响,使得速度和温度连续变化。

按照激波的形状,可以将激波分成以下三种:

(1) 正激波:气流方向与波面垂直,如图 9.5(a)。

(2) 斜激波:气流方向与波面不垂直,当超音速气流流过楔形物体时,在物体的前缘通常产生斜激波,如图 9.5(b)。

(3) 曲线激波:波形为曲线,当超音速气流流过钝头物体时,在物体的前缘产生脱体激波,称为曲线激波,如图 9.5(c)。曲线激波的中间部分与来流垂直,为正激波;沿着波面向外延伸为强度逐渐减小的斜激波系。

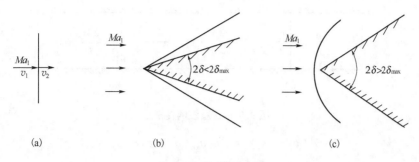

图 9.5　激波的分类

9.6.2　正激波的形成及传播速度

用一个简单的例子来说明激波的形成过程。如图 9.6 所示,设有一很长的等截面直管,管中充满着静止气体,在管道左端有一个活塞,活塞向右作加速运动以压缩管内气体。为了分析方便起见,假设活塞从静止状态加速到某一速度 v 的过程分解为很多阶段,每一阶段中活塞只有微小的速度增量 Δv。当活塞速度从零增加到 Δv 时,活塞右侧附近的气体先受到压缩,压力、温度略有增加,这时在气体中便产生一道微弱压缩波向右传播,其传播速度是尚未被压缩的气体中的音速 c_1。弱压缩波左面的气体受到一次微弱的压缩,以活塞的速度 Δv 向右运动。当再把活塞移动速度由 Δv 增加到 $2\Delta v$,在第一个微弱波后的气体中便产生第二道压缩波。因经过第一次压缩,气体温度升高,当地音速 c_2 增大,故第二道压缩波相对于静止管壁的绝对传播速度为 $c_2 + \Delta v$ 向右传播。显然,第二道波的传播速度必大于第一道波的传播。依此类推,活塞每加速一次,在气体中便产生一道弱压缩波,而靠活塞较近的微弱扰动波的传播速度比离活塞较远的微弱扰动波的传播速度为大,即 $c_n + v > \cdots c_2 + \Delta v > c_1$。经过一段时间后,后面的波一个一个地追赶上前面的波,叠加的波的形状变得越来越陡,直至形成一个垂直面的压缩波,这就是正激波。

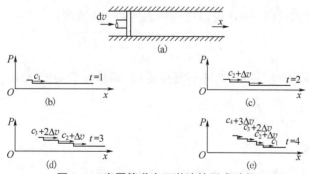

图 9.6　直圆管道中正激波的形成过程

正激波的传播速度。如图 9.7,活塞突然向右以速度 v 急剧移动,管内产生了激波,并向右推进。用 v_s 表示激波向右传播速度,激波后气体的运动速度则为活塞向右移动的速度 v,如图 9.7(a)。将坐标建立在激波面上,激波前的气体以速度 $v_1 = v_s$ 向左流向激波,经过激波后气体速度为 $v_2 = v_s - v$,如图 9.7(b) 中虚线表示的控制体应用动量方程,得:

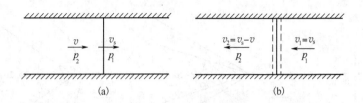

$$图\ 9.7\quad 正激波的传播$$

$$A(p_1 - p_2) = A\rho_1 v_s[(v_s - v) - v_s]$$

或

$$v_s v = \frac{p_2 - p_1}{\rho_1} \tag{9.59a}$$

式中,A—— 圆管的横截面积。

对控制体应用连续性方程,得:

$$A\rho_1 v_s = A\rho_2(v_s - v)$$

即

$$v = \frac{\rho_2 - \rho_1}{\rho_2} v_s \tag{9.59b}$$

式(9.59a)和(9.59b)中消去 v,得到正激波的传播速度为:

$$v_s = \sqrt{\frac{p_2 - p_1}{\rho_2 - \rho_1} \frac{\rho_2}{\rho_1}} = \sqrt{\frac{p_2}{\rho_1} \frac{\frac{p_2}{p_1} - 1}{1 - \frac{\rho_1}{\rho_2}}} \tag{9.59c}$$

式(9.59c)表明,随着激波强度的增大$\left(\dfrac{p_2}{p_1}, \dfrac{\rho_2}{\rho_1}\ 增大\right)$,激波的传播速度增大。若激波强度很

弱,即 $\dfrac{p_2}{p_1} \to 1, \dfrac{\rho_2}{\rho_1} \to 1$,则激波成为微弱压缩波,式(9.59c)可表示为:

$$v_s = \sqrt{\frac{p_2 - p_1}{\rho_2 - \rho_1}} = \sqrt{\frac{\mathrm{d}p}{\mathrm{d}\rho}} = c$$

即微弱压缩波以音速传播。

将式(9.59c)代入式(9.59b)可以得到波面后的气流速度:

$$v = \sqrt{\frac{(p_2 - p_1)(\rho_2 - \rho_1)}{\rho_1 \rho_2}} \tag{9.60}$$

式(9.60)表明,激波的强度越弱,气体的流速越低;如果是微弱的扰动波,波面后的气体是

没有运动的,即 $\dfrac{p_2}{p_1} \to 1, \dfrac{\rho_2}{\rho_1} \to 1, v = 0$。

9.6.3 膨胀波

超音速气流沿外凸壁 AOB 流动,壁面在 O 点向外折转一个微小的角度 $\mathrm{d}\theta$,如图 9.8。在 O 点设置了扰动源,气流在 O 点产生一个微弱扰动,马赫线与气流方向所成的马赫角 $\alpha = \arcsin \dfrac{1}{Ma}$。由于波后气流向外转折 $\mathrm{d}\theta$ 角,平行于壁面 OB,使气流通流面积有微小的增大,超音速气流将加速,而静压力、密度和温度都将有微弱的下降。可见,气流

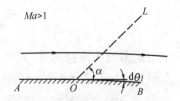

图 9.8　超音速气流绕微小
外折角壁面流动

经过马赫波的变化过程是个膨胀过程,所以称之为膨胀波。

如果超音速气流沿多次外折转的壁面 $AO_1\cdots O_nB$ 流动(见图 9.9),在壁面的每一折转处都要产生一道膨胀波 O_1L_1、$O_2L_2\cdots O_nL_n$,各膨胀波与该波前气流方向之间的夹角分别以 α_1,α_2,$\cdots\alpha_n$ 表示。由于经过膨胀波气流加速降温,Ma 数都有所增加,即

$$Ma_1 < Ma_2 < \cdots Ma_n$$

$$\alpha_1 > \alpha_2 > \cdots \alpha_n$$

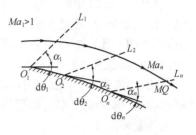

图 9.9　超音速气流线外凸曲面流动

由图 9.9 可以看出,每经过一道膨胀波,气流已向外折转了一个角度,且 α 角又逐渐减小,因此,这些膨胀波既不互相平行,也不会彼此相交,而是发散的。

当超音速气流沿凸曲壁面的流动时,可以认为是沿着无数次折转的壁面的流动,有无数道向外散发的膨胀波。经无数道膨胀波,流动参数将经过连续的变化而达到的一定量的变化,气流也将折转一个有限的角度。如果图 9.9 中的曲壁段 O_1O_2 逐渐缩短,在极限情况下,O_1 与 O_2 重合,曲壁就变成一个具有一定折角的折壁 AOB,发自曲壁面的无数道膨胀波也集中于壁面折转处,组成一扇形膨胀波区,如图 9.10。超音速气流穿过膨胀波时,流动方向逐渐转折,最后沿 OB 壁面流动,这样的平面流动通常称为绕凸钝角的超音速流动或普朗特 —— 迈耶流动。

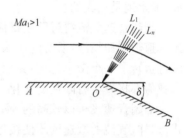

图 9.10　超音速气流绕有限外折角壁面流动

9.6.4　斜激波

超音速的直匀流沿内凹壁面 AOB 流动,壁面在 O 点向内折转一个微小的角度 $d\theta$,如图 9.11。O 点是一个扰动源,超音速气流经过 O 点将产生一道马赫波 OL,气流穿过波 OL,流动方向向内转折了一个微小的角度 $d\theta$,与壁面 OB 平行,气流的截面积减小了,气流参数发生了一个微小的变化。气流受到压缩,流速有微量减小,同时静压力、密度和温度都将有微弱的增加。这种马赫波称为微弱压缩波。

如果超音速气流沿多次内折转的壁面 $AO_1\cdots O_nB$ 流动(见图 9.12),在壁面的每一折转处都要产生一道压缩波。气流穿过这一系列的微弱压缩波,其速度逐渐降低,而压力、密度和温度逐渐升高,气流的马赫数逐渐减小,而马赫角逐渐增大,即

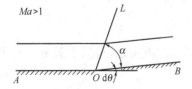

图 9.11　超音速气流绕微小内折角壁面流动

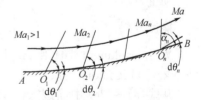

图 9.12　超音速气流绕内凹曲面流动

$$Ma_1 > Ma_2 > \cdots Ma_n$$

$$\alpha_1 < \alpha_2 < \cdots \alpha_n$$

气流接连内折转了一个角度,微弱压缩波系相交。

如果图 9.12 中的曲壁段 O_1O_2 逐渐缩短,在极限情况下,O_1 与 O_2 重合,曲壁就变成一个具有一定的内折角 δ 的折壁 AOB,如图 9.13,在 O 点将形成一道由无限多微弱压缩波迭加而成的强压缩波。气流经过这道波后,流动参数要发生突跃的变化,即速度要突跃地减小,而压力、温度、密度等参数则突跃地增加。这一强压缩波就是斜激波。它与来流方向的夹角,称为斜激波角 β。

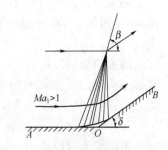

图 9.13 超音速气流绕有限内折角壁面流动

在压缩波未相交之前,气流穿过微弱压缩波系的流动为等熵压缩过程,但是,由无限多的微弱压缩波聚集而成一道波时,就再也不是弱压缩波而是强压缩波,即激波。气流穿过激波,熵永远是增大的。

当超音速气流绕过凹曲壁面流动时,曲壁上的每一点都相当于一个折点,每一点都将发出一道微弱压缩波,所有的压缩波组成一个连续的等熵压缩波区。气流每经过一道微弱压缩波都折转了一个微小角度,参数值有一个微小的变化。经过整个压缩波区,气流的折转角和参数值都将发生有限量的变化。

当超音速飞机以较高的 Ma 数飞行时,其扩压进气道的内壁,有时设计为内凹曲壁的形式。这样,气流的减速增压便接近于等熵压缩过程,其总压损失最小。压气机中超音速级的叶栅剖面,有一段也设计为内折曲壁的形式,以减小损失,提高压气机的效率。

9.7 激波前后气流参数的关系

9.7.1 正激波前后气流参数的关系

1) 朗金—许贡纽(Rankine-Hugoniot)关系式

在形成正激波的空间取图 9.14 所示的流管,坐标建立在激波上,下标 1 和 2 分别表示上游和下游。因为激波上下游的截面积不变,所以有:

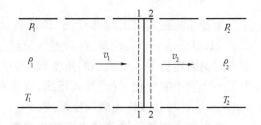

图 9.14 正激波前后气流参数

连续方程: $$\rho_1 v_1 = \rho_2 v_2 \qquad\qquad (a)$$

动量方程: $$p_1 - p_2 = \rho_2 v_2^2 - \rho_1 v_1^2 \qquad\qquad (b)$$

能量方程: $$h_1 + \frac{1}{2} v_1^2 = h_2 + \frac{1}{2} v_2^2 = h_0 \qquad\qquad (c)$$

W. J. Rankine(1870) 和 A. Hugoniot(1887) 分析了正激波关系,得到了朗金—许贡纽(Rankine-Hugoniot) 关系式。

从式(a) ~ (c)中,消去 v_1、v_2,得:

$$h_2 - h_1 = \frac{1}{2}(p_2 - p_1)\left(\frac{1}{\rho_2} + \frac{1}{\rho_1}\right) \qquad\qquad (d)$$

将理想气体关系式 $h = c_p T = \dfrac{kRT}{k-1} = \dfrac{kp}{\rho(k-1)}$ 代入上式,则:

$$\frac{\rho_2}{\rho_1} = \frac{\dfrac{k+1}{k-1}\dfrac{p_2}{p_1}+1}{\dfrac{k+1}{k-1}+\dfrac{p_2}{p_1}} \tag{9.61}$$

或

$$\frac{p_2}{p_1} = \frac{\dfrac{k+1}{k-1}\dfrac{\rho_2}{\rho_1}-1}{\dfrac{k+1}{k-1}-\dfrac{\rho_2}{\rho_1}} \tag{9.62}$$

根据理想气体状态方程式,可得:

$$\frac{T_2}{T_1} = \frac{p_2}{p_1}\frac{\rho_1}{\rho_2} = \frac{\dfrac{k+1}{k-1}\dfrac{p_2}{p_1}+\left(\dfrac{p_2}{p_1}\right)^2}{\dfrac{k+1}{k-1}\dfrac{p_2}{p_1}+1} \tag{9.63}$$

可见,经过激波,气流密度和温度突跃与压力突跃有对应关系。经过激波的气流密度突跃和温度突跃都只取决于压力突跃。

为了比较突跃压缩与等熵压缩的区别,将这两种压缩的变化曲线绘于图 9.15,图中可见,在同一压力比 $\dfrac{p_2}{p_1}$ 下,突跃压缩的温度比大于等熵压缩的温度比,而密度比则小。当 $\dfrac{p_2}{p_1} \rightarrow \infty$ 时,图 9.15 中突跃压缩曲线具有一渐近线,即密度比有一极限值 $(k+1)/(k-1)$。对于 $k = 1.4$ 的气体,无论波后的压力增加到多高,其密度的增加也不可能超过 6 倍。其因为是气流通过激波时,部分动能不可逆地变为热能,气流受到剧烈的加热,温度增高,从而使压力突跃引起的密度突跃受到了限制。

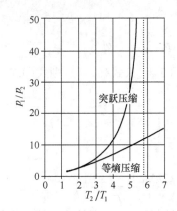 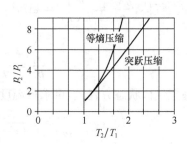

图 9.15 等熵压缩与突跃压缩的比较

2) 普朗特关系式

对于比热为常数的完全气体,能量方程表示为:

$$\frac{k}{k-1}\frac{p_1}{\rho_1}+\frac{v_1^2}{2} = \frac{k}{k-1}\frac{p_2}{\rho_2}+\frac{v_2^2}{2} = \frac{k+1}{2(k-1)}c_{\text{crit}}^2 \tag{e}$$

由式(b) 和(c) 得:

$$v_1 - v_2 = \frac{p_2}{\rho_2 v_2} - \frac{p_1}{\rho_1 v_1} \tag{f}$$

由式(e) 得:

$$\frac{p}{\rho} = \frac{k+1}{2k}c_{\text{crit}}^2 - \frac{k-1}{2k}v^2$$

代入式(f) 得:

$$v_1 - v_2 = (v_1 - v_2)\left(\frac{k+1}{2k}\frac{c_{\text{crit}}^2}{v_1 v_2} + \frac{k-1}{2k}\right)$$

上式有两个解,其一为 $v_1 = v_2$,这时没有激波产生;另一个是 $\frac{k+1}{2k}\frac{c_{\text{crit}}^2}{v_1 v_2} + \frac{k-1}{2k} = 1$,即

$$v_1 v_2 = c_{\text{crit}}^2 \tag{9.64a}$$

或
$$M_{*1} M_{*2} = 1 \tag{9.64b}$$

这就是著名的普朗特激波公式。它建立了正激波前后气流速度间的关系,正激波前气流的速度系数 $M_{*1} > 1$,则 $M_{*2} < 1$,即气流经过正激波后必定成为亚音速,并且激波前气流速度系数 M_{*1} 愈大,正激波愈强,激波后的速度系数 M_{*2} 就愈低。当 $M_{*1} = M_{*2} = 1$,激波就不存在了,也就是说上游马赫数一定是超音速的。

3) 马赫数关系式

对于完全气体,所有激波两侧的属性比都是比热比 k 及上游马赫数 Ma_1 的单值函数。

由连续性方程(a) 得,$\frac{v_2}{v_1} = \frac{\rho_1}{\rho_2}$,将式(9.64) 除以 v_1^2,再根据式(9.28a) 得:

$$\frac{v_2}{v_1} = \frac{1}{M_{*1}^2} = \frac{2+(k-1)Ma_1^2}{(k+1)Ma_1^2} \tag{9.65}$$

则
$$\frac{\rho_2}{\rho_1} = M_{*1}^2 = \frac{(k+1)Ma_1^2}{2+(k-1)Ma_1^2} \tag{9.66}$$

由连续方程(a) 和动量方程(b) 可得:

$$\frac{p_2}{p_1} = 1 + \frac{\rho_1 v_1^2 - \rho_2 v_2^2}{p_1} = 1 + \frac{\rho_1}{p_1}v_1^2\left(1 - \frac{v_2}{v_1}\right) \tag{9.67}$$

对于完全气体,$\frac{\rho_1 v_1^2}{p_1} = \frac{kv_1^2}{kRT_1} = kMa_1^2$,并将式(9.65)代入式(9.67),则式(9.67)可改写为:

$$\frac{p_2}{p_1} = \frac{2kMa_1^2}{k+1} - \frac{k-1}{k+1} \tag{9.68}$$

根据理想气体状态方程式,可求得温度比:

$$\frac{T_2}{T_1} = \frac{p_2}{p_1}\frac{\rho_1}{\rho_2} = \frac{2+(k-1)Ma_1^2}{(k+1)Ma_1^2}\left(\frac{2kMa_1^2}{k+1} - \frac{k-1}{k+1}\right) \tag{9.69}$$

激波前后马赫数关系,根据气流通过激波时的总温保持不变,即认为气流在极短的距离内用极短的时间迅速完成参数的突跃,是一绝热过程。因此:

$$\frac{T_2}{T_1} = \frac{\dfrac{T_2}{T_0}}{\dfrac{T_1}{T_0}} = \frac{1+\dfrac{k-1}{2}Ma_1^2}{1+\dfrac{k-1}{2}Ma_2^2}$$

将式(9.69)代入上式并化简,可得:

$$Ma_2^2 = \frac{2+(k-1)Ma_1^2}{2kMa_1^2-(k-1)} \tag{9.70}$$

根据滞止参数定义 $p_{01} = p_1\left(\dfrac{\rho_{01}}{\rho_1}\right)^k$ 及 $p_{02} = p_2\left(\dfrac{\rho_{02}}{\rho_2}\right)^k$,得:

$$\frac{\rho_{02}}{\rho_{01}} = \left(\frac{p_{02}}{p_{01}}\right)^{\frac{1}{k}} \left(\frac{p_2}{p_1}\right)^{\frac{1}{k}} \frac{\rho_2}{\rho_1}$$

因为总温相等，$\dfrac{p_{02}}{p_{01}} = \dfrac{\rho_{02}}{\rho_{01}}$，则：

$$\frac{p_{02}}{p_{01}} = \left(\frac{\rho_2}{\rho_1}\right)^{\frac{k}{k-1}} \left(\frac{p_1}{p_2}\right)^{\frac{1}{k-1}}$$

将式(9.66)和式(9.68)代入上式，得到激波前后的总压关系为：

$$\frac{p_{02}}{p_{01}} = \left[\frac{(k+1)Ma_1^2}{2+(k-1)Ma_1^2}\right]^{\frac{k}{k-1}} \left(\frac{2kMa_1^2}{k+1} - \frac{k-1}{k+1}\right)^{-\frac{1}{k-1}} \tag{9.71}$$

随着激波前马赫数的增大，激波后总压与激波前总压之比下降，即激波强度越大，通过激波的总压损失越多。当 $Ma_1 = 1$ 时，激波变为弱扰动波，此时 $p_{01} = p_{02}$。

【例 9.6】 空气流中正激波前的 $v_1 = 600\ \text{m/s}$，$T_{01} = 500\ \text{K}$，$p_{01} = 700\ \text{kPa}$。试计算激波后 Ma_2、v_2、T_2、p_2、ρ_2、p_{02}。

解 激波前的静温、音速和马赫数为：

$$T_1 = T_{01} - \frac{v_1^2}{2c_p} = 500 - \frac{600^2}{2 \times 1005} = 320.9\ \text{K}$$

$$c_1 = \sqrt{kRT_1} = \sqrt{1.4 \times 287 \times 320.9} = 359.1\ \text{m/s}$$

$$Ma_1 = \frac{v_1}{c_1} = \frac{600}{359.1} = 1.671$$

(1) $Ma_2 = \sqrt{\dfrac{2+(k-1)Ma_1^2}{2kMa_1^2-(k-1)}} = \sqrt{\dfrac{2+0.4 \times 1.671^2}{2 \times 1.4 \times 1.671^2 - 0.4}} = 0.648$

(2) $\dfrac{v_2}{v_1} = \dfrac{1}{M_{*1}^2} = \dfrac{2+(k-1)Ma_1^2}{(k+1)Ma_1^2} = \dfrac{2+0.4 \times 1.671^2}{2.4 \times 1.671^2} = 0.465$

$\quad\ v_2 = 0.465v_1 = 0.465 \times 600 = 279\ (\text{m/s})$

(3) $\dfrac{T_2}{T_1} = \dfrac{2+(k-1)Ma_1^2}{(k+1)Ma_1^2}\left(\dfrac{2kMa_1^2}{k+1} - \dfrac{k-1}{k+1}\right)$

$$= \frac{2+0.4 \times 1.671^2}{2.4 \times 1.671^2}\left(\frac{2.8 \times 1.672^2}{1.4+1} - \frac{1.4-1}{1.4+1}\right)$$

$$= 1.438$$

$\quad\ T_2 = 1.438 T_1 = 1.438 \times 320.9 = 461.5\ \text{K}$

(4) $\dfrac{p_2}{p_1} = \dfrac{2kMa_1^2}{k+1} - \dfrac{k-1}{k+1} = \dfrac{2.8 \times 1.671^2 - 0.4}{2.4} = 3.091$

$$\frac{p_{01}}{p_1} = \left(1 + \frac{k-1}{2}Ma_1^2\right)^{\frac{k}{k-1}} = (1 + 0.2 \times 1.671^2)^{3.5} = 4.725$$

$$p_1 = \frac{p_{01}}{4.725} = \frac{700}{4.725} = 148.15\ \text{kPa}$$

$$p_2 = 3.091 p_1 = 3.091 \times 148.15 = 458\ \text{kPa}$$

(5) $\rho_1 = \dfrac{p_1}{RT_1} = \dfrac{148.15 \times 10^3}{287 \times 320.9} = 1.6\ \text{kg/m}^3$

或 $\qquad \dfrac{\rho_0}{\rho_1} = \left(1 + \dfrac{k-1}{2}Ma_1^2\right)^{\frac{1}{k-1}}$

$$\rho_1 = \rho_0 \left(1 + \frac{k-1}{2}Ma_1^2\right)^{-\frac{1}{k-1}} = \frac{p_{01}}{RT_{01}}\left(1 + \frac{k-1}{2}Ma_1^2\right)^{-\frac{1}{k-1}}$$

$$= \frac{700 \times 10^3}{287 \times 500}(1 + 0.2 \times 1.671^2)^{-2.5} = 1.6 \text{ kg/m}^3$$

$$\frac{\rho_2}{\rho_1} = \frac{(k+1)Ma_1^2}{2+(k-1)Ma_1^2} = \frac{2.4 \times 1.671^2}{2+0.4 \times 1.671^2} = 2.15$$

$$\rho_2 = 2.15\rho_1 = 2.15 \times 1.6 = 3.44 \text{ kg/m}^3$$

(6) $\dfrac{p_{02}}{p_{01}} = \left[\dfrac{(k+1)Ma_1^2}{2+(k-1)Ma_1^2}\right]^{\frac{k}{k-1}}\left(\dfrac{2kMa_1^2}{k+1} - \dfrac{k-1}{k+1}\right)^{-\frac{1}{k-1}}$

$$= \left(\frac{2.4 \times 1.671^2}{2+0.4 \times 1.671^2}\right)^{3.5}\left(\frac{2.8 \times 1.671^2 - 0.4}{2.4}\right)^{-2.5}$$

$$= 0.8675$$

$$p_{02} = 0.8675p_{01} = 607.3 \text{ kPa}$$

或 $\qquad \dfrac{p_{02}}{p_2} = \left(1 + \dfrac{k-1}{2}Ma_2^2\right)^{\frac{k}{k-1}} = (1+0.2 \times 0.648^2)^{3.5} = 1.326$

$$p_{02} = 1.326p_2 = 1.326 \times 458 = 607.3 \text{ kPa}$$

9.7.2　斜激波前后气流参数的关系

1) 斜激波前后参数的关系

斜激波形成的原因是由于超音速气流受到凹钝角或凹曲壁面的压缩,气流经过斜激波将内折 δ 角,流动参数发生了突跃变化。

图 9.16 表示超音速气流流过楔形物体时产生的斜激波,δ 是楔形物体的半顶角,β 是斜激波角。为了导出斜激波前后气流参数的关系,沿激波取虚线所示控制面,将激波前后气流速度分解为平行于波面的分量 $v_{1\tau}$、$v_{2\tau}$ 和垂直于波面的分量 v_{1n}、v_{2n}。对所取控制体可得到基本方程如下:

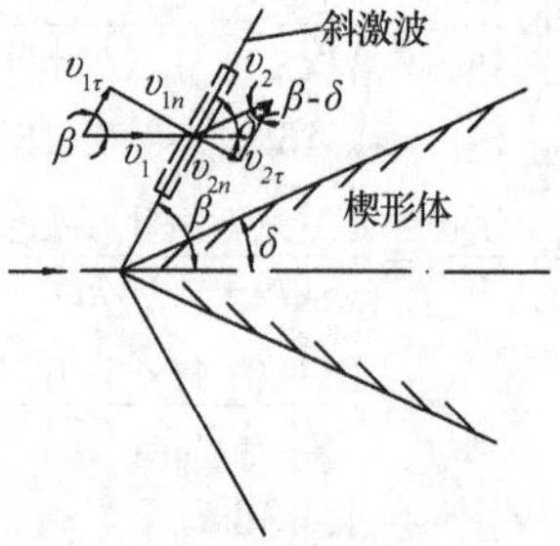

连续方程:

$$\rho_1 v_{1n} = \rho_2 v_{2n} \qquad\qquad \text{(g)}$$

动量方程:

平行于波面方向:

$$(\rho_1 v_{1n})v_{1\tau} = (\rho_2 v_{2n})v_{2\tau} \quad 即 \quad v_{1\tau} = v_{2\tau} \quad \text{(h)}$$

垂直于波面方向:

图 9.16　斜激波前后参数

$$p_1 - p_2 = \rho_1 v_{1n}(v_{2n} - v_{1n}) \qquad\qquad\qquad \text{(i)}$$

能量方程:

$$h_1 + \frac{1}{2}v_1^2 = h_2 + \frac{1}{2}v_2^2 \qquad\qquad\qquad \text{(j)}$$

经过斜激波,气流切向速度分量不变,法向速度分量减小,气流向着波面转折。由式(i)可以看出,用法向速度表示的垂直于波面的动量方程与正激波的相同。因此,就速度场而论,完全可以把斜激波看成法向速度的正激波与切向速度的迭加。这样,就可借用正激波的公式求出斜激波前后气流参数的关系。以法向速度的马赫数:

$$Ma_{1n} = \frac{v_{1n}}{c_1} = \frac{v_1 \sin\beta}{c_1} = Ma_1 \sin\beta$$

代替式(9.65)、式(9.67)、式(9.68)和式(9.70)中的Ma_1，可以得到斜激波前后气流参数比：

$$\frac{\rho_2}{\rho_1} = \frac{(k+1)Ma_1^2 \sin^2\beta}{2 + (k-1)Ma_1^2 \sin^2\beta} \tag{9.72}$$

$$\frac{p_2}{p_1} = \frac{2kMa_1^2 \sin^2\beta}{k+1} - \frac{k-1}{k+1} = \frac{2k}{k+1}\left(\frac{v_{1n}^2}{c_1^2} - \frac{k-1}{2k}\right) \tag{9.73}$$

$$\frac{T_2}{T_1} = \frac{p_2}{p_1}\frac{\rho_1}{\rho_2} = \frac{2 + (k-1)Ma_1^2 \sin^2\beta}{(k+1)Ma_1^2 \sin^2\beta}\left(\frac{2kMa_1^2 \sin^2\beta}{k+1} - \frac{k-1}{k+1}\right) \tag{9.74}$$

$$\frac{p_{02}}{p_{01}} = \left[\frac{(k+1)Ma_1^2 \sin^2\beta}{2 + (k-1)Ma_1^2 \sin^2\beta}\right]^{\frac{k}{k-1}}\left(\frac{2kMa_1^2 \sin^2\beta}{k+1} - \frac{k-1}{k+1}\right)^{-\frac{1}{k-1}} \tag{9.75}$$

斜激波后的马赫数可以用：

$$\frac{v_{2n}}{c_2} = \frac{v_2 \sin(\beta-\delta)}{c_2} = Ma_2 \sin(\beta-\delta)$$

代替式(9.69)中的Ma_2而得出：

$$Ma_2^2 \sin^2(\beta-\delta) = \frac{2 + (k-1)Ma_1^2 \sin^2\beta}{2kMa_1^2 \sin^2\beta - (k-1)} \tag{9.76}$$

由连续性方程可得：

$$v_{1n}v_{2n} = \frac{\rho_1}{\rho_2}v_{1n}^2$$

将式(9.72)代入，得：

$$v_{1n}v_{2n} = \frac{(k-1)v_{1n}^2 + 2c_1^2}{k+1} \tag{k}$$

由能量方程，得：

$$\frac{v_{1n}^2 + v_{1\tau}^2}{2} + \frac{c_1^2}{k-1} = \frac{k+1}{k-1}\frac{c_{\text{crit}}^2}{2}$$

或

$$(k-1)v_{1n}^2 + 2c_1^2 = (k-1)\left(\frac{k+1}{k-1}c_{\text{crit}}^2 - v_{1\tau}^2\right)$$

代入式(k)，得：

$$v_{1n}v_{2n} = c_{\text{crit}}^2 - \frac{k-1}{k+1}v_{1\tau}^2 \tag{9.77}$$

由于$\dfrac{p_2}{p_1} > 1$，由式(9.73)可得：

$$\frac{v_{1n}^2}{c_1^2} - \frac{k-1}{2k} > \frac{k+1}{2k}$$

即

$$v_{1n} > c_1$$

可见，斜激波前气流的法向分速必然是超音速。由式(9.77)，斜激波后气流的法向分速必然是亚音速。至于斜激波后气流的速度，则可能大于音速，也可能小于音速，视其切向分速v_τ的大小而定。

2）斜激波气流的转折角

经过斜激波，气流的方向必然有转折，由图9.16

$$\tan(\beta-\delta) = \frac{v_{2n}}{v_{2\tau}}$$

$$\tan\beta = \frac{v_{1n}}{v_{1\tau}}$$

考虑到 $v_{1\tau} = v_{2\tau}$，可得：

$$\frac{v_{2n}}{v_{1n}} = \frac{\tan(\beta - \delta)}{\tan\beta}$$

根据式(a)并将式(9.72)代入上式，可得：

$$\frac{\tan(\beta - \delta)}{\tan\beta} = \frac{\rho_1}{\rho_2} = \frac{2 + (k-1)Ma_1^2 \sin^2\beta}{(k+1)Ma_1^2 \sin^2\beta}$$

由三角形公式：

$$\tan(\beta - \delta) = \frac{\tan\beta - \tan\delta}{1 + \tan\beta\tan\delta}$$

则

$$\tan\delta = \frac{(Ma_1^2 \sin^2\beta - 1)\cot\beta}{Ma_1^2 \left(\dfrac{k+1}{2} - \sin^2\beta\right) + 1} \tag{9.78}$$

上式表明，气流转折角 δ 与来流马赫数 Ma_1 和激波角 β 有关，利用此式可由 Ma_1、β 求 δ 角，或由 Ma_1、δ 求 β 角。为了将这一关系清楚地表示出来，将式(9.78)绘成曲线图，图9.17给出了当 $k = 1.4$ 时，激波角 β 与波前马赫数 Ma_1、气流转折角 δ 的关系。由图可以得出关于斜激波的一些特征：

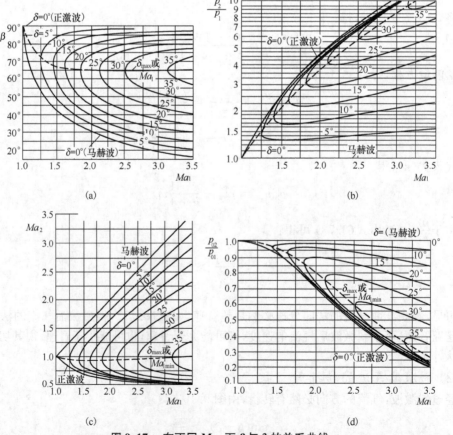

图 9.17　在不同 Ma_1 下 β 与 δ 的关系曲线

（1）有两种情况，气流的转折角 δ 等于零：当 $Ma_1^2\sin^2\beta-1=0$，即 $\sin\beta=\dfrac{1}{Ma_1}=\sin\alpha$ 时，激波角等于马赫角，这时激波强度变得无限小，激波退化为马赫波。当 $\cot\beta=0$ 时，即 $\beta=90°$ 时，这就是正激波的情况。可见，马赫波和正激波都是斜激波的特例。

（2）对于一定的来流马赫数 Ma_1，气流转折角 δ 有一个最大值 δ_{max}，称为该 Ma_1 值下的最大转折角。Ma_1 增大，δ_{max} 增大。连接各 Ma_1 值下的 δ_{max}，或者说，连接各 δ 值下的 Ma_{1min}，得到图中虚线，该虚线将曲线分为上下两支，下半支对应于弱激波，上半支对应于强激波。实际情况是哪种激波出现，要视具体条件而定。对于只给出几何边界条件而无压力条件规定的外部流动和内部流动，实际上出现的一定是弱激波。对于有高压力比条件规定的外部流动和内部流动，例如有高背压的喷管出口射流或有几何边界条件和强压力突跃的通道内的流动等，都可能出现强激波，这要根据条件去具体分析。

（3）超音速气流流过楔形物体并产生附体的斜激波时，气流经过斜激波的转折角就是半楔物体的半顶角，如图 9.18(a)。这个角度必然小于该来流马赫数下的最大转折角。若楔形物体的半顶角超过了 δ_{max} 值，这时激波就离开了楔形物体而在它前面形成一曲线形的曲线激波，如图 9.18(b)。曲线激波沿波面激波角逐渐变化，正对楔形物体前缘的部分接近于正激波，而沿波面两侧激波角逐渐减小，激波强度减弱，在离物体较远处，激波退化为马赫波。曲线激波后的流场不是单纯的超音速流场，在物体前缘附近有一个亚音速区域，其他区域是超音速的。

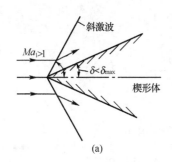 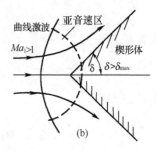

图 9.18　超音速气流流过楔形物体

9.7.3　波阻的概念

理想气体通过激波，因 $T_{01}=T_{02}$，则熵的变化为：

$$\Delta s=s_2-s_1=c_p\ln\frac{T_{02}}{T_{01}}-R\ln\frac{p_{02}}{p_{01}}=-R\ln\frac{p_{02}}{p_{01}} \tag{9.79}$$

又因为，$p_{01}>p_{02}$，故：

$$s_2-s_1>0$$

经过激波气体的熵必增大。

这就是说，气体经过激波时受到突跃式的压缩，在激波内部存在剧烈的热传导和粘性作用，气流通过激波经历的是不可逆绝热流动。

将式（9.75）代入式（9.79），并引用 $R=(k-1)c_v$，得：

$$\frac{\Delta s}{c_v} = \ln\left\{\left[\frac{2+(k-1)Ma_1^2\sin^2\beta}{(k+1)Ma_1^2\sin^2\beta}\right]^k \left(\frac{2kMa_1^2\sin^2\beta}{k+1} - \frac{k-1}{k+1}\right)\right\} \tag{9.80}$$

由上式可知,当 $\sin\beta = \dfrac{1}{Ma_1} = \sin\alpha$,即斜激波退化为马赫波时,$\Delta s = c_v\ln1 = 0$,为等熵过程。随着 β 角的增大,Δs 也增大,当 $\beta = 90°$ 时,即正激波时,Δs 达到最大值:

$$\Delta s = c_v\ln\left\{\left[\frac{2+(k-1)Ma_1^2}{(k+1)Ma_1^2}\right]^k \left(\frac{2kMa_1^2}{k+1} - \frac{k-1}{k+1}\right)\right\} \tag{9.81}$$

热力学中,在绝热过程中只要有熵增加,过程中必然存在着有用能的损失。这种机械能的损失,可以作如下的解释:当超音速气流绕过物体流动时,产生激波,熵增加,速度降低,动量减小,因而必有作用在气流上与来流方向相反的力,即阻滞气流的阻力。另一方面,对于激起激波的物体,也必然受到与上述作用力大小相等而与来流方向相同的反作用力,即流体作用在物体上的阻力。这种与摩擦力无关但由激波产生的阻力,称为波阻。波阻的大小取决于激波的强度,激波愈强,波阻愈大。

【例 9.7】 马赫数为 $Ma_1 = 3.0$ 的空气流过顶角为 30° 的楔形体(激波角 $\beta = 32.3°$),气体静压为 $p_1 = 1.0 \times 10^4$ Pa,静温为 $T_1 = 216.5$ K。求激波后的静压 p_2、静温 T_2、密度 ρ_2、速度 v_2、总压 p_{02} 和马赫数 Ma_2。

解 由式(9.73)得:

$$\frac{p_2}{p_1} = \frac{2kMa_1^2\sin^2\beta}{k+1} - \frac{k-1}{k+1} = \frac{2.8}{2.4}\times 3^2 \times \sin^2(32.2°) - \frac{0.4}{2.4} = 2.815$$

$$p_2 = 2.815p_1 = 2.815 \times 10^4 \text{ Pa}$$

由连续方程:

$$\frac{\rho_2}{\rho_1} = \frac{v_{1n}}{v_{2n}} = \frac{\tan\beta}{\tan(\beta-\delta)} = \frac{\tan32.2°}{\tan(32.2°-15°)} = 2.034$$

由状态方程:

$$\rho_1 = \frac{p_1}{RT_1} = \frac{10^4}{287 \times 216.5} = 0.161 \text{ kg/m}^3$$

$$\rho_2 = 2.034\rho_1 = 2.034 \times 0.161 = 0.327 \text{ kg/m}^3$$

$$T_2 = \frac{p_2}{R\rho_2} = \frac{2.815 \times 10^4}{287 \times 0.327} = 300 \text{ K}$$

由式(9.76):

$$Ma_2^2\sin^2(\beta-\delta) = \frac{2+(k-1)Ma_1^2\sin^2\beta}{2kMa_1^2\sin^2\beta-(k-1)} = \frac{2+0.4\times 3^2 \times \sin^2(32.2°)}{2.8\times 3^2 \times \sin^2(32.2°) - 0.4} = 0.447$$

$$Ma_2 = \sqrt{\frac{0.447}{\sin^2(32.2°-15°)}} = 2.26$$

$$v_2 = Ma_2c_2 = Ma_2\sqrt{kRT_2} = 2.26\sqrt{1.4 \times 287 \times 300} = 784.6 \text{ m/s}$$

由式(9.18):

$$\frac{p_{02}}{p_2} = \left(1+\frac{k-1}{2}Ma_2^2\right)^{\frac{k}{k-1}} = (1+0.2\times 2.26^2)^{3.5} = 11.75$$

$$p_{02} = 11.75p_2 = 3.3 \times 10^5 (\text{Pa})$$

9.8 变截面管流变工况流动分析

9.8.1 收缩喷管变工况流动分析

当喷管不在设计工况下工作,如喷管出口背压 p_b 发生变化,此时收缩喷管中气体流动将发生变化。根据临界压力比 $\dfrac{p_{crit}}{p_0}$ 大小,可以将收缩喷管的中流动分为三种状态:

(1) 当 $\dfrac{p_b}{p_0} > \dfrac{p_{crit}}{p_0}$ 时为亚临界流动状态,整个喷管内的流动是亚音速, $Ma(M_*) < 1$,出口处的压力和外界压力相同, $p_1 = p_b$ 。随着背压的降低,出口流速和流量都会增大,如图 9.19(b)、(c) 中(1) 所示。气体在喷管内得到完全膨胀。

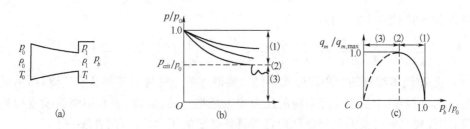

图 9.19　收缩喷管及变工况分析

(2) $\dfrac{p_b}{p_0} = \dfrac{p_{crit}}{p_0}$ 时为临界流动,这时喷管内的流动是亚音速的,但出口截面上气流达到临界状态, $Ma(M_*) = 1$, $p_1 = p_b = p_{crit}$, $q_m = q_{m,max}$,如图 9.19(b)、(c) 中(2) 所示。气体在喷管内仍然得到完全膨胀。

(3) $\dfrac{p_b}{p_0} < \dfrac{p_{crit}}{p_0}$ 时为超临界流动,整个喷管内的流动与临界流动完全一样, $Ma(M_*) = 1$, $p_1 = p_{crit} > p_b$, $q_m = q_{m,max}$,如图 9.19(b)、(c) 中(3) 所示。由于喷管出口处的气流压力没有完全膨胀到外界背压,气体在喷管内没有完全膨胀,故称为膨胀不足,气体在出口截面后,将继续膨胀。

当背压由 p_0 降低时,流量逐渐增加,当 $p_1 = p_{crit}$ 时,达到最大值 $q_{m,max}$ 。但背压从 p_{crit} 再继续降低时,流量不减小,而保持不变,始终等于最大值 $q_{m,max}$ 。此时,流动壅塞,因为,对于给定的滞止参数,当喷管的喉部处在临界状态时,通过的质量流量最大。

还可以用微弱扰动波传播给予解释:因为压力扰动传播给气流是以音速推进的,当出口速度为音速时,背压降低而产生的压力扰动波不能逆气流方向向喷管内传播,所以喷管内以及喷管出口截面上的压力不会受到背压的影响,气体流量一直保持为最大流量。

9.8.2 喷管出口处的流速、流量及面积比

出口截面的速度仍可用式(9.37) 求得,只需将出口截面上设计压力 p_1 代入,通过喷管的流量由最小截面上的参数决定,因为在最小截面上达到音速,流量为最大值:

$$q_{m,\text{crit}} = A_t \left(\frac{2}{k+1}\right)^{\frac{k+1}{2(k-1)}} \sqrt{kp_0\rho_0} \qquad (9.82)$$

式中，$A_t = A_{\text{crit}}$，是喷管的最小截面积，也称为喉部截面积或临界截面积。

要得到某一马赫数的超音速气流，喷管几何形状可以由面积比确定。面积比是指拉伐尔喷管中，管道任一截面积 A 与临界截面积 A_{crit} 之比。根据连续性方程：

$$\frac{A}{A_{\text{crit}}} = \frac{\rho_{\text{crit}} c_{\text{crit}}}{\rho v} = \frac{\rho_{\text{crit}}}{\rho_0} \frac{\rho_0}{\rho} \frac{c_{\text{crit}}}{v}$$

将式(9.22)、式(9.25)、式(9.35)及等熵关系式 $\dfrac{\rho}{\rho_0} = \left(\dfrac{p}{p_0}\right)^{\frac{1}{k}}$ 代入上式，得：

$$\frac{A}{A_{\text{crit}}} = \frac{\left(\frac{2}{k+1}\right)^{\frac{1}{k-1}}}{\left\{\frac{k+1}{k-1}\left[\left(\frac{p}{p_0}\right)^{\frac{2}{k}} - \left(\frac{p}{p_0}\right)^{\frac{k+1}{k}}\right]\right\}^{\frac{1}{2}}} \qquad (9.83)$$

将式(9.18)代入上式，得：

$$\frac{A}{A_{\text{crit}}} = \frac{1}{Ma}\left(\frac{2}{k+1} + \frac{k-1}{k+1}Ma^2\right)^{\frac{k+1}{2(k-1)}} = \frac{1}{M_*}\left(\frac{k+1}{2} - \frac{k-1}{2}M_*^2\right)^{-\frac{1}{k-1}} \qquad (9.84)$$

式(9.84)是拉伐尔喷管的面积比公式。可见，要得到某一马赫数的超音速气流，所需的面积比是唯一的，而与这个面积比相对应的压力比也是唯一的。因此，要利用缩放喷管得到超音速气流，不仅要具备必要的几何条件而且要具备必要的压力条件，两者缺一不可。

已知 $\dfrac{A}{A_{\text{crit}}}$，由式(9.84)求马赫数是复杂的代数运算。当 $k = 1.4$ 时，采用下面的曲线拟合公式，在公式指定的区间内，误差 $\pm 2\%$ 之内。对于一给定 $\dfrac{A}{A_{\text{crit}}}$ 值，有两个可能解，一为亚音速，另一为超音速。所以拟合公式分两类不同情况计算。

$$Ma \approx \begin{cases} \dfrac{1 + 0.27\left(\frac{A}{A_{\text{crit}}}\right)^{-2}}{1.728\left(\frac{A}{A_{\text{crit}}}\right)} & 1.34 < \dfrac{A}{A_{\text{crit}}} < \infty \\[2ex] 1 - 0.88\left(\ln\dfrac{A}{A_{\text{crit}}}\right)^{0.45} & 1.0 < \dfrac{A}{A_{\text{crit}}} < 1.34 \\[2ex] 1 + 1.2\left(\dfrac{A}{A_{\text{crit}}} - 1\right)^{0.5} & 1.0 < \dfrac{A}{A_{\text{crit}}} < 2.9 \\[2ex] \left[216\dfrac{A}{A_{\text{crit}}} - 254\left(\dfrac{A}{A_{\text{crit}}}\right)^{\frac{2}{3}}\right]^{\frac{1}{5}} & 2.9 < \dfrac{A}{A_{\text{crit}}} < \infty \end{cases} \quad \begin{matrix} \text{亚音速流} \\[5ex] \text{超音速流} \end{matrix} \qquad (9.85)$$

9.8.3　缩放喷管变工况流动分析

缩放喷管具备了面积比条件后，能否实现超音速流动还要由气流本身的总压和一定的背压条件来决定。假定 p_0 保持不变，设计工况下的出口压力为 p_1，讨论背压对流动的影响。

第一种情况：背压 p_b 低于设计工况下的出口压力 p_1，气流在喷管内没有得到完全膨胀，在出口截面上气流压力高于外界背压，超音速气流流出喷管后以膨胀波的形式继续膨胀，其压力变化如图 9.20(b)abc(1) 所示。c 点对应的压力为 p_1，喷管出口产生膨胀波系。因微弱扰动不能在超音速流中逆流向上传播,所以这种扰动传不到喷管内部,不影响喷管内部的流动。这种现象称为膨胀不足。

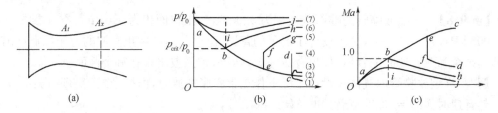

图 9.20 缩放喷管及变工况分析

随着背压逐渐升高,喷管内的流动虽没有变化,但气流在喷管出口外膨胀程度逐渐减小。当 $p_b = p_1$ 时,气流在管内得到完全膨胀,在出口后不再膨胀,如图曲线 $abc(2)$ 所示。

第二种情况:背压 p_b 高于设计工况下的出口压力 p_1,而不高于出口截面上形成正激波时的背压 p_2。气流在喷管内仍作正常的降压,在出口截面上气流压力小于外界背压,因此,气流在出口处将产生激波,如图曲线 $abc(3)$ 所示。这种现象称为膨胀过度。气流经过激波,压力提高到和外界压力相等,激波强度由压力比 $\dfrac{p_b}{p_1}$ 决定。当外界背压比 p_1 大得不多时,在喷管出口外只产生弱斜激波。随背压逐渐升高,激波前后的压力比增大,激波强度也不断增强,激波角 β 逐渐加大。在 $p_b = p_2$ 时,出口截面产生正激波,如图曲线 $abc(4)$ 所示。d 点的压力,即正激波后的气流压力 p_2,可以由波前马赫数 Ma_1 和压力 p_1 得到,根据式(9.68):

$$p_2 = p_1\left(\frac{2kMa_1^2}{k+1} - \frac{k-1}{k+1}\right) \tag{9.86}$$

可见,p_2 由 p_1 和 Ma_1 确定,而 p_1 和 Ma_1 与面积比 $\dfrac{A}{A_{\text{crit}}}$ 相关,所以 p_2 也与 $\dfrac{A}{A_{\text{crit}}}$ 有关。

当 $p_1 < p_b \leqslant p_2$ 时,气流的出口压力通过不同强度的激波来达到与背压相平衡,所以在此背压范围内喷管内的流动不受背压变化的影响。

第三种情况:背压 p_b 高于出口截面上形成正激波时的背压 p_2,而不高于激波内移到最小截面处的出口压力 p_3。

当背压略高于 p_2 时,为了适应正激波后背压的升高,正激波就要向喷管内移动。随着激波的内移,波前马赫数将减小,激波强度将减弱。气流经过正激波变为亚音速,在以后的渐扩段中逐渐减速,压力逐渐升高到出口处的背压。如图曲线 $abefg(5)$ 所示。即先按曲线 abe 降压加速,经激波由 e 跃变至 f,再按曲线 fg 减速增压至喷管出口。

当背压提高到某个数值 p_3 时管内激波恰好移到喉部,此时由于波前马赫数为1,所以激波也就不存在。若用 Ma'_1 表示气流在出口截面亚音速的马赫数,则 p_3 为:

$$p_3 = p_0\left(1 + \frac{k-1}{2}Ma_1'^2\right)^{-\frac{k}{k-1}}$$

Ma'_1 按照给定的面积比 $\dfrac{A}{A_{\text{crit}}}$ 来确定。

当 $p_b = p_3$ 时,如曲线 $abh(6)$ 所示,h 点对应的压力为 p_3。

第四种情况:背压高于激波内移到最小截面处的出口压力 p_3,而低于滞止压力。这时喉部也达不到音速,管内全部是亚音速流,超音速喷管变成了文丘里管。如曲线 $aij(7)$ 所示。

此时出口截面上气流压力必然等于环境背压,出口截面上气流速度不再取决于面积比,而取决于压力比 $\dfrac{p_b}{p_0}$。随背压提高,速度减小,当 $p_b = p_0$ 时,气流将完全停止流动。

【例 9.8】 一缩放喷管的喉部截面积为 $0.002\,\text{m}^2$,出口面积为 $0.01\,\text{m}^2$;空气参数为 $p_0 = 1\,000\,\text{kPa}$,$T_0 = 500\,\text{K}$,试求设计工况下的背压、出口截面产生正激波的背压和喉部出现音速其余全为亚音速时的背压。如果背压为 $300\,\text{kPa}$,则激波出现在哪个截面?

解 当缩放喷管内气体在设计工况下作正常膨胀加速时,由拟合式(9.85)得:

超音速时 $Ma_1 = 3.2$,亚音速时 $Ma_1' = 0.117$,

设计工况下由式(9.18)得:

$$p_1 = p_0\left(1+\frac{k-1}{2}Ma_1^2\right)^{-\frac{k}{k-1}} = 1\,000\,000 \times \left(1+\frac{1.4-1}{2}\times 3.2^2\right)^{-\frac{1.4}{1.4-1}} = 20.2\,\text{kPa}$$

当气流在喷管出口截面出现正激波时,由式(9.68)得:

$$p_2 = p_1\left(\frac{2kMa_1^2}{k+1}-\frac{k-1}{k+1}\right) = 20.2\times 10^3 \times \left(\frac{2\times 1.4\times 3.2^2}{1.4+1}-\frac{1.4-1}{1.4+1}\right) = 238\,\text{kPa}$$

当气流仅在喷管喉部出现音速、其余全为亚音速时,将 $Ma_1' = 0.117$ 代入式(9.18):

$$p_3 = p_0\left(1+\frac{k-1}{2}Ma_1'^2\right)^{-\frac{k}{k-1}} = 1\,000\,000\times\left(1+\frac{1.4-1}{2}\times 0.117^2\right)^{-\frac{1.4}{1.4-1}} = 990.5\,\text{kPa}$$

当背压为 $300\,\text{kPa}$ 时大于 p_2,而小于 p_3,故必在喷管扩张段出现激波,由式(9.35)和式(9.37)所计算流量相等得:

$$A_1\rho_0\sqrt{\frac{2k}{k-1}\frac{p_0}{\rho_0}\left[\left(\frac{p_1}{p_0}\right)^{\frac{2}{k}}-\left(\frac{p_1}{p_0}\right)^{\frac{k+1}{k}}\right]} = A_t\left(\frac{2}{k+1}\right)^{\frac{k+1}{2(k-1)}}\sqrt{kp_0\rho_0}$$

$$0.01\times\sqrt{\frac{2\times 1.4}{1.4-1}\times\frac{p_0'^2}{287\times 500}\left[\left(\frac{300\times 10^3}{p_0'}\right)^{\frac{2}{1.4}}-\left(\frac{300\times 10^3}{p_0'}\right)^{\frac{1.4+1}{1.4}}\right]}$$

$$= 0.002\times\left(\frac{2}{1.4+1}\right)^{\frac{1.4+1}{2(1.4-1)}}\sqrt{\frac{1.4}{287\times 500}}\times 1\,000\times 10^3$$

得 $p_0' = 331.492\,\text{kPa}$,

于是,激波前后的总压比 $\dfrac{p_0'}{p_0} = 0.331\,5$,代入式(9.71):

$$0.331\,5 = \left[\frac{(1.4+1)Ma_1^2}{2+(1.4-1)Ma_1^2}\right]^{\frac{1.4}{1.4-1}}\left(\frac{2.8Ma_1^2}{1.4+1}-\frac{1.4-1}{1.4+1}\right)^{-\frac{1}{1.4-1}}$$

得 $Ma_1 = 2.99$,

代入式(9.84)得:

$$\frac{A}{A_{\text{crit}}} = \frac{1}{2.99}\left(\frac{2}{1.4+1}+\frac{1.4-1}{1.4+1}2.99^2\right)^{\frac{1.4+1}{2(1.4-1)}} = 4.194$$

$$A = 0.008\,4\,\text{m}^2$$

即激波出现在 $A = 0.008\,4\,\text{m}^2$ 的截面上。

本 章 小 结

9.1 音速和马赫数是判断气体压缩性对流动影响的一个重要参数。

音速 $c = \sqrt{\dfrac{\mathrm{d}p}{\mathrm{d}\rho}} = \sqrt{k\dfrac{p}{\rho}} = \sqrt{kRT}$，马赫数 $Ma = \dfrac{v}{c}$

根据马赫数的大小，可压缩气体的流动分为：亚音速流动($Ma < 1$)，跨音速流动($Ma = 1$)，超音速流动($1 < Ma < 3$)，高超音速流动($Ma > 3$)。

9.2 气体一维定常等熵流动

连续性方程：$\rho v A = $ 常数，微分形式为 $\dfrac{\mathrm{d}\rho}{\rho} + \dfrac{\mathrm{d}A}{A} + \dfrac{\mathrm{d}v}{v} = 0$

能量方程：$h + \dfrac{v^2}{2} = $ 常数，微分形式为 $\mathrm{d}h + v\mathrm{d}v = 0$

完全气体状态方程：$p = \rho R T$

定常等熵流动伯努里方程：$\dfrac{\mathrm{d}p}{\rho} + v\mathrm{d}v = 0$

可压缩气体的三种特定状态：滞止状态、最大速度状态、临界状态

9.3 喷管中的等熵流动气流速度与通道截面的关系，$\dfrac{\mathrm{d}A}{A} = (Ma^2 - 1)\dfrac{\mathrm{d}v}{v}$

拉伐尔喷管：气流参数与通道截面关系表明，亚音速气流要达到超音速流动，必须在收缩通道内膨胀加速，到气流的最小截面气流速度达到当地音速，然后在渐扩通道内才能得到超音速。此缩放喷管称为拉伐尔喷管。

文丘里管：气体在喷管扩大段要得到超音速流动，需要有一个相当高的压力梯度，以便在收缩段流动加速并在喉部达到音速。否则，气流速度仍为亚音速，在截面积扩大段，流体被减速，压力升高，气流不会被加速成超音速。此缩放喷管称为文丘里管。

喷管出口处的流速及通过喷管的流量

$$v_1 = \sqrt{\frac{2kRT_0}{k-1}\Big[1 - \Big(\frac{p_1}{p_0}\Big)^{\frac{k}{k-1}}\Big]} = \sqrt{\frac{2k}{k-1}\frac{p_0}{\rho_0}\Big[1 - \Big(\frac{p_1}{p_0}\Big)^{\frac{k-1}{k}}\Big]}$$

$$q_m = A_1\rho_0\sqrt{\frac{2k}{k-1}\frac{p_0}{\rho_0}\Big[\Big(\frac{p_1}{\rho_0}\Big)^{\frac{2}{k}} - \Big(\frac{p_1}{p_0}\Big)^{\frac{k+1}{k}}\Big]}$$

9.4 有摩擦的绝热管流中摩擦作用使气流总压下降，当 $Ma < 1$ 时，使亚音速气流加速；当 $Ma > 1$ 时，使超音速气流减速。截面之间的实际管长不应超过极限状态 $Ma_2 = 1$ 时极限管长 L_{crit}。有摩擦的等温流动中当 $kMa^2 < 1$ 时，摩擦的作用使 v 增加，p、ρ 减小；当 $kMa^2 > 1$ 时，使 v 减小，p、ρ 增加。摩擦使速度不断增加，但出口截面上的 Ma 数不可能超过 $\sqrt{\dfrac{1}{k}}$，等温管流的最大管长在 $Ma = \sqrt{\dfrac{1}{k}}$ 处。

9.5 当超音速气流流过大的障碍物时，气流在障碍物前将受到急剧的压缩，气流压力、温度和密度等参数都将突跃地升高，而速度则突跃地降低。这种强的压缩波叫激波。

正激波的传播速度为 $v_s = \sqrt{\dfrac{p_2 - p_1}{\rho_2 - \rho_1}\dfrac{\rho_2}{\rho_1}} = \sqrt{\dfrac{p_2}{\rho_1}\dfrac{\dfrac{p_2}{p_1} - 1}{1 - \dfrac{\rho_1}{\rho_2}}}$

9.6　变截面管流变工况分析时，当喷管不在设计工况下工作，即喷管出口背压 p_b 发生变化时，收缩喷管中气体流动将发生变化。$p_b/p_0 > p_{crit}/p_0$ 时为亚临界流动，$p_b/p_0 = p_{crit}/p_0$ 时为临界流动，$p_b/p_0 < p_{crit}/p_0$ 时为超临界流动。

习　题

9.1　在 250 ℃ 及 1 atm 下，试计算下面各气体的音速：(1) 空气；(2) 氧气；(3) 氢气；(4) 水蒸气；(5) 一氧化碳。

9.2　飞机在 $t = 20$ ℃ 海平面的飞行速度与在同温层 $t = -55$ ℃ 的飞行速度相等，试求这两种情况下气流相对于飞机的马赫数之比。

9.3　一微弱扰动波的压力变化 $\Delta p = 40$ Pa，此波传经 20 ℃，1 atm 的空气，试估计波两侧的密度变化、温度变化和速度变化。

9.4　二氧化碳气体作等熵流动，在流场中第一点上的温度为 60 ℃，速度为 14.8 m/s，压力为 101.5 kPa，在同一流线上第二点上的温度为 30 ℃，求第二点上的速度和压力各为多少？

9.5　空气通过一导管作等熵膨胀，$p_1 = 125$ kPa，$T_1 = 100$ ℃ 变成 $p_2 = 80$ kPa，$v_2 = 325$ m/s，试计算 (1) T_2；(2) Ma_2；(3) T_0；(4) p_0；(5) v_1；(6) Ma_1。

9.6　用一个渐缩形喷管使容器中的空气等熵地膨胀到大气压 1.01×10^5 Pa，容器中空气的滞止参数为 $p_0 = 1.47 \times 10^5$ Pa、$t_0 = 5$ ℃，希望得到质量流量 $q_m = 0.5$ kg/s，求喷管的出口直径。

9.7　空气经一缩放喷管产生超音速流，已知喉部面积为 10 cm²，而喉部压力为 315 kPa。试求喉部两侧截面积为 29 cm² 之截面上的压力。

9.8　空气进入喉部直径为 0.1 m 的缩放喷管，初速度可忽略，进口处的参数 $p_0 = 3.0 \times 10^5$ Pa，$t_0 = 60$ ℃，经等熵膨胀，出口温度为 $t_2 = -10$ ℃，求喷管出口马赫数 Ma_2 和质量流量 q_m。

9.9　已知喷管入口处过热蒸汽的滞止参数，压力为 3000 kPa，温度 500 ℃，质量流量 8.5 kg/s，出口压力 1 000 kPa，过热蒸汽气体常数 426 J/(kg·K)，$p_{crit}/p_0 = 0.546$，$k = 1.30$，设喷管内为等熵流动，确定喷管直径。

9.10　已知容器中空气的温度为 25 ℃，压力为 50 kPa，空气流从出口截面直径为 10 cm 的渐缩喷管中排出，试求在等熵条件下外界压力为 30 kPa、20 kPa 和 10 kPa 时，出口截面处的速度和温度各为多少？

9.11　已知正激波后空气流参数为 $p_2 = 360$ kPa、$v_2 = 210$ m/s、$t_2 = 50$ ℃，试求激波前的马赫数。

9.12　空气流通过一正激波，其上游状况为 $v_1 = 800$ m/s，$p_1 = 100$ kPa 及 $T_1 = 300$ K，则下游的 v_2 及 p_2 各为多少？若速度自 v_1 作等熵变化到 v_2，则 p_2 压力应为多少？

9.13　超音速过热蒸汽正激波时,密度最大能增加多少倍?

9.14　20 ℃,1 atm 的空气以 650 m/s 的超音速绕半角 $\delta = 18°$ 楔形物体,已知激波角 $\beta = 51°$,试求激波后的流速和经过激波的熵增。

9.15　空气流过一缩放喷管,喷管的喉部截面积为 6 cm²,出口截面积为 24 cm²。若 $p_0 = 600$ kPa,$T_0 = 473$ K,在截面积为 12 cm² 的截面上,有一正激波。试求质量流量、出口压力及出口马赫数。

9.16　在一等截面直管道中,空气流的进口 $Ma_1 = 0.4$,出口 $Ma_2 = 0.8$,试问在管道的什么截面上 $Ma = 0.6$?

9.17　空气以 $p_0 = 150$ kPa,$T_0 = 400$ K,$v_1 = 120$ m/s 进入直径为 4 cm 的管道,$\bar{\lambda} = 0.025$,假设流动是绝热的,试求(1) 管道的极限长度;(2) 若管长为 5 m,出口质量流量;(3) 若管长为 20 m,出口质量流量。

9.18　已知煤气管道的直径为 20 cm,长度为 3 000 m,气流的绝对压力为 $p_1 = 980$ kPa,$T_1 = 300$ K,$\bar{\lambda} = 0.012$,煤气的 $R = 490$ J/kg·K,绝热指数 $k = 1.3$,当出口的外界压力为 490 kPa 时,求质量流量。(煤气管道不保温)。

9.19　空气自 $p_0 = 1\,960$ kPa,温度为 293 K 的气罐中流出,沿管长为 20 m,直径为 2 cm 的管道流入 $p_2 = 452$ kPa 的介质中,设流动为等温流动,$\bar{\lambda} = 0.015$,求出口质量流量。

9.20　氮气在内径为 20 cm、$\bar{\lambda} = 0.025$ 的等截面管道中作绝热流动,在管道的进口处的参数为 $p = 300$ kPa、$t = 40$ ℃、$v = 150$ m/s。试求管道的极限长度及出口处的压力、温度和速度。

习 题 答 案

1 流体性质

1.1 1.15 kg/m³；0.87 m³/kg

1.2 89 222 kg/m³

1.3 38 kg

1.4 $\Delta V = 77\%V_1$

1.5 0.3 m³；-0.044 m³；-0.045 m³

1.6 6.06×10^{-7} m²/s

1.7 3.5%

1.8 -0.57%；-8.1%；-4.5%；6.8%

1.9 $\tau = 2\,849.7$ N/m²

1.10 0.5 m/s

1.11 4.575×10^{-5} N

1.12 5.5 N；6.4 N

1.13 单位长度上 125.2 W

1.14 1.122×10^{-4} N/m²；6.194×10^{-5} N/m²

1.15 $y = 0$ 时，$\dfrac{400}{3}$，$\dfrac{100}{3}$；100，25；$\dfrac{200}{3}$，$\dfrac{50}{3}$；$\dfrac{100}{3}$，$\dfrac{25}{3}$；0，0

1.16 37.8 mm；15.1 mm

2 流体静力学

2.1 175 kPa

2.2 166.7 Pa

2.3 2 m(H_2O)；3 m(H_2O)

2.4 1.36 m；199 kPa

2.5 0.4 m

2.6 13 416 Pa

2.7 46 093 Pa

2.8 150.3 kPa

2.9 0.147 m

2.10 3.6×10^5 Pa

2.11 55 410 Pa

2.12 1 387 Pa；35.35 cm

2.13 5 682 kg

2.14 0.213 m

2.15 1 847 N；31 855 N；6.883 m³

2.16 2.97 r/s；3.32 r/s；250 mm

2.17 2.88 MPa

2.18 7.12 r/s

2.19 110 954 N；2.89 m(距下板)

2.20 0.8 m

2.21 $F \geqslant \dfrac{5\rho g \pi \left(H + \dfrac{d}{2}\right) d^2}{32 \sin\alpha}$

2.22 10 269 N

2.23 90 816 N

2.24 19 928 N; 78.5°

2.25 5.273×10⁵ N

2.26 3.76 N

2.27 0.018 m³; 2 265 kg/m³

2.28 3.3 m; 4.4 m

3 流体动力学基础

3.1 (1) $a = 436i + 60j$ (2) 二维流动 (3) 稳定流动

3.2 (1) $a = 81i + 64k$ (2) 三维流动

3.3 $x^2 + y^2 = c$

3.4 12.5 m/s

3.5 75 m/s

3.6 $\dfrac{0.01}{\pi \left(4 - \dfrac{3}{5} x\right)^2}$

3.7 0.147 m³/s, 0.25 m

3.8 0.126 m³/s,从 1 到 2

3.9 187.2 kPa

3.10 0.121 m

3.11 65.33 m/s, 205.2 m³/s

3.12 133 mm

3.13 (1) 4.43 m/s, 0.034 8 m³/s, 52.92 N/m² (2) 8.28 m/s, 0.065 m³/s, 45 N/m²

3.14 44.4 mm

3.15 68.1 kN/m², −487 N/m², −20.1 kN/m², 0, 0.017 4 m³/s

3.16 $A_0 \sqrt{\dfrac{h}{x+h}}$

3.17 8.74 m/s

3.18 7.27 m/s, 87 mm, 47.6 mm

3.19 0.34 m

3.20 155.2 kN/m², 27.26 mm

3.21 4.03 m

3.22 12 kN

3.23 $\sqrt{\dfrac{2F_0}{\pi \rho_0 D_0^2}}$

3.24 25.12 kN

3.25 −2.7 kN

3.26 $\dfrac{q_{V_0}}{2}(1 - \cos\theta)$, $\dfrac{q_{V_0}}{2}(1 + \cos\theta)$, $\rho q_{V_0} v_0 \sin\theta$

3.27 $\rho q_1 (v_0 + v)^2 \sin^2\alpha$

3.28 $1\,250A\cos\theta$ kN，$1.875\times10^4A\cos\theta$

3.29 $\dfrac{1}{2}h_1$

3.30   3.675 r/min

3.31   (1) $\dfrac{q_V}{RA}\sin\theta$ (2) $3\rho R\sin\theta\dfrac{q_V^2}{A}$

3.32 $2\rho q_V l\sin^2\alpha\left(wl-\dfrac{q_v}{\dfrac{\pi}{4}d^2}\right)$

4   量纲分析与相似原理

4.1   (1) 0.05，10，800   (2) 550 mm H_2O，28 000 N，6 000 N·m

4.2   (1) 0.2 m   (2) 357.8 m^3/s (3) 10 Pa

4.3 -37.5 N/m²，62.5 N/m²

4.4   63.3 m/s，70.4 kN，4 453 kW

4.5   (1) 8 m   (2) 23.4 N

4.6   (1) 6 000 km/h   (2) 384 km/h

4.7   1.404 m/s，1.749 N

4.8   15 标准大气压

4.9 $q_V=k\sqrt{H^5 g}$

4.10 $c=k\sqrt{\dfrac{p}{\rho}}$

4.11 $f\left(\dfrac{\Delta p\cdot d^4}{l\mu q_V}\right)=0$

4.12 $f\left(Re,\dfrac{F_D}{\rho v^2 d^2}\right)$

4.13 $f\left(Re,\dfrac{F}{\rho v^2 l^2},\dfrac{c}{v},\alpha\right)=0$

4.14 $f\left(\dfrac{M}{\rho\omega^2 d^5},\dfrac{l}{d},\dfrac{\mu}{\rho d^2\omega}\right)$

5   管内不可压缩流体流动

5.1   9.13 Pa

5.2   紊流，0.16 m/s

5.3   0.01 m/m

5.4   0.046 mm，都变小

5.5   2.1 m^3/s

5.6   37.2 l/s

5.7   22.06，0.88，0.044

5.8   143.77 kW

5.9 5.14×10^{-5} m^3/s

5.10   1.128

5.11   0.280 5 m^3/s

5.12 $\dfrac{\sqrt{3}}{6}d$

5.13 $u=4.75\left(\dfrac{y}{0.125}\right)^{1/7}$，图略，$h_f=0.051$ m/m

5.14　0.15 mm，138.94 Pa，0.017 Pa，31.25 1/s

5.15　1.48×10^{-3} Pa/m，1.41×10^{-3} Pa，2.2 mm

5.16　2.83 L/s

5.17　减小 15.7 Pa

5.18　73.68 m

5.19　0.163 L/s

5.20　4.82 m

5.21　$\frac{1}{2}(v_1 + v_2)$

5.22　114.6 mm，43.65 kPa

5.23　186 mm

5.24　60.24 m

5.25　26.19 m，24.75 m

5.26　0.805 m^3/s，0.982 m^3/s，1.787 m^3/s，12.84 m

5.27　44.34 m，435 kW，356.2 kPa

5.28　2.768 m^3/s，0.33 m^3/s，3.098 m^3/s

5.29　都为 125.67 L/s

5.30　20.95 m

5.31　960 m/s，430.6 kPa

5.32　1.28 MPa，0.78 MPa，1.38 s

6　绕流流动与边界层

6.1　11.1 mm，15.7 mm，0.13 N

6.2　1 158.8 N

6.3　8.41 Pa·s

6.4　阻力分别为 0 N，1.32 N，5.56 N，12.52 N

6.5　0.544 m，58.3 mm，19.62 N

6.6　122.2 mm，0.14 m/s

6.7　2.04 N，3.24 N

6.8　6.16 N，27.3 mm

6.9　3.53 m/s

6.10　0.888 N，281 N

6.11　0.007 89 m/s，0.134 m/s，0.67 m/s

6.12　479.14 kW

6.13　86.1 kW

6.14　715.3 N

6.15　10.325 m/s

6.16　$u = 0.154$ m/s，被带走

6.17　0.1 m^3/s

6.18　0.14 m，0.1 L/s

7　理想流体流动

7.1　(1) 满足，$\Omega = 0$，$\psi = 2y$，$\varphi = 2x$　(2) 满足，$\Omega = 0$，$\psi = -3x + 2y$，$\varphi = 2x + 3y$　(3) 不满足

　　(4) 满足，$\Omega = 0$，$\psi = \frac{3}{2}(y^2 - x^2)$，$\varphi = 3xy$　(5) 满足，$\Omega_z = -6$，$\psi = \frac{3}{2}(x^2 + y^2)$　(6) 不满足

(7) 满足，$\Omega = 0$，$\psi = 6x + 4y + 2xy$，$\varphi = 4x - 6y + (x^2 - y^2)$ (8) 满足，$\Omega_z = 4y - 2x$，$\psi = xy^2 - 2yx^2$

7.2 $\psi = 5y + \dfrac{25}{2\pi}\arctan\left(\dfrac{y}{x}\right)$，$(0.796, -\pi)$，$\boldsymbol{u} = 5.477\boldsymbol{i} + 0.637\boldsymbol{j}$，$\dfrac{p_1 - p_2}{\rho g} = 0.657$ m

7.3 否，否，φ 不是势函数

7.4 (1) 有，满足 (2) 无

7.5 $u_x = -1$，$u_y = -2x$，$\Omega = -2$

7.6 14.13，70.94，$\boldsymbol{u} = -0.082\boldsymbol{i} + 2.026\boldsymbol{j}$

7.7 5.43 m/s，1.63 m/s，$\psi = -0.814\ln r$

7.8 $(0, 0)$，$\left(-\dfrac{1}{2\pi v}\left[q - \sqrt{q^2 + (2a\pi v)^2}\right], 0\right)$，$\left(-\dfrac{1}{2\pi v}\left[q + \sqrt{q^2 + (2a\pi v)^2}\right], 0\right)$

7.9 $\psi = 13.33y + 1\,270\arctan\left(\dfrac{y}{x}\right)$，$\varphi = 13.33x + 1\,270\ln\sqrt{x^2 + y^2}$

轮廓线 $13.33y + 1\,270\arctan\left(\dfrac{y}{x}\right) = 4\,000$　等值线 $c(x^2 + y^2) - y = 0$

7.10 略

7.11 $\psi = \dfrac{9}{4}r^{4/3}\sin\left(\dfrac{4}{3}\theta\right)$　$\varphi = \dfrac{9}{4}r^{4/3}\cos\left(\dfrac{4}{3}\theta\right)$

8 流体测量

8.1 1 700.7 kg/m³

8.2 1.04 Pa·s

8.3 7.62×10^{-5} Pa·s，8.57×10^{-7} m²/s

8.4 49.1 s

8.5 58.29 Pa·s，3.666×10^{-2} m²/s

8.6 42.25 m/s

8.7 $u = 113.08\sqrt{h}$

8.8 4 485.4 ml/s，2 714.3 ml/s

8.9 2.3 mm，226.1 mm，22.609 m

8.10 1.05 l/s，21.73 m/s

8.11 10.43 l/s

8.12 4.98 l/s，0.139 m³/s

8.13 44.82 kPa

8.14 1 165 个，853 个

8.15 8.73 l/s，不变

8.16 3.649 m/s，39.584 l/s，116.34 mm，4.53 m

8.17 3.225 kg/s

8.18 24.337 kg/s，23.85 kg/s，277.84 m/s

8.19 2.854 kg/s

9 可压缩流体的流动

9.1 (1) 458.4 m/s (2) 436.3 m/s (3) 1 736.9 m/s (4) 566.9 m/s (5) 466.3 m/s

9.2 0.86

9.3 3.4×10^{-4} kg/m³，0.033 K，0.096 m/s

9.4 227.6 m/s，65.9×10^3 Pa

9.5 328.3 K；0.89；380.9 K；1.096×10^5 Pa；125.8 m/s；0.325

9.6　43.5 mm

9.7　5.79×10^5 Pa，0.27×10^5 Pa

9.8　1.15，5.216 kg/s

9.9　出口 60 mm

9.10　285.1 m/s，257.5 K；315.9 m/s，248.3 K

9.11　1.967

9.12　258.9 m/s，6.03×10^5 Pa；10.36×10^5 Pa

9.13　7.06

9.14　511.1 m/s，17.8 J/(kg・K)

9.15　0.669 kg/s，362 kPa，0.547

9.16　81.3%

9.17　8.3 m，0.188 4 kg/s，0.135 2 kg/s

9.18　5.16 kg/s

9.19　0.487 6 kg/s

9.20　15.8 m，117.0 kPa，270 K，331.7 m/s

专业词汇中英文对照

第1章　流体静力学

流体静力学	Fluid statics
流体性质	Fluid property
流体质点/微团	Fluid particle
流动性	Fluidity
连续介质	Continuum
连续介质假设	Continuum hypothesis/assumption
分子间距	Molecular spacing
分子间粘附力	Intermolecular cohesive force
密度	Density
均质流体	Homogeneous fluid/isotropic fluid
比体积	Specific volume
可压缩性	Compressibility
弹性模量	BulkModulus
压缩系数	Coefficient of volume compressibility
热胀性	Thermal expansion
热胀系数	Coefficient of thermal expansion
气体常数	Gas constant
道尔顿分压定律	Dalton's law of partial pressure
理想气体状态方程	Ideal/perfect gas law
熵	Entropy
比熵	Specific entropy
焓	Enthalpy
比焓	Specific enthalpy
内能	Internal energy
等熵过程	Isentropic process
比热	Specific heat
绝热指数	Adiabatic index/Specific heat ratio
理想流体	Ideal fluid
实际流体	Real fluid
粘性	Viscosity
粘性流体	Viscous fluid
无粘性流体	Inviscid fluid/Nonviscous fluid

切向力	Tangential force
剪切力	Shearing stress
分子间动量交换	Momentum exchange of gas molecules
不滑移边界条件	No－slip condition
速度梯度/角变形速率	Velocity gradient（rate of shearing strain）
牛顿运动定律	Newton's law of motion
牛顿粘性方程/牛顿粘性内摩擦定律	Newton's viscosity law
粘性系数,绝对粘度,动力粘度	Viscosity coefficient, absolute viscosity, dynamic viscosity
运动粘度	Kinematic viscosity
牛顿流体	Newtonian fluid
非牛顿流体	Non-Newtonian fluid
表面张力	Surface tension
内聚力	Cohesion between molecules
附着力	Adhesion of molecules to the solid surface
润湿	Wetting
毛细管	Capillary
毛细现象	Capillarity or Capillary action in small tubes
毛细压力	Capillary pressure
接触角	Contact angle
蒸汽压力	Vapor pressure
饱和压力	Saturated pressure/Saturation pressure
蒸发	Evaporation
沸腾	Boiling
气蚀	Cavitation

第 2 章　流体静力学

平衡	Balance
质量力	Body force/mass force
表面力	Surface force
切向应力	Tangential stress
法向应力	Normal stress
压力分布	Pressure distribution
欧拉平衡方程式	Euler equilibrium equation
等压面	Equipressure surface
有势力	Potential force
势能	Potential energy
梯度	Gradient
重力流体	Gravity flow
液体静压力	Hydrostatic force

静压力分布	Hydrostatic pressure distribution
淹深	Submerge depth
帕斯卡原理	Pascal's law
位置水头	Elevation head
速度水头	Velocity head
压力水头	Pressure head
静水头	Hydrostatic head
静水头线	Hydrostatic head line
测压管水头线	Piezometric head line
绝对压力	Absolute pressure
相对压力	Gage pressure
大气压力	Atmospheric pressure
完全真空	Perfect vacuum
真空度	Suction or vacuum pressure
表压力	Gauge pressure
气压计	Barometer
非惯性坐标系	Non-inertial coordinate system
惯性力	Inertial force
离心惯性力	Centrifugal inertia force
抛物面	Paraboloid
液柱式测压计	Manometer
测压管	Piezometer tube
U 型管测压计	U-tube manometer
差压计	Differential U-tube manometer
倾斜微压计	Inclined-tube manometer
形心	Center of body, centroid
压力中心	Center of pressure
压力体	Pressurized fluid volume
浮力	Buoyant force，bouyancy
浮体	Floating body
潜体	Submerged body
沉体	Sinking body
阿基米德原理	Archimedes' principle

第 3 章　流体动力学基础

流体动力学	Fluid dynamics
质量守恒定律	Conservation equation of mass
能量守恒定律	Conservation equation of energy
热力学第一定律	The first law of thermodynamics

流体运动学	Fluid kinematics
流场	Fluid feild
速度场	Velocity field
速度分布	Velocity distribution
水力学	Hydraulics
运动轨迹	Trajectory
速度分量	Velocity component
当地加速度	Local acceleration
迁移加速度	Convective accelerationt
全导数	Material derivative
当地导数	Local derivative
迁移导数	Convective derivative
定常流动/稳定流动	Steady flow
非定常流动/非稳定流动	Unsteady flow
一维/一元流动	One-dimensional flow
迹线	Pathline
流线	Streamline
驻点	Stagnation point
奇点	Singularity
流管	Stream tube
流束	Bundle of streamline
总流	Total flow
过流断面/有效断面	Flow section/effective section
湿周	Wetted perimeter
水力半径	Hydraulic radius
当量直径	Equivalent diameter
流量	Flowrate
体积流量	Volume flowrate
质量流量	Mass flowrate
平均流速	Average velocity
均匀流	Uniform flow
非均匀流	Non-uniform flow
缓变流	Slow change flow
急变流	Rapid change flow
系统	System
控制体	Control volume
连续性方程	Continuity equation
伯努里能量方程	Bernoulli equation
动能	Kinetic energy

位置势能	Potential energy
压力势能	Pressure energy
总机械能	Total mechanical energy
速度水头	Velocity head
位置水头	Elevation head
压力水头	Pressure head
测压管水头	Piezometric head
总水头	Total head
能量线	Energy line(EL)
水力坡度线	Hydraulic grade line（HGL）
能量损失	Energy loss
泵	Pump
风机	Fan
水轮机	Hydraulic turbine
静压	Static pressure
动压	Dynamic pressure
位压	Hydrostatic pressure
势压	Potential pressure
全压	Stagnation pressure
总压	Total pressure
动量方程	Momentum equation
动能修正系数	Kinetic energy coefficient
动量修正系数	Momentum coefficient

第4章　量纲分析

单位	Unit
量纲	Dimension
长度比率	Length scale
量纲分析	Dimensional analysis
无量纲参数	Dimensionless number
相似性原理	Principle of similitude
原型	Prototype
模型	Model
基本量纲	Basic dimension
导出量纲	Derived dimension
量纲一致性原理	Dimensionally homogenerous principle
几何相似	Geometric similarity
运动相似	Kinematic similarity
动力相似	Dynamic similarity

相似准则数	Similarity parameter
瑞利法	Rayleigh method
泊金汉 定理	Buckingham theorem
重复变量	Repeating variable

第5章 管内不可压缩流体流动

管内流动	Pipe flow
层流	Laminar flow
湍流	Turbulent flow
过渡流	Transitional flow
脉动	Fluctuation
惯性力	Inertial force
粘性力	Viscous force
临界雷诺数	Critical Reynolds number
达西方程	Darcy equation
沿程摩擦阻力系数	Frictional coefficient/factor
水力坡度	Hydraulic gradient
线性分布	Linear distribution
抛物线分布	Parabolic distribution
无粘核心区域	Inviscid core
边界层	Boundary layer
充分发展流动	Fully developed flow
时间平均/时均速度	Time-averaged velocity
脉动速度	Fluctuating velocity
旋涡	Turbulent eddy
湍流切应力	Turbulent shear stress
旋涡粘度	Eddy viscosity
运动旋涡粘度	Kinematic eddy viscosity
混合长度	Mixing length
雷诺应力	Reynolds stress
粘性底层	Viscous sublayer
摩擦速度/切应力速度	Friction velocity
壁面定律	Law of the wall
水力光滑	Hydraulically smooth
充分粗糙	Fully rough
过渡粗糙	Transitional rough
绝对粗糙度	Wall roughness
相对粗糙度	Relative roughness
沿程阻力损失	Major loss

局部阻力损失	Minor loss
局部阻力系数	Minor loss coefficient
管路阻抗	Resistance coefficient
串联管路	Series pipe system
并联管路	Parallel pipe system
管网	Pipe network
水锤/水击现象	Water hammber phenomenon
水泵扬程	Pump head

第6章　绕流流动和边界层

绕流流动/外部流动	External flow, flow past an object
绕流阻力	Drag
摩擦阻力	Drag from shear stress distribution
压差阻力	Drag from pressure distribution
绕流阻力系数	Drag coefficient
边界层厚度	Boundary layer thickness
边界层分离	Boundary layer separation
来流速度	Upstream velocity
尾流区	Wake region
沉降速度	Settling velocity
卡门涡街	Karman vortex street
升力	Lift
升力系数	Lift coefficient
射流	Jet
射流核心区	Potential core
射流断面半径	Radius of the cross-section
轴心速度	Centerline velocity
质量平均流速	Mass-averaged velocity
纳维尔-斯托克斯方程	Navier-Stokes equation

第7章　理想流体流动

理想流体	Ideal fluid
实际流体	Real fluid
连续性方程	Continuity Equation
旋转角速度	Rotation angular velocity
有旋流动	Rotational flow
无旋流动	Irrotational flow
速度环量/环流量	Velocity circulation
漩涡量	Vorticity

流函数	Stream function
均匀流动	Uniform flow
漩涡	Vortex
环流	Circulation flow
流网	Flow net
源流	Source flow
汇流	Sink flow
势函数	Potential function
速度势	Velocity potential
等势线	Equipotential line
势流	Potential flow
流网	Flow net

第8章 流体测量

热线风速仪	Hot wire anemometer
孔口出流	Orifice flow
喷嘴出流	Nozzle flow
管嘴出流	Cylindrical outer nozzle flow
自由出流	Free discharge
淹没出流	Submerged discharge
喉部	Throat
收缩系数	Coefficient of contraction
流速系数	Coefficient of velocity
流量系数	Discharge coefficient
流量计	Flowrate meter
孔板流量计	Orifice meter
喷嘴流量计	Nozzle meter
文丘里流量计	Venturi meter

第9章 可压缩流体的流动

可压缩流体	Compressible fluid
不可压缩流体	Incompressible fluid
理想气体	Ideal/Perfect gas
音速	Speed of sound
马赫数	Mach number
亚音速流动	Subsonic flow
跨音速流动	Transonic flow
超音速流动	Supersonic flow
高超音速流动	Hypersonic flow

缩放喷管	Converging-diverging duct
滞止状态	Stagnation state
临界状态	Critical state
速度系数	Velocity coefficient
绝热无摩擦流动	Adiabatic and frictionless flow
等熵流动	Isentropic flow
激波	Shock wave
正激波	Normal shock wave
斜激波	Oblique shock
马赫波	Mach wave
马赫锥	Mach cone
膨胀波	Expansion wave
寂静区域	Zone of silence
亚临界流动	Subcritical flow
临界流动	Critical flow
超临界流动	Supercritical flow
背压	Back pressure

参 考 文 献

1　Finnemore E J and Franzini J B. Fluid Mechanics with Engineering Applications. Tenth Edition. New York：McGraw－Hill Companies，2002

2　Kundu P K and Cohen I M. Fluid Mechanics. Second Edition. San Diego：Academic Press，2002

3　Fay J A. Introduction to Fluid Mechanics. London：MIT Press，1994

4　Sharpe G J. Solving Problems in Fluid Dynamics. London：Longman Group UK Limited，1994

5　Pozrikidis C. Fluid Dynamics－Theory. Computation and Numerical Simulation. Massachusetts：Kluwer Academic Publishers，2001

6　Darby R. Chemical Engineering Fluid Mechanics. New York：Marcel Dekker，Inc，1996

7　Chin D A. Water－Resources Engineering. New Jersey：Prentice－Hall Inc，2000

8　Tritton D J. Physical Fluid Dynamics. New York：Oxford University Press，1998

9　Massey B S. Mechanics of Fluids. Fifth Edition. England：Van Nostrand Reinhold (UK) Co. Ltd，1993

10　Kreith F. Fluid Mechanics. London：CRC Press LLC，2000

11　Kreider J F. Handbook of Heating. Ventilation and Air Conditioning. Florida：CRC Press LLC，2001

12　Webster J G. The Measurement，Instrumentation and Sensors Handbook. Florida：CRC Press LLC，1999

13　莫乃榕. 工程流体力学. 武汉：华中理工大学出版社，2000

14　蔡增基，龙天渝. 流体力学 泵与风机. 第四版. 北京：中国建筑工业出版社，1999

15　张也影. 流体力学题解. 北京：北京理工大学出版社，1996

16　郑洽馀. 流体力学. 北京：机械工业出版社，1980

17　朱之墀. 流体力学理论例题与习题. 北京：清华大学出版社，1986

18　孔珑. 工程流体力学. 北京：水利电力出版社，1992

19　张也影. 流体力学(第二版). 北京：高等教育出版社，1999

20　归柯庭，汪军，王秋颖. 工程流体力学. 北京：科学出版社，2003

21　芒森(Munson，B. R.)(美)等著，邵卫云改编，工程流体力学(第 5 版)(改编版). 北京：电子工业出版社，2006